농림축산식품부주관　한국산업인력공단 시행　　최신판

1 농산물품질관리사

자격증series ; 사마만의 證시리즈
證; [증거 증],
　　밝히다. 깨닫다.
　　최고의 실력을 證명하다.

농산물유통론

사마 자격증수험서연구원편

전회까지의 기출문제 반영
2단편집/기출문제 분석과 반영
마케팅 집중문제 / 예상문제 / 연습문제 수록

머리말

정부는 농산물의 출하 및 유통과정을 보다 엄격하게 관리하여 안전하고 질 좋은 농산물이 소비자에게 공급될 수 있도록 하기 위하여 2002년 12월 26일 법령 제6816호를 공포하여 농산물 품질관리사 제도를 도입한 후 2021년까지 제18회 시험을 시행한 바 있습니다.

이에 제1회 농산물 품질관리사 시험부터 강의를 해온 편자는 사마출판과 함께 상당한 기간 준비를 거쳐 「농산물 유통론」이라는 제1차 대비수험서를 펴내게 되었습니다.

이렇게 만들어진 「농산물 유통론」은 다음과 같은 특징을 가진 수험서입니다.

첫째, 본문내용과 기출문제를 한눈에 볼 수 있게 2단편집을 하였습니다.
본문내용 옆에 내용과 관련된 기출문제를 실어서 본문내용의 중요성과 기출문제의 연관성을 파악할 수 있게 하였습니다.

둘째, 중요내용은 따로 참고내용으로 정리하여 한눈에 파악할 수 있게 하였다.
본문의 중요한 부분에 따른 기출문제와 함께 참고내용으로 요약하여 한번 더 눈으로 쉽게 확인할 수 있게 정리하였습니다.

농산물 유통론……

셋째, 최신개정 법률과 시행령, 시행규칙을 입체적으로 서술하였습니다.
 현재까지 개정된 법률과 시행령, 시행규칙을 따로따로 서술하지 않고 입체적으로 풀어서 서술하였습니다.

 이러한 특색을 가진「농산물 유통론」은 수험생 여러분을 보다 쉽게 농산물 품질관리사로 인도하리라 확신하고 일부 미진한 부분과 향후의 출제경향은 수시로 반영하여 가장 확실한 수험서가 되게끔 최선을 다할 것을 약속합니다.
 수험생 여러분의 합격을 기원합니다.

편저자

차 례

 농산물 품질관리사 소개 / 6

 제 1장 | 농산물 유통 총론
농산물 유통 총론 / 15
기출예상문제 연구 / 21

 제 2장 | 농산물 유통의 기능
농산물유통의 기능 / 31
기출예상문제 연구 / 45

 제 3장 | 농산물 유통기구
농산물유통기구 / 59
기출예상문제 연구 / 83

 제 4장 | 농산물 경제이론
농산물 경제이론 / 105
기출예상문제 연구 / 137

제 5장 | 농산물 마케팅
농산물 마케팅 / 147
기출예상문제 연구 / 207
마케팅 집중 문제 / 229

제 6장 | 농산물 무역
농산물 무역 / 239

제 7장 | 농산물 유통의 법과 제도
농산물 유통의 법과 제도 / 249

실전문제 | 실전예상문제
실전예상문제 / 257
간단하게 풀어보는 유통론 연습문제 / 287

부록 |최근 7년간 기출문제 / 365

농산물 품질관리사 소개

 ## 개 요

농산물 원산지표시 위반행위가 매년 급증함에 따라 소비자와 생산자의 피해를 최소화하며 원산지표시의 신뢰성을 확보함으로써 농산물의 생산자 및 소비자를 보호하고 농산물의 유통질서를 확립하기 위하여 도입됨

 ## 농산물 품질관리사의 필요성

❶ 전국 각지의 농산물 품질 인증·원산지 표시·등급 표시로 유통 신뢰성 확보 시급
❷ 농산물의 품질 향상과 유통의 효율화로 생산자와 소비자 보호의 필요성
❸ 모든 농산물관련 기업에 적용될 농산물품질관리법 개정 시행으로 농산물품질관리사의 수요 급증
❹ 국가 및 공공기관에서 인정하는 표준규격의 도입으로 유통질서 확립이 시급
❺ WTO 출범과 함께 연차별 이행 계획에 따라 관세인하시장 접근물량 증가 등 수입개방대책 강화 시급

 ## 농산물 품질관리사의 주요 업무

❶ 농산물의 등급.판정
❷ 농산물 풀하시기 조절·품질관리기술에 관한 조언
❸ 농산물의 생산 및 수확 후의 품질관리기술(안전관리를 포함) 지도
❹ 농산물의 선별·저장 및 포장시설 등의 운용·관리
❺ 농산물의 선별·포장 및 브랜드 개발 등 상품성 향상 지도
❻ 포장 농산물의 표시사항 준수에 관한 지도
❼ 농산물의 규격 출하 지도

농산물 품질관리사의 직무 범위의 확대

최근 수많은 수입 농산물이 국내 농산물로 원산지가 둔갑되어 농산물의 거래 질서를 혼란시키고 있어, 소비자의 피해가 늘어나며 식품의 안전성 문제가 대두됨에 따라 소비자와 생산자의 피해를 최소화하여 농산물과 식품의 유통질서를 확립하기 위해 정부의 많은 지원이 예상된다. 또한 농산물과 식품 유통이 도매시장 위주에서 유통업체, 직판장을 통한 직거래 등으로 다양화됨에 따라 직무범위가 대폭 확대되고 있다.

그러나 농산물품질관리사의 의무 채용에 필요한 인력은 20,000여 명(2006년 추산) 정도 추산되는 가운데 제13회까지의 합격인원이 3,785명이고 이 중 약 60% 정도가 현직 농협 직원이고 보면, 농산물품질관리사의 채용 의무화의 법적 근거인 기본 인력이 현저하게 부족한 실정이다.

농산물 품질관리사의 특전

○ 농 협
- 승진고과 가점(2008년 8월 농협 인사규정 개정)
- 비정규직 → 정규직으로 전환
- 기능직 직원으로 1년 이상 근무한 자가 농산물품질관리사의 자격취득 시 영농지도직 6급으로 전환 가능(2008년 8월 농협 인사규정 개정)

○ 국가 공무원 : 농업관련 직종 응시 시 가산점 3점
- 9·7급 농업직 공무원
- 농촌지도사

○ 관련업체에서 자격증 소지자 채용 시 채용업체에 자금 지원
  (1억 5천만원)(농산물품질관리법 제31조)

농산물 품질관리사의 취업 예정처

농수산물의 생산 이후 저장, 등급판정부터 유통·가공까지 농수산물이 움직이는 전 과정이 취업 대상처이다.

- 농 협
- 농수산물 산지 유통센터(APC)
- 영농조합법인
- 식품업체(오뚜기 식품, 목우촌, 보성녹차, 무화과 생산 단지 등)
- 농촌진흥청 등 농산물과 관련된 공기업
- 우수 농산물(GAP) 인증기관 설립
- 농수산물 품질 인증기관의 검사원
- 농수산물 유통회사
- 대형할인매장, 백화점의 농수산물 코너

농산물 품질관리사의 활용 실태

국가공인 농산물품질관리사 제도의 도입

○ 합격 인원

- 2002년 12월 27일 − 법률 제6816호 공포 농산물품질관리법 개정으로 국가공인 농산물품질관리사제도 도입
- 2003년 11월 20일 − 제1회 국가공인 농산물품질관리사제도 자격시험 시행계획 공고
  - 2004년 1회 합격(88명)
  - 2006년 3회 합격(304명)
  - 2009년 5회 합격(449명)
  - 2010년 7회 합격(437명)
  - 2012년 9회 합격(412명)
  - 2014년 11회 합격(179명)
  - 2016년 13회 합격(183명)
  - 2018년 15회 합격(155명)
  - 2020년 17회 합격(234명)
  - 2022년 18회 합격(153명)
  - 2005년 2회 합격(110명)
  - 2008년 4회 합격(334명)
  - 2009년 6회 합격(297명)
  - 2011년 8회 합격(455명)
  - 2013년 10회 합격(268명)
  - 2015년 12회 합격(269명)
  - 2017년 14회 합격(39명)
  - 2019년 16회 합격(171명)
  - 2021년 18회 합격(166명)
- 국가공인 농산물품질관리사 자격증소지자는 현 4,664명

○ 합격 인원의 약 60%가 농협 직원

○ 산지유통조직에 200여 명 근무

○ 도매시장법인, 국가기관 및 지자체, 품질인증기관, 유통업체 등에 근무

농산물 품질관리사의 연관 자격증

○ 관련 직종
- 작물 : 농사, 작물시험장 연구원, 농업직 공무원
- 원예 : 과수원, 화원, 꽃재배, 채소재배, 원예시험장 연구원, 원예협동조합 직원
- 임업 : 양묘업, 산림경영, 산림계 공무원, 산림보호직, 임업직 공무원, 영림서 공무원, 임업시험장 연구원, 특수임산물연구소, 버섯재배, 조경사
- 축산 : 목장경영, 축산업협동조합 직원, 축정계 공무원, 종축장 연구원, 인공수정사, 수의사, 양봉업, 양봉협동조합직원

농산물 품질관리사 자격시험 안내

실시기관(시행) 및 소관부처(주관)

- 한국산업인력공단 http://www.q-net.or.kr
- 농림수산식품부 http://www.mifaff.go.kr

취득방법

- 1차시험 : 객관식(4지 선택형), 총 100문항(과목당 25문항)
- 2차시험 : 주관식필답형 시험으로 단일화

시험과목 및 출제범위

시험구분	시 험 과 목	출 제 범 위
1차 시험 (4과목)	• 농수산물품질관리관련법령(농수산물품질관리법, 농수산물유통 및 가격안정에 관한 법률, 원산지표시에 관한 법률)	• 농수산물품질관리법·시행령·시행규칙 • 농수산물유통 및 가격안정에 관한 법률·시행령·시행규칙 • 농수산물의 원산지 표시에 관한 법령
	• 원예작물학	원예작물학
	• 수확후품질관리론	수확 후의 품질관리론
	• 농산물유통론	• 농산물 유통구조 • 농산물 시장구조 • 유통기능 • 농산물마케팅
2차 시험	주관식 필기시험(필답형)	• 농수산물품질관리법(법, 시행령, 시행규칙) • 농수산물의 원산지 표시에 관한 법령 • 농산물표준규격 • 농산물검사·검정의 표준계측 및 감정방법 • 수확 후 품질관리기술 • 등급, 품종, 고르기, 크기(길이, 지름) 및 무게, 결점과, 착색비율 등의 감정 및 측정 • 표준규격 출제대상(전 품목)

농산물 품질관리사 응시자격·시험과목·합격자결정기준

❶ 응시자격 : 제한없음

❷ 제1차 시험은 선택형 필기시험으로 각 과목 100점 만점으로 각 과목 40점 이상의 점수를 취득한 자 중 평균점수가 60점 이상인 자를 합격자로 한다.

시험구분	시 험 과 목	문항수	합격자 결정기준
1차 시험 (선택형 필기)	• 농수산물품질관리관련법령(농수산물품질관리법, 농수산물유통 및 가격안정에 관한 법률, 원산지 표시에 관한 법률) • 원예작물학 • 수확후품질관리론 • 농산물유통론	100문항 (과목당 25문항 /120분)	과목별 100점 만점에 40점 이상 취득한 자 중 평균점수가 60점 이상인자

❸ 제2차 시험은 제1차 선택형 필기시험에 합격한 자를 대상으로 농산물 품질관리사 직무수행에 필요한 실무를 시험과목으로 하여 100점 만점에 60점 이상인 자를 합격자로 한다. 이 경우 제2차 시험에 합격하지 못한 자에 대하여는 다음 회에 실시하는 시험에 한하여 제1차 선택형 필기시험을 면제한다.

시험구분		시 험 과 목	문항수	합격자 결정기준
2차 시험 (주관식)	단답형	• 농수산물품질관리관련법령 (법·시행령·시행규칙) • 농산물 표준규격고시	10문항	100점 (단답형과 서술형/80분) 만점에 60점 이상인 자
	서술형	• 농산물검사 검정의 표준 계측 및 감정방법 • 수확 후 품질관리기술		
	서술형	• 등급·품종·고르기·크기(길이, 지름) 및 무게·결점과 착색비율 등의 감정 및 측정 ※ 출제대상품목 : 농산물 표준규격 전 품목	10문항	

MEMO

제 1 장
농산물 유통 총론

농산물 유통 총론
기출예상문제 연구

MEMO

제1장 | 농산물 유통 총론

❶ 유통의 의의

1) 유통이란 생산과 소비를 연결하는 큰 영역인데 흔히는 상품 유통을 가리킨다.
2) 유통은 생산물의 이동을 목적으로 하는 교섭인 거래활동과, 그 결과로서 나타나는 생산물의 이동 그 자체를 포함한다. 이러한 유통을 가능하게 해주는 기관을 유통기구라 한다.
3) 유통은 구체적으로 매매거래인 교환을 통해 이뤄지며 넓은 의미로 재화의 보관 및 수송활동을 포함한다.
4) 유통은 수요와 공급을 예측하여 생산을 유도 내지 결정하는 판매 전 관리와 생산된 생산물을 판매하는 판매관리, 판매된 제품에 대하여 책임을 지는 판매 후 서비스 관리까지를 포함한다.
5) 유통에서 마케팅의 역할이 중요해지면서 이론이 발전되고 있다.

❷ 농산물 유통의 의의

1) 농산물 유통은 농산물이 생산자인 농업인으로부터 소비자나 사용자에게 이르기까지의 모든 경제활동을 의미한다.
2) 농산물의 생산과정은 일반적으로 유통과정에 종속되어 있다.
3) 농산물 유통은 생산과 소비를 연결하여 효용을 증대시킨다.
4) 농업인과 상인 간의 관계는 경쟁적이면서 동시에 보완적인 관계이다.
5) 다수의 비조직적인 생산자와 소비자가 분산적이며 유통과정

1회 기출문제

농산물 유통의 개념으로 가장 적절한 것은?

① 다양한 유통참여자들의 각종 사회, 문화활동의 종합적인 개념
② 산지에서 도매시장까지의 실물흐름에 대한 개념
③ 생산자재의 조달물류와 농산물의 반품물류가 핵심개념
④ 생산자에서 소비자까지의 모든 경제활동의 종합적 개념

▶ ④

5회 기출문제

농산물 유통에 대한 설명으로 틀린 것은?

① 농산물 유통은 농산물이 생산자인 농업인으로부터 소비자나 사용자에게 이르기까지 모든 경제활동을 의미한다.
② 농산물 유통은 생산과 소비를 연결하여 효용을 증대시킨다.
③ 사회가 분화되고 비농업 인구의 비율이 높아짐에 따라 농산물의 유통량은 점차 감소하는 경향이 있다.
④ 농업인과 상인 간의 관계는 경쟁적이면서 동시에 보완적인 관계이다.

▶ ③

이 복잡하고 경로가 길다.
이것은 유통마진이 공산품보다 높은 이유이다.
6) 농산물유통은 생산자와 소비자 간에 존재하는 시간적, 공간적, 소유권적 간격을 좁혀주는 역할을 수행한다.

③ 농산물의 특성

(1) 계절적 편재성

1) 농산물은 자연적 환경에 영향을 받으므로 그 수확기가 제한적이며 계절적으로 편재되어 있다.
2) 수확기가 편재되면 일시출하, 홍수출하가 발생한다.
3) 출하시기를 조절하기 위한 기술적, 자본적 비용이 과다하고 시기를 조절한다고 하여도 품질을 적정하게 유지하는 것이 어렵다.
4) 출하시기가 제한적이기 때문에 가격의 급등, 급락이 빈번하게 발생한다.

(2) 부피와 중량성

1) 농산물은 가격에 비하여 부피와 중량이 크다.
2) 가격대비 부피와 중량이 크므로 수송비용의 절감을 위하여 유통거리가 짧아진다.

(3) 부패성(비내구성)

1) 농산물은 수분을 함유하고 있어서 수확 후 소비까지 부패의 위험을 가진다.
2) 농산물은 건조 후 저장을 거쳐 판매할 수 있는 품목이 제한적이다.
3) 부패를 막고 신선도를 유지하는 기술이 요구된다.
4) 출하 후 판매까지의 유통경로를 단축할 필요가 있다.

(4) 양과 질의 불균일성

참고

- **농산물유통**
1) 소비자가 원하고 잘 팔리는 품종을 육성하는 과정에서부터 시작된다.
2) 농업인과 상인과의 상호의존관계에 있다.
3) 생산자는 적정가격으로 생산비를 보상받고, 소비자는 적정가격으로 구입하고, 상인은 적정이윤이 보장되도록 조절한다.

참고

- **농산물 유통의 특성**
1) 계절적 편재성
2) 부피와 중량성
3) 부패성(비내구성)
4) 불균일성
5) 용도의 다양성
6) 수요와 공급의 비탄력성
7) 유통경로가 복잡

1) 생산자가 다수의 비조직적 영농을 하므로 동일품목이나 품종이라 하더라도 생산량과 품질이 균일하지 못하다.
2) 생산자들이 동일한 생산기술을 사용하는 것은 아니다.
3) 농산물의 표준화와 등급화를 어렵게 하는 원인이다.
4) 공동생산, 공동출하, 공동계산제를 통하여 불균일성을 해소하려는 노력이 필요하다.

(5) 용도의 다양성

1) 동일한 농산물이라 하더라도 식용, 공업용 원료, 사료용 등 그 용도가 다양하다.
2) 출하시기나 수요처에 따라 품목의 대체가 가능하다. 이는 수확기의 상품가격 예측을 어렵게 만드는 원인이 된다.

(6) 수요와 공급의 비탄력성

1) 생산자 입장에서는 파종에서 수확까지 시간이 걸리므로 공급을 조절할 수가 없다.
2) 생산자는 공급측면에서 시장가격 순응자가 된다.
3) 생산자는 출하시기나 출하장소를 탄력적으로 조절할 수가 없다.
4) 수요자 입장에서 농산물은 필수재에 해당하므로 수요를 조절하기 어렵다.
5) 수요자는 수요측면에서 가격변화에 변화하기 어려우므로 시장가격 순응자이다.
6) 생산자는 파종기에 미래시장의 가격에 맞춰 공급량을 결정하지만 소비자는 소비시에서 가격에 맞춰 수요량을 결정하는 시간 간격이 발생한다.(거미집이론 근거)

(7) 유통경로의 복잡성

1) 다수의 비조직적 생산자가 분산되어 농산물을 출하한다.
2) 공산품에 비하여 중계단계에 많은 수의 유통기구가 개입한다.
3) 품목에 따라서 중계유형이 다양하다.(신선성을 요하는가?에

관련 기출문제

농산물 유통의 사회적 역할을 가장 적절히 설명한 것은?

① 농산물 유통은 생산기반을 구축하여 지역 내 자급자족을 가능하도록 한다.
② 농산물 유통이 생산과 소비를 연결시켜 줌으로써 농산물의 사회적 순환을 통해 농업발전에 기여한다.
③ 농산물 유통은 유통마진을 축소하고 생산자와 소비자 간의 직거래를 확대한다.
④ 농산물 유통은 생산자의 역할과 이익을 도모한다.

▶ ②

참고

- 규격제품으로 거래하는 경우
  1) 농가소득의 증대는 물론
  2) 소비지에서는 쓰레기 처리비용을 줄이고
  3) 사회경제적 이익을 동시에 얻을 수 있다.

따라서)

④ 농산물 생산과 소비의 특성

(1) 농산물 생산의 특성

1) 토양과 토질에 영향을 받는다.
2) 계절적 편재성을 가지므로 출하시기가 제한되며 생산의 조절이 쉽지 않다.
3) 공산품에 비하여 기계화, 분업화, 전문화가 어렵다.
4) 수확체감의 현상이 발생한다.
5) 자본의 유동성이 느리다(자본회전이 느리다).
6) 우리나라는 쌀 위주의 주곡생산중심이며 노동집약적이어서 생산성이 낮고 영세적이다.

(2) 농산물 소비의 특성

1) 지리적, 풍토적, 생물학적 요인 등 자연적 요인에 영향을 받는다.
2) 사회적 요인(인구구성, 관습, 기호 등)에 영향을 받는다.
3) 경제적 요인(인구수, 소득, 가격 등)에 영향을 받는다.
4) 수요의 가격탄력성이 비탄력적이다.
5) 고소득사회에 비하여 저소득사회가 전체소득에서 차지하는 농산물 소비비중이 더 높다(엥겔계수가 높다.)
6) 농산물의 한계소비성향이 고소득사회보다 저소득사회가 더 높다.

(3) 현대사회의 농산물 소비의 변화

1) 친환경농산물과 유기농 식품 등 건강기능이 결합된 농산물 소비의 증가
2) 핵가족, 1인가구의 등장으로 인한 1회용 즉석식품이 선호되고 외식문화가 정착
3) 소포장 규격품과 표준화, 등급화된 식품의 증가

참 고

• 농업생산의 특성
1) 토지의 제한(양적·질적)
2) 지역에 따른 다른 생산형태
3) 영농시기의 조정 곤란
4) 기계화·분업화 곤란
5) 수확체감현상
6) 느린 자본회전
7) 생산의 시기적 제약

8회 기출문제

농산물의 특성에 관한 설명으로 옳은 것은?

① 표준화 및 등급화가 쉽다.
② 수요와 공급이 탄력적이다.
③ 용도가 다양하다.
④ 운반 및 보관비용이 적다.

▶ ③

10회 기출문제

농산물 유통의 특성이라고 할 수 없는 것은?

① 농산물은 다품목 소량생산 특성으로 상품화가 용이하다.
② 농산물 생산은 계절적이지만 소비는 연중 발생하여 보관의 중요성이 크다.
③ 농산물은 가치에 비해 부피가 크고 무거워 운반과 보관에 많은 비용이 든다.
④ 농산물은 중량이나 크기, 모양이 균일하지 않기 때문에 표준화, 등급화가 어렵다.

▶ ①

4) 신선편이제품의 증가
5) 원물 소비보다는 가공식품의 소비 증가
6) 대형마트나 창고형 할인점의 등장으로 유통구조가 변화
7) 콜드체인시스템(cold chain system)의 일반화
8) 식품의 소비구조가 고급화, 다양화
9) 쌀을 포함한 곡류소비는 줄고 육류나 수산물의 소비가 증가

❺ 수익성을 높일 수 있는 농업경영을 위한 합리적 의사결정시 유의 사항

(출처 : 전태갑-농산물유통론)

1) 어떤 농산물을 생산할 것인가?
2) 언제, 어떤 장소에서 판매할 것인가?
3) 농업인이 농산물 시장활동을 얼마나 수행하여야 할 것인가?
4) 농산물의 판매를 확대하기 위하여 어떤 일을 해야 할 것인가?
5) 어떠한 시장활동 방법이 바람직한 것일까?
6) 농산물의 공정한 거래를 위하여 어떠한 일을 해야 할 것인가?

❻ 농산물 유통의 변화

(1) 농산물 생산의 계절적 편재성 완화

농산물은 자연환경에 영향을 받으므로 농산물 공급이 계절적으로 편재되 일시출하, 홍수출하가 빈번하다. 저장기술의 발달과 출하시기 조절 능력이 향상되어 농산물 유통의 한계영역을 넓혀주고 있다.

참 고

• **대체성(代替性)**
1) 다른 제품으로 바꾸어 사용할 수 있는 성질 또는
2) 다른 용도로 바꾸어 사용할 수 있는 성질을 말한다.

7회 기출문제

농산물의 일반적인 특성에 관한 설명으로 옳지 않은 것은?

① 단위가격에 비해 부피가 크고 무거워 운반과 보관에 비용이 많이 발생한다.
② 생산은 계절적이지만 소비는 연중 발생하여 보관의 중요성이 크다.
③ 품질이나 크기가 균일하지 않기 때문에 표준화등급화가 용이하다.
④ 소득변화에 따른 수요의 변화가 작고, 경지면적의 고정성으로 공급조절이 어렵다.

➡ ③

6회 기출문제

농산물 유통과 관련된 설명으로 옳지 않은 것은?

① 농산물은 공산품에 비해 유통경로가 복잡하다.
② 농산물의 생산은 계절적 편재성이 있어 보관 및 저장의 중요성이 크다.
③ 농산물의 수요는 비탄력적이므로 가격변화에 따른 수요의 변화가 크다.
④ 농산물은 품질이나 크기가 균일하지 않아 표준화 및 등급화가 어려운 편이다.

➡ ③

5회 기출문제

경제발전과 소득수준의 상승에 따른 국민의 식품 소비 및 구매 형태의 변화에 대한 설명으로 틀린 것은?

① 세척, 커팅 등 전처리 농산물의 수요가 증가하고 있다.
② 상품구매의 편리성을 위해 재래시장 이용 비중이 증가하고 있다.
③ 소포장, 친환경 농산물의 수요가 증가하고 있다.
④ 주곡인 쌀을 포함한 곡류의 소비는 감소하고 육류와 수산물의 소비는 증가하고 있다.

▶ ②

5회 기출문제

대형유통업체의 농산물 판매 특성에 대한 설명으로 틀린 것은?

① 전처리 및 소포장 농산물의 판매 비율이 높아지고 있다.
② 신선식품의 품질 만족도를 높이기 위해 리콜제도를 운영하고 있다.
③ 소비자의 식품에 대한 불신을 해소하기 위해 안전성관리를 강화하고 있다.
④ 다양한 소비자의 욕구를 충족시키기 위해 고품질 상품 위주로 판매하고 있다.

▶ ④

(2) 자본의 집적화

노동집약적이던 농산물 생산기반이 거대 유통업체의 직영 생산단지 조성이나 대단위 영농단지의 계약재배로 자본집적화와 규모화가 진전되고 있다. 이는 유통시장에서 생산이 종속되어 있던 구조를 바꿔서 생산자가 가격순응자가 아닌 가격결정자로서의 지위를 부여하는 계기가 되었다. 또한 중계와 분산기구에도 대자본이 유입되면서 유통경로의 단순화가 이뤄지고 있다.

(3) 품질관리기술의 향상

단순 원물생산과 1차적 가공에 머물렀던 농산물 공급시장이 고부가가치를 지향하는 품질관리기술의 도입으로 생산자에게 고수익 창출의 기회를 부여해 주고 있다.

(4) 상품성 향상을 위한 다양한 시도

농산물 브랜드화, 지리적표시제, GAP농산물, HACCP 등 소비자의 기호와 편이성, 기능성을 가미한 다양한 상품성 향상제도가 시행되고 있다.

(5) 유통기구의 변화

전통적 유통시장이 재편되고 있다. 생산자 입장에서는 APC센터를 중심으로 산지시장의 규모화, 조직화 작업이 진행되고 있고 분산시장에 민간대형유통업체가 진출하면서 양적, 질적 변화가 빠르게 진행되고 있다.

(6) FTA의 타결

농산물의 국제화가 이뤄져 국가간 경계를 넘어 농산물이 자유롭게 이동할 수 있는 기반이 만들어졌다. 이에 따라 자국농산물 보호를 위한 생산자 중심의 정책이 사라지고 가격과 질 등 비교우위를 점하지 못하는 농업분야는 퇴출위기를 맞았다.

제1장 기출예상문제 연구

1. 농산물 유통의 개념으로 가장 적절한 것은?

① 다양한 유통참여자들의 각종 사회, 문화활동의 종합적인 개념
② 산지에서 도매시장까지의 실물흐름에 대한 개념
③ 생산자재의 조달물류와 농산물의 반품물류가 핵심개념
④ 생산자에서 소비자까지의 모든 경제활동의 종합적 개념

정답 및 해설 ④

좁은 의미에서 농산물 유통이란 생산자에서 소비자까지의 실물흐름이지만 넓은 의미에서 농산물유통이란 생산 전 단계의 의사결정으로부터 각종 물류 흐름, 판매 후 책임과 다음 생산단계에 Feed Back 반영까지 모든 경제활동의 종합적 개념으로 볼 수 있다.

2. 농산물 유통에 대한 설명으로 틀린 것은?

① 농산물 유통은 농산물이 생산자인 농업인으로부터 소비자나 사용자에게 이르기까지 모든 경제활동을 의미한다.
② 농산물 유통은 생산과 소비를 연결하여 효용을 증대시킨다.
③ 사회가 분화되고 비농업 인구의 비율이 높아짐에 따라 농산물의 유통량은 점차 감소하는 경향이 있다.
④ 농업인과 상인 간의 관계는 경쟁적이면서 동시에 보완적인 관계이다.

정답 및 해설 ③

사회가 분화되고 비농업인구의 비율이 높아지는 도시화, 산업화 시장에서는 농산물의 생산지와 소비지가 달라지게 된다. 농산물 유통의 개념을 농산물을 생산자에서 소비자까지 전달하는 물류흐름으로 볼 때 유통량은 더욱 늘어나게 된다.

3. 농산물 유통의 사회적 역할을 가장 적절히 설명한 것은?

① 농산물 유통은 생산기반을 구축하여 지역 내 자급자족을 가능하도록 한다.
② 농산물 유통이 생산과 소비를 연결시켜 줌으로써 농산물의 사회적 순환을 통해 농업 발전에 기여한다.
③ 농산물 유통은 유통마진을 축소하고 생산자와 소비자 간의 직거래를 확대한다.
④ 농산물 유통은 생산자의 역할과 이익을 도모한다.

정답 및 해설 ②

① 유통의 기능하지 못하는 고립사회에서 자급자족이 이뤄진다.
③ 유통의 결과 유통마진이 축소될 수도 있고 증가할 수도 있다. 유통마진은 유통경로의 장단, 물류비용의 다소, 유통기구의 역할에 따라서 달라지며 유통이 존재한다고 해서 유통마진이 축소되는 것은 아니다. 직거래는 중계기구의 역할을 없애고 생산자와 소비자가 직접 만나는 형태인 바 유통의 기능이 활발해 지면 직거래보다는 간접거래가 활성화 된다.
④ 농산물유통의 역할이 활성화되면 생산자에게 적정 이윤을 보장해주고 소비자에게는 상대적으로 저렴한 가격으로 구매할 수 있는 기회를 제공한다. 즉 불필요한 유통과정을 생략하여 불요불급한 유통마진을 제거하는 기능이 수행될 수 있다.

4. 농산물의 특성에 관한 설명으로 옳은 것은?

① 표준화 및 등급화가 쉽다.
② 수요와 공급이 탄력적이다.
③ 용도가 다양하다.
④ 운반 및 보관비용이 적다.

정답 및 해설 ③

① 영세한 다수의 비조직 생산자가 통일되지 않은 생산기술을 적용하여 생산한 농산물의 표준화 및 등급화가 어렵다.
② 농산물은 필수재 성격이 있어서 소비가 비탄력적이며 생산의 측면에서도 파종에서 수확까지 일정시간이 소요되므로 공급량을 조절하기가 쉽지 않고, 일시출하 또는 홍수출하가 계절적 영향으로 반복되므로 비탄력적이다.
③ 농산물은 식용, 원재료, 사료용 등의 용도전환이 가능하고 품목간 대체소비가 가능하므로 용도가 다양하다고 할 수 있다.
④ 부피와 중량성은 수송, 저장비용의 증가를 초래한다.

5. 다음 설명 중 농산물의 상품적 특성과 관계가 먼 것은?

① 가격에 비하여 부피가 큰 편이다.
② 부패성이 강하여 유통 중 손실이 많이 발생한다.
③ 품종과 품질이 다양하여 표준규격화가 어렵다.
④ 수요와 공급이 탄력적이다.

정답 및 해설 ④

6. 농산물 물류에 콜드체인시스템이 필요하다는 것은 다음 중 농산물의 어떠한 특성과 관계가 깊은가?

① 지역적 특화, 산지 분산
② 최종 소비단위가 개별적이고 규모가 작다.
③ 부패, 손상하기 쉽다.
④ 품질차이에 의한 가격차가 크다.

정답 및 해설 ③

콜드체인시스템(Cold Chain System)

산지 수확 → 저온창고 저장 → 저온수송차량 출고 → 소매점 저온냉장 진열

7. 농산물의 일반적인 특성에 관한 설명으로 옳지 않은 것은?

① 단위가격에 비해 부피가 크고 무거워 운반과 보관에 비용이 많이 발생한다.
② 생산은 계절적이지만 소비는 연중 발생하여 보관의 중요성이 크다.
③ 품질이나 크기가 균일하지 않기 때문에 표준화, 등급화가 용이하다.
④ 소득변화에 따른 수요의 변화가 작고, 경지면적의 고정성으로 공급조절이 어렵다.

정답 및 해설 ③

품질이나 크기가 균일하지 않기 때문에 표준화, 등급화가 어렵다. 농산물은 필수재로서 소득변화에 따른 수요변화가 크지 않다.

④ 공급이 비탄력적인 이유 중 하나로 가격변동에 따라서 생산면적을 자유롭게 조정할 수 없는 점을 지적하고 있다.

8. 다음 설명 중 농산물의 상품적 특성과 관계가 먼 것은?

① 가격에 비하여 부피가 큰 편이다.
② 부패성이 강하여 유통 중 손실이 많이 발생한다.
③ 품종과 품질이 다양하여 표준규격화가 어렵다.
④ 수요와 공급이 탄력적이다.

정답 및 해설 ④

9. 농산물 유통과 관련된 설명으로 옳지 않은 것은?

① 농산물은 공산품에 비해 유통경로가 복잡하다.
② 농산물의 생산은 계절적 편재성이 있어 보관 및 저장의 중요성이 크다.
③ 농산물의 수요는 비탄력적이므로 가격변화에 따른 수요의 변화가 크다.
④ 농산물은 품질이나 크기가 균일하지 않아 표준화 및 등급화가 어려운 편이다.

정답 및 해설 ③

농산물의 수요는 비탄력적이므로 가격변화에 따른 수요의 변화가 작다.

수요가 비탄력적이라는 것은 독립변수인 가격이 변화하더라도 종속변수인 수요량의 변화(수요량의 변화율)가 가격의 변화율보다 작다는 의미이다.

10. 최근 식생활의 고급화 및 다양화로 나타난 식품소비행태 변화 추세가 아닌 것은?

① 소포장 선호, 외식 증가
② 쌀소비량 감소, 육류 및 수산물 소비량 증가
③ 유기가공식품 수요 및 수입물량 증가

④ 신선식품구매 증가, 가공식품구매 감소

정답 및 해설 ④

도시화의 진전과 인구감소, 맞벌이 부부의 증가는 즉석식품, 신선편이식품, 가공식품의 구매 증가 원인이 되고 있다.

11. 경제발전과 소득수준의 상승에 따른 국민의 식품 소비 및 구매 형태의 변화에 대한 설명으로 틀린 것은?

① 세척, 커팅 등 전처리 농산물의 수요가 증가하고 있다.
② 상품구매의 편리성을 위해 재래시장 이용 비중이 증가하고 있다.
③ 소포장, 친환경 농산물의 수요가 증가하고 있다.
④ 주곡인 쌀을 포함한 곡류의 소비는 감소하고 육류와 수산물의 소비는 증가하고 있다.

정답 및 해설 ②

유통경로 변화의 핵심으로 등장한 것이 창고형 할인점과 대형마트이다.

상품 신뢰성 및 안전성과 사후 A/S, 가격차별성, 시장접근성(차량이용), 다양성 등을 획기적으로 개선한 대형 유통업체의 등장으로 재래시장의 경쟁력은 점점 약화되고 있다.

12. 소비자의 생활수준이 향상되고 식품소비 구조가 고급화·다양화되고 있는 추세이다. 이것이 농산물유통에 주는 의미 중 가장 알맞은 것은?

① 친환경 유기농산물의 수요가 증가함에 따라 새로운 유통 문제가 발생할 수 있다.
② 대형소매업체는 고품질 농산물을 대포장으로 판매하는 경향이 커진다.
③ 농산물 소비패턴의 고급화·다양화는 농산물유통 대상품목을 곡류 중심으로 집중시킨다.
④ 수요 및 공급의 가격탄력성이 낮은 품목은 시장가격의 변동이 상대적으로 작다.

정답 및 해설 ①

① 건강과 기능성을 강조한 식품소비구조의 고급화, 다양화는 생산기술, 저장기술, 수송방법, 판매방식에서 기존의 농산물 유통방식을 탈피하여 새로운 유통기법을 요구받게 된다.

② 소포장 다품종 판매의 증가.
③ 곡류중심에서 가공식품, 육류, 수산물의 소비를 증가시키고 있다.
④ 농산물의 수요. 공급이 비탄력적이라 해서 시장가격의 변동이 적다는 의미는 아니며 공산품에 비하여 수요. 공급의 조절이 어려운 농산물의 경우 공급량의 자연적 영향 때문에 시장가격 변동의 위험성을 항상 가지고 있다.

13. 농산물시장 및 유통시장의 개방 등 국제환경의 변화가 농산물유통 부문에 미치는 영향 중 가장 적절한 것은?

① 국내보조금이 감축됨으로써 해당 농산물의 가격변동이 완화된다.
② 수입대체 작목의 개발이 가속화되면 국내농산물 가격이 안정된다.
③ 외국의 대형 유통업체 및 청과 메이저의 국내 진출로 인해 국내 농업 생산 및 유통부문의 확대가 더욱 촉진된다.
④ 국내시장 진입장벽 뿐만 아니라 외국의 농산물 수입규제도 완화되므로 국내산 농산물의 수출 가능성이 확대된다.

정답 및 해설 ④

① 국내 보조금의 감축은 생산농가의 공급여력을 축소시켜 가격의 상승을 일으킬 수 있다.
② 예를 들어 수입산 오렌지 대신 국산 기능성 또는 친환경 오렌지의 대체개발이 이뤄졌다고 하자. 그러면 수입산 보다는 국내산 오렌지의 가격이 우월하게 시장에서 거래되게 되고 결국 가격인상의 원인이 될 수 있다. 또한 기존의 경쟁력 없는 오렌지 농가는 도태되게 될 것이다.
③ 가격경쟁이나 자본집적도에서 열악한 국내 유통업체는 몰락의 길을 걷게 된다.

14. 다음은 수입농산물의 증가가 국내 농산물 유통에 미치는 영향을 설명한 내용이다. 이 중에서 가장 크게 직접적으로 영향을 미치는 분야를 든다면?

① 국내산 농산물의 고급화, 편의성, 건강추구 경향이 가속화 될 것이다.
② 국내산 농산물의 가격하락이 지속될 것이다.
③ 국내산 농산물의 직거래 비중이 높아질 것이다.
④ 국내산 농산물의 수급조절을 위한 정부의 시장개입정책이 강화될 것이다.

정답 및 해설 ①

수입농산물의 증가가 ①②③ 모두의 현상을 불러오지만 농산물 유통시장에 등장하는 국내농산물의 경우 먼저 수입농산물과의 경쟁력을 높이는 데 집중할 수 밖에 없기 때문에 가장 직접적인 영향으로 정답은 ①이다.

MEMO

제 2 장
농산물 유통의 기능

농산물 유통의 기능
기출예상문제

MEMO

제 2장 | 농산물 유통의 기능

농산물 유통이란 농산물이 생산자로부터 소비자까지 이르는 과정에서 이루어지는 경제적 활동의 종합적 개념이다. 유통의 기능을 세분하면 구매와 판매로 이루어지는 교환기능을 1차적이며 본질적 기능이라 볼 수 있는데 이를 소유권이전기능, 상적거래 등으로 말한다.

농산물은 생산물의 물리적 이동과정을 거친다. 이 이동과정 중 장소적 효용가치의 창조(수송기능), 시간적 효용가치의 창조(저장기능), 형태적 효용가치의 창조(가공기능)가 이뤄지는데 이를 물적유통기능이라 한다.

이러한 교환거래와 물적유통을 보완, 지원, 조성해 주는 기능이 유통조성기능이다. 이는 물류분야의 표준화, 등급화, 금융분야의 유통금융과 위험부담, 공정거래와 시장활성화를 위한 시장정보기능으로 세분할 수 있다.

> **6회 기출문제**
>
> 산지에서 농산물을 수집하는 기능을 수행하지 않는 것은?
> ① 정기시장
> ② 산지유통인
> ③ 농협공판장
> ④ 매매참가인
>
> ▶ ④

① 소유권이전기능(소유효용)

(1) 구매기능(수집기능)

1) 유통업자가 생산자로부터 물건을 구매하고 대금을 지불하는 과정이다.
2) 유통업자는 최종 소비자로서가 아닌 재판매 목적으로 물건을 구매한다.
3) 다른 유통업자로부터 물건을 구매하여 재판매하는 과정을 포함한다.
4) 산지수집상, 중개인의 위탁대리인, 산지조합, 유통업체의 바이어 등이 이 기능을 수행한다.

(2) 판매기능(분배기능)

1) 가격별 판매단위의 결정 : 상품의 규격과 포장단위를 결정

> **참 고**
> • 유통기구와 유통단계
> 1) 수집단계 – 수집기구
> 2) 중계단계 – 중계기구
> 3) 분산단계 – 분산기구

> **참 고**
> • 수집기구
> 지역농협, 산지수집상, 5일시장 등

한다.
2) 유통경로의 결정 : 입지선정 활동을 통하여 소비자와 만나는 접점을 결정한다.
3) 판매시점과 가격의 결정 : 재고관리, 일시적 저장 등을 통하여 판매시점을 결정하고 최종소비자의 적정가격을 결정하는 기능
4) 상품의 진열, 광고, 관계마케팅 등 소비자의 구매의욕을 자극하는 역할을 한다.

❷ 물적 유통기능

(1) 장소적 효용가치의 창조 : 수송

생산자와 소비자 사이에 존재하는 장소적 불일치를 물적 이동수단을 통하여 효용가치를 창조한다. 수송은 시장 확장과 관련되며 시장의 크기를 결정하는 요소이다. 이동수단으로 철도, 선박, 자동차, 항공 등이 있다.

1) 철도 : 안전성·신속성·정확성이 있으나 융통성이 적고 제한된 통로에만 가능하다.
   장거리 수송에 유리하며 단거리 수송의 경우 오히려 비용효율이 떨어진다.
2) 선박 : 장거리에 유리하며 대량수송이 가능하나 시간효율이 떨어지고 융통성이 적다.
3) 자동차 : 기동성이 우수하며 단거리 수송에 효율적이다. 도로망의 확대로 융통성이 뛰어나며 수송수단에서 차지하는 비중이 가장 높다.
4) 비행기 : 신속, 정확하다는 장점이 있으나 비용이 많이 들고 항로와 공항의 제한성에 구애받을 뿐만 아니라 오히려 기다리는 시간이 길다는 단점이 있다. 최근 국제 화훼유통과 신선함이 요구되는 고가 농산물 유통에 그 활용도가 높아지고 있다.

(2) 시간적 효용의 창조 : 저장

1) 가격조절기능 : 농산물의 계절적 편재성을 극복하기 위한 수단으로서 농산물의 홍수출하 등으로 인한 가격폭락의 위험을 조절하는 기능을 한다.
2) 부패성 방지 : 수확과 판매시기의 불일치를 조절하기 위하여 저온저장창고가 널리 활용되고 있다.
3) 수요의 조절 기능 : 농산물 수요시기를 연중 고르게 유지하는 기능을 한다.
4) 저장의 유형
   ① 운영적 저장 : 중계상이나 판매처에서 적정 재고물량을 확보하기 위한 일시적 저장
   ② 계절적 저장 : 홍수출하시 생산물량의 공급을 조절하기 위한 저장
   ③ 비축적 저장 : 정부가 정책적으로 하는 저장으로서 시장 물가의 안정을 위한 저장이다.
   ④ 투기적 저장 : 오로지 공급시기별 가격차이만을 목적으로 한 저장

(3) 형태적 효용의 창조 : 가공

1) 장소적 효용의 지원 : 농산물의 부피와 중량성 약점을 보완하기 위하여
2) 시간적 효용의 지원 : 가공을 통한 형태변경으로 저장기간을 연장할 수 있다.
3) 기능성의 지원 : 자연물에 형태변경을 통하여 새로운 생물학적 기능을 추가할 수 있다.

❸ 유통조성기능

(1) 표준화

표준화란 유통과정에 참여하는 각 기구 간에 공적으로 합의된 척도를 말한다.

표준화는 유통시장에서 공정한 거래가 이뤄지는 환경을 조성하여 준다.

표준화의 항목으로 포장, 등급, 보관, 하역, 정보 등이 있다.

> ■ **단위화물적재시스템(Unit Load System)**
> 단위 적재란 수송, 보관, 하역 등의 물류 활동을 합리적으로 하기 위하여 여러 개의 물품 또는 포장 화물을 기계, 기구에 의한 취급에 적합하도록 하나의 단위로 정리한 화물을 말한다.
> 단위적재를 함으로써 하역을 기계화하고 수송, 보관 등을 일괄해서 합리화하는 체계를 단위적재시스템이라 하며, 단위적재 시스템에는 팰릿(pallet)을 이용하는 방법 및 컨테이너를 이용하는 방법이 있다. 우리나라에서 사용하는 표준 팰릿(pallet) T11의 규격 1100mm × 1100mm와 T12의 규격 1200mm × 1000mm 이다.

(2) 등급화

등급화란 상품의 크기나 품질, 상태 등의 기준에 따라서 상품을 분류하는 것이다.

농산물의 등급규격은 품목 또는 품종별로 그 특성에 따라 고르기, 크기, 형태, 색깔, 신선도, 건조도, 결점, 숙도(熟度) 및 선별 상태 등에 따라 정한다.

1) 등급화의 효과
   ① 견본거래, 통명거래의 실현 : 물류비용 절감
   ② 자본집적 및 상품의 공동화 실현 : 공동수송, 공동저장, 공동판매, 공동계산 등
   ③ 공정거래의 실현 : 등급 간 적정한 가격차별 가능
   ④ 소비자의 욕구반영 : 소비자 판단에 따라 등급차별화에 따라 생산정보에 반영

2) 등급화가 어려운 이유
   ① 바람직한 등급의 단계가 명확하지 않다. 등급의 차이는 구매하는 소비자가 가격 차이를 인정할 수 있는 정도의 차이를 부여해야 한다.

■ 등급단계가 많다 : 등급별 차별화가 불분명할 수 있다.(소비자선호)

- 등급단계가 적다 : 물류비용의 절감을 이룰 수 있다.(생산자선호)

② 등급을 결정할 수 있는 공정한 제3자 필요하다.
〈우리나라〉 농림수산식품부장관은 농수산물(축산물은 제외한다.)의 상품성을 높이고 유통 능률을 향상시키며 공정한 거래를 실현하기 위하여 농수산물의 포장규격과 등급규격을 정할 수 있다.
③ 정당한 등급 기준을 정하기가 쉽지 않다.
④ 농산물은 물적 위험에 노출되어 있어서 등급판정 후 최종 소비까지 등급기준을 유지하기가 쉽지 않다.

(3) 유통금융

유통기구에 참여하는 자에게 자금을 조달해주는 것

(4) 위험부담

농산물 유통과정 중에 발생할 수 있는 손실을 보전해 주는 것. 유통기구의 한 주체가 떠안아야 할 위험을 제3의 주체에게 전가시키는 것을 위험부담이라 한다.

1) 물적 위험 : 농산물의 물적 유통과정 중 발생하는 손실
   예〉 부패, 파손, 감모, 열상, 동해, 풍수해, 화재 등
2) 경제적 위험 : 시장가격의 하락으로 인한 손실
   예〉 소비자 기호의 변화, 시장축소, 대체상품, 농산물 가치의 하락

(5) 시장정보

유통과정 중 각 유통기구에 제공되는 정보의 수집, 분석, 분배 활동

1) 정보의 조건
   ① 완전성 : 필요한 정보가 빠짐없이 구비되어야 한다.
   ② 종합성 : 개개의 정보가 개념적으로 연결되어 의미있게 구현된 것
   ③ 실용성 : 정보는 활용이 가능하여야 한다.

7회 기출문제

농산물 시장정보에 대한 설명으로 옳지 않은 것은?

① 시장에서 공정한 거래가 이루어지는 한 다양한 시장정보는 의사결정에 혼란을 초래한다.
② 농산물의 유통량과 유통시간을 감소시킴으로써 유통비용을 절감한다.
③ 유통업자간 지속적인 경쟁관계를 유지시킴으로써 자원배분의 비효율성을 감소시킨다.
④ 구매자와 판매자간 정보의 비대칭성을 감소시킴으로써 불확실성에 따른 위험부담비용을 줄인다.

▶ ①

④ 신뢰성 : 정보는 믿을 수 있어야 한다.
⑤ 적시성 : 정보는 적기에 제공되어야 한다.
⑥ 접근성 : 정보는 원하는 주체에게 제공될 수 있어야 한다.

2) 정보의 효과
① 생산자 : 생산자의 의사결정(품종선택, 생산량, 출하시기, 출하장소 등)에 도움을 준다.
② 유통업자 : 저장계획, 수송계획, 판매계획(구매와 재판매), 시장운영 형태 등을 결정하는 데 도움을 준다.
③ 소비자 : 합리적인 소비에 대한 의사결정을 도와준다.

❹ 유통의 3대 기능

(1) 시간유통 : 소비자가 원하는 시기에 상품을 공급하는 기능

농산물은 공급은 불안정하지만 소비는 상대적으로 안정적이다. 농산물의 계절적 편재성은 소비자가 원하는 시기에 공급이 이뤄지지 못하게 하는 원인이 된다. 이는 상품의 수요를 감소시키고 때로는 상품성 자체를 상실시키기도 한다.

- 시간유통의 활성화 방안
  ① 자연적 환경을 극복할 수 있는 생산기술의 개발
  ② 출하시기를 조절할 수 있는 보관 및 저장기술의 개발
  ③ 산지직거래, 계약재배 등 소비자가 원하는 시기에 수확할 수 있는 제동의 지원
  ④ 유통경로의 단순화 등 유통체계의 개선

(2) 공간유통 : 소비자가 원하는 장소에 상품을 공급하는 기능

물류기능을 통하여 소비자나 2차 가공업자들이 원하는 장소에 상품이 도달할 수 있게 하는 기능

(3) 대량유통 : 소비자가 원하는 다양한 상품을 공급할 수 있는 기능

❺ 농산물유통의 효율화 방안

(1) 견본거래 또는 통명거래의 정착
① 도매시장 등에서 대량거래로 발생하는 물류비용의 절감
② 상품에 대한 신뢰감을 보증하는 제도의 필요
③ 수확 후 소비까지의 시간을 단축시키는 효과
④ 영농규모의 자본집적화 (생산의 전문화)
⑤ 표준규격화
⑥ 정보조건을 만족하는 시장정보의 제공
⑦ 수확 후 품질관리기술의 발전을 통한 품질의 유지

(2) 유통비용의 감소
유통경로의 단순화 작업을 통하여 복잡성을 제거하고 산지유통센터의 활용 등 생산자가 가격순응자로 기능하던 방식에서 탈피 유통구조 내에서 주도적 역할을 수해하도록 하면 유통마진의 축소를 이룰 수가 있다.

(3) 효율적 정부정책의 지원
시장의 자율적 기능을 최대한 유지하면서 농업생산구조를 생산성 있게 재편하고 적절한 지원책을 개발하여 개방화된 세계농산물시장에 대처할 필요가 있다. 정부는 지금의 도매시장제도 장단점을 보완, 제거하여야 한다. 이러한 노력을 통해 궁극적으로 생산자의 소득과 소비자의 이익을 담보할 수 있을 것이며 물가안정에도 기여할 수 있다.

❻ 농산물 유통정보

(1) 농산물 유통정보의 개념
① 농산물 유통과 관련된 데이터(data)의 의미있는 결합으로 제공된 자료

4회 기출문제

농산물 도매시장은 대량거래에 의한 규모의 경제를 실현하여 사회적 유통비용을 절감하고자 하는데, 이는 어떤 원리에 근거하는가?

① 대량보유 및 수요 공급의 원리
② 대량보유 및 거래총수 최소화의 원리
③ 대량보유 및 가격결정의 원리
④ 대량보유 및 시장영역의 원리

▶ ②

참 고

- 유통정보는
  1) 유통활동의 불확실성과 유통비용을 감소시킨다.
  2) 생산자에는 보다 많은 수익을 알려주고
  3) 유통업자에게는 보다 많은 이윤을 알려주며
  4) 소비자에게는 보다 저렴한 가격을 알려준다.

8회 기출문제

농산물 유통정보의 요건으로 옳지 않은 것은?

① 정보는 원하는 사람에게 적절한 시기에 전달되어야 한다.
② 정보이용자가 쉽게 정보에 접근하고 취득할 수 있어야 한다.
③ 정보수집자의 주관이 반영되어 정보의 가치를 높여야 한다.
④ 정보이용자의 의사결정에 필요한 모든 정보가 포함되어야 한다.

▶ ③

> **3회 기출문제**
>
> 농산물 유통정보 시스템에 대한 설명 중 적절하지 않은 것은?
>
> ① 바코드(Bar Code)와 관련된 기술은 주문처리에 있어 주문정보의 정확성과 시스템의 안정성에 도움이 되며, 정보시스템 개발을 위한 기반이 된다.
> ② 판매시점관리(POS ; Point of Sale) 시스템은 소매상의 판매기록, 발주, 매입, 고객관련 자료 등 소매업자의 경영활동에 관한 정보를 관리하는 것이다.
> ③ 자동발주시스템(EOS ; Electronic Ordering System)은 판매에 따라 재고량이 재주문점에 도달하게 되면 컴퓨터에 의해 자동발주가 이루어지는 시스템으로서, 도·소매업자 모두에게 효과가 있다.
> ④ 전자문서교환(EDI ; Electronic Data Interchange)은 정보전달이 인간의 개입 없이 컴퓨터간에 이루어지는 것으로서, 기업간 EDI 프로토콜이 달라도 실행이 가능하다.
>
> ▶ ④

② 농산물 유통시장에서 활동하는 주체들의 의사결정을 도와주는 자료
③ 농산물 유통시장의 각 주체들이 보유하고 있는 유통지식
④ 정보를 획득개념으로 본다면 정보의 비대칭성을 활용한 이윤추구를 위한 자료
⑤ 관찰이나 측정을 통하여 수집한 자료가 시장에서 활용될 수 있도록 가공된 지식

(2) 농산물 유통정보의 역할

① 농산물의 적정가격을 제시해 준다.
② 유통비용을 감소시켜 준다.
③ 시장 내에서 효율적인 유통기구를 발견해 준다.
④ 생산계획과 관련된 의사결정을 지원해 준다.
⑤ 유통업자의 의사결정을 지원해 준다.
⑥ 소비자의 합리적 소비를 지원해 준다.
⑦ 농산물 유통정책을 입안하는 데 도움을 준다.

(3) 유통참가인의 의사결정 요인

① 사회적 요인 : 인구, 성별, 연령, 소득, 계층 등
② 문화적 요인 : 종교, 사상, 지역, 언어, 관습 등
③ 제도적 요인 : 법, 규칙, 고시 등

> ■ 의사결정 과정
> 문제인식 => 정보의 탐색 => 문제의 해결 => 검토

> **3회 기출문제**
>
> 소비자가 상품을 구매하는 의사결정 과정을 순서대로 연결한 것은?
>
> ① 정보탐색 - 문제인식 - 선택대안의 평가 - 구매
> ② 정보탐색 - 선택대안의 평가 - 문제인식 - 구매
> ③ 문제인식 - 선택대안의 평가 - 정보탐색 - 구매
> ④ 문제인식 - 정보탐색 - 선택대안의 평가 - 구매
>
> ▶ ④

❼ 유통정보화의 기술

(1) POS 시스템(point of sales system, 판매시점정보관리 시스템)

① 팔린 상품에 대한 정보를 판매시점에서 즉시 기록함으로써 판매정보를 집중적으로 관리하는 체계이다.

② 매장의 주문처리시스템과 관리자의 메인컴퓨터를 온라인으로 연결하여 판매시점의 정보를 실시간으로 통합, 분석, 평가하여 미래의 고객대응능력을 배가시키기 위한 종합적인 판매관리 시스템이다.
③ 상품에 바코드(barcode)나 OCR 태그(광학식 문자해독 장치용 가격표) 등을 붙여놓고 이를 스캐너로 읽어서 가격을 자동 계산하는 동시에 상품에 대한 모든 정보를 수집, 입력시키는 방식이다.
④ 상품 회전율을 높이고 적정 재고량을 유지할 수 있는 등의 이점이 있다.
⑤ 수집된 POS 데이터에 의해 신제품 및 판촉상품의 판매경향, 인기상품 및 무매출 사멸품의 동향, 유사품 및 경합품과의 판매경향, 구입 고객별 분석, 시간대별 분석, 판매가격과 판매량의 상관 분석, 그 밖에 진열상태, 대중매체 광고 효과 등을 파악하여, 생산계획 판매계획 광고계획을 세울 수 있다.

10회 기출문제

우리나라 표준형 상품 바코드의 설명으로 옳은 것은?

① 국가번호는 '80'이다.
② 상품코드는 8번째부터 4자리이다.
③ 유통업체 코드는 첫 번째 2자리이다.
④ 제조업체 코드는 4번째부터 4자리이다.

▶ ④

(2) EDI(Electronic Data Interchange)

기업간 거래에 관한 데이터와 문서를 표준화하여 컴퓨터 통신망으로 거래 당사자가 직접 전송·수신하는 정보전달 시스템이다. 주문서·납품서·청구서 등 무역에 필요한 각종 서류를 표준화된 상거래 서식 또는 공공서식을 통해 서로 합의된 전자신호로 바꾸어 컴퓨터 통신망을 이용하여 거래처에 전송한다. 데이터를 교환하기 위해서는 표준 포맷으로 공유 프로토콜이 필요하다.

(3) RFID(Radio Frequency Identification)

생산에서 판매에 이르는 전과정의 정보를 초소형칩(IC칩)에 내장시켜 이를 무선주파수로 추적할 수 있도록 한 기술로서, '전자태그' 혹은 '스마트 태그' '전자 라벨' '무선식별' 등으로 불린다. 기존의 바코드는 저장용량이 적고, 실시간 정보 파악이 불가할 뿐만 아니라 근접한 상태(수 cm이내)에서만 정보를 읽을 수 있다는 단점이 있다.

(4) 로지스틱스(logistic)

유통 합리화의 수단으로 채택되어 원료준비, 생산, 보관, 판매에 이르기까지의 과정에서 물적유통을 가장 효율적으로 수행하는 종합적 시스템을 말한다. 예를 들어 원료준비의 측면에서만 물적유통의 합리화를 생각하면 그 후의 과정에서 합리화를 방해하는 요인이 생기기 때문에 전체를 토털시스템으로 구성하려는 것이다.

(5) TPL(Third Party Logistics)

1) 생산자와 판매자의 물류를 제3자를 통해 전문적으로 처리하는 것으로 기업이 물류관련 분야 전체업무를 특정 물류전문업체에 위탁하는 것을 말한다.
2) 생산자가 내부에서 직접 행하는 물류는 first party logistics, 생산자와 판매자 양자가 직접 행하는 물류는 second party logistics라고 한다.

(6) EOS(Electronic Ordering System)

자동발주시스템(EOS ; Electronic Ordering System)은 판매에 따라 재고량이 재주문점에 도달하게 되면 컴퓨터에 의해 자동발주가 이루어지는 시스템으로서, 도·소매업자 모두에게 효과가 있다. 컴퓨터 통신망으로 주문을 받아 처리하고 납품 일정까지 짜주는 시스템이다

⑧ 전자상거래

(1) 전자상거래의 개념

1) 협의의 전자상거래란 인터넷상에 홈페이지로 개설된 상점을 통해 실시간으로 상품을 거래하는 것을 의미한다.
2) 광의의 전자상거래는 소비자와의 거래뿐만 아니라 거래와

[4회 기출문제]

농산물 전자상거래의 특성에 대한 설명으로 알맞지 않은 것은?

① 사이버공간을 활용함으로써 시간적, 공간적 제약을 극복할 수 있다.
② 전자 네트워크를 통해 생산자와 소비자가 직접 만나기 때문에 유통비용이 절감된다.
③ 컴퓨터 및 전산장비를 두루 갖추어야 하기 때문에 대규모 자본의 투자가 필요하다.
④ 생산자와 소비자간 쌍방향 통신을 통해 1 대 1 마케팅이 가능하고 실시간 고객서비스가 가능해 진다.

➡ ③

[관련 기출문제]

다음 중 농산물 전자상거래에 대한 일반적인 설명으로 가장 적절한 것은?

① 상품 공급자의 판매비용은 일반 실물거래보다 높을 수 없다.
② 전자상거래 활성화는 정보통신 기술의 발전만으로 충분하다.
③ 시간과 공간의 제약이 없고 판매점포가 필요 없다.
④ 전자상거래는 항상 유통마진을 감소시킬 수 있다.

➡ ③

[10회 기출문제]

전자상거래의 특징으로 옳지 않은 것은?

① 시장진입 장벽이 낮다.
② 생산자 주도로 거래한다.
③ 고객정보의 획득이 용이하다.
④ 유통경로가 오프라인(Off-line)거래에 비해 짧다.

➡ ②

관련된 공급자, 금융기관, 정부기관, 운송기관 등과 같이 거래에 관련되는 모든 기관과의 관련행위를 포함한다.

(2) 전자상거래의 특징

① 유통거리가 짧다
② 거래대상지역에 제한이 없다.
③ 시간제약이 없다.
④ 고객정보수집이 쉽다.
⑤ 소자본창업이 가능하다.
⑥ 장소의 제약이 없다.
⑦ 거래인증·거래보안·대금결재 등의 제도보완이 필요하다.

(3) 전자상거래의 유형([출처] 다양한 전자상거래 유형 정리|작성자 jgangel)

1) B2C(Business to Customer) : 기업과 소비자간의 거래
   이 유형은 기업과 소비자간의 전자상거래로 현재 가장 많은 비중을 차지하는 유형이다. 사전적으로는 기업이 전자적 매체를 통신망과 결합하여 소비자에게 재화나 용역을 거래하는 행위로, 초기에는 전자제품, 의류, 가구 등의 물리적인 제품이 주를 이루었으나, 최근 들어서는 게임, 동영상 등의 디지털 상품을 비롯, 그 거래 물품 영역은 점점 확대/파괴되고 있다.

2) B2G(Business to Government) : 기업과 정부간의 거래
   이 유형은 기업과 정부간의 전자상거래 유형으로, 정부가 조달예정 상품을 인터넷 가상 상점에 공시하고 기업들이 가상 상점을 통하여 공급할 상품을 확인하고 주요 거래를 성사하는 과정이 전형적인 업무를 이룬다.

3) B2B(Business to Business) : 기업들간의 거래
   이는 기업들간의 전자상거래 유형으로, 기업간의 업무 처리를 사람의 이동과 종이서류가 아니고 디지털 매체로 하는 제반 과정을 의미한다. 즉, 불특정 기업들이 공개된 네트워크를 이용하여 이루어지는 마케팅 활동으로, B2B 거래에서

8회 기출문제

농산물 전자상거래의 기대효과로 옳지 않은 것은?

① 유통의 시간적 또는 공간적 제약을 줄일 수 있다.
② 생산자의 수취가격 제고와 소비자의 지불가격 절감에 기여한다.
③ 농산물의 훼손가능성을 줄여서 상품가치를 유지하는 데 유리하다.
④ 소비자와의 대면판매가 이루어지지 않아 소비자의 구매정보를 알기 어렵다.

▶ ④

는 거래의 주체에 따라 판매자 중심, 구매자 중심, 중개자 중심의 거래로 구성된다고 한다.

4) B2E(Business to Employee) : 기업 내에서의 전자상거래
기업 내의 경영자와 사원간의 유대감과 신뢰감의 향상을 목적으로 하는 것으로, 전자 우편, 게시판 등을 통한 노사간의 대화를 통하여 서로에 대한 신뢰감을 강화하고, 경영 지표, 경영의 투명성 등을 제공하는 것에서 출발한 유형이다. 최근에는 사원들이 기업이 운영하는 혹은 위탁한 인터넷 쇼핑몰을 통해 필요한 물품도 구매할 수 있게 만든 시스템으로 발전하고 있다.

5) G2C(Government to Customer) : 정부와 소비자간의 거래
주요 정부 기관과 소비자간에 전자상거래이다. 이는 정부의 행정서비스를 어디서나 온라인으로 서비스를 받게 되는 것으로 각종 증명서의 발급이나 세금 부과, 납부 업무, 사회복지급여의 지급 업무 등이 여기에 해당된다. 인터넷을 통한 여러 가지 민원 서비스 등도 점차 확대되고 있는 실정이지만, 중요한 정보가 범죄에 악용되는 사례가 늘면서 최근에는 다소 주춤한 상황이다.

6) G2B(Government to Business) : 정부와 기업간의 전자상거래
이 유형은 정부와 기업간에 이루어지는 전자 상거래를 의미하는 것으로, 정부와 기업이 온라인 회선을 이용하여 각종 세금 또는 조달 업무 등을 수행하는데 활용하고 있다.

7) C2C(Customer to Customer) : 소비자와 소비자간의 거래
이 유형은 소비자와 소비자간의 전자상거래로, 소비자끼리 서로 인터넷을 이용하여 일대일의 거래를 하는 것을 의미한다. 주로 경매나 벼룩시장 등을 이용한 중고품 매매가 일반적이며, 대표적인 모델은 미국의 eBay나 우리나라의 옥션(Auction) 등이 있다.

8) C2B(Customer to Business) : 소비자와 기업 간의 전자상거래
기존의 B2C 거래는 기업이 거래 주체가 되는 반면, C2B 거래는 소비자가 거래의 주체가 되는 것이 다르다. 소비자

중심의 전자상거래를 의미하는 것으로 공동구매, 역경매 등이 여기에 속한다. 소비자가 기업에게 원하는 상품의 가격과 조건을 제시하는 거래방식으로 최근 들어 많은 각광을 받고 있다. 고객 유치 경쟁이 치열해짐에 따라 최근 대부분의 쇼핑몰에서도 C2B 거래를 도입하고 있기도 하다.

9) P2P(Peer - to - Peer) : 개인과 개인간의 전자상거래

이는 기존의 server to client와 상반되는 개념으로, 개인 대 개인이라는 뜻의 네트워크 용어에서 비롯되었다. 즉, 개인 PC와 PC간에 이루어지는 전자상거래를 의미한다. 자료를 중앙 서버에 등록하여 공유하는 것이 아니라 개인의 PC에서 바로 교환하는 방식으로, 대표적인 서비스에는 미국의 냅스터(Napster)와 우리나라의 소리바다 등이 있다.

❾ 농산물 전자상거래의 특징

(1) 거래품목의 제한과 생산 및 가격의 불안전성

농산물은 표준화, 등급화가 어렵고 부패성과 중량성 등으로 인하여 품질의 유지 및 유통비용 감소가 어렵다. 단순한 상품구성과 물류부족으로 거래품목이 제한적이며 생산량의 적절한 조정과 가격의 안정을 유지하기가 어렵다.

(2) 생산 농가의 고령화 및 인터넷 이용층의 저연령

농산물 생산자의 연령층이 고령이어서 인터넷 사용이 일반화되지 못하고 주요 소비층은 중장년층이지만 실제 인터넷 이용자는 저연령의 직접구매자가 아니라는 문제가 있다.

(3) 공급주체가 분산적이고 비조직적이라 체계적 유통 활동에 제약을 받는다.

(4) 농어촌 지역의 통신인프라가 미약

MEMO

제2장 기출예상문제 연구

1. 농산물유통 과정에서 일어나는 유통기능 중 물적기능에 해당되는 것은?

① 구매
② 표준화
③ 유통금융
④ 수송

정답 및 해설 ④

① 소유권이전기능(교환기능, 상적유통)
②③ 유통조성기능

2. 농산물 유통활동에 관한 일반적인 개념으로 옳은 것을 모두 고른 것은?

ㄱ. 상적유통은 상품의 소유권 이전과 관련된 것으로 판촉, 가격결정을 포함한다.
ㄴ. 물적유통은 재화의 물리적 흐름과 관련된 것으로 수송, 보관을 포함한다.
ㄷ. 정보유통은 상품 및 소비자 정보흐름과 관련된 것으로 상품의 포장을 포함한다.

① ㄱ, ㄴ
② ㄱ, ㄷ
③ ㄴ, ㄷ
④ ㄱ, ㄴ, ㄷ

정답 및 해설 ①
상품의 포장은 판촉활동이며 소유권이전기능에 해당한다.

3. 산지유통의 기능과 효용이 옳게 연결된 것은?

① 저장기능 - 장소효용
② 수송기능 - 시간효용
③ 가공기능 - 형태효용
④ 선별기능 - 소유효용

정답 및 해설 ③

① 시간효용 - 저장   ② 장소효용 - 수송   ④ 소유효용 - 교환

4. 유통의 기능으로 소유효용과 관계가 있는 기능은?(1회)

① 거래
② 수송
③ 저장
④ 가공

정답 및 해설 ①

5. 수송거리와 수송비용의 관계를 나타내는 수송비용함수의 여러 가지 형태에 대한 설명 중 가장 적합한 것은?

① 수송거리와 관계없이 수송비용이 일정한 수직선 형태의 수송비용함수
② 일정한 지대 내에서는 동일 요금을 적용하고 멀리 위치한 지대에 대해서는 높은 요율을 적용하는 수평선 형태의 수송비용함수
③ 수송거리가 멀수록 한계수송비가 체감적으로 증가하는 형태의 수송비용함수
④ 수송비 중 고정비용이 X축 절편에 표시되는 직선형의 수송비용함수

정답 및 해설 ②

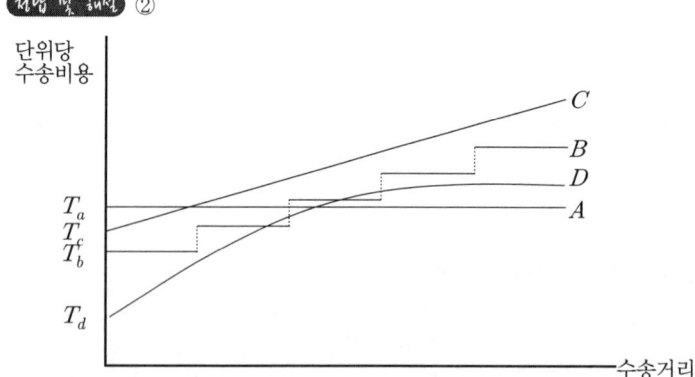

A(국내우편요금), B(철도), C(자동차), D(선박)

① 수평선 A ② 체감적으로 감소 D ④ Y축 절편에 표시(T의 위치)

6. 농산물 수송을 효율화하기 위한 단위화물적재시스템(unit load system)의 설명으로 틀린 것은?

① 우리나라에서 사용하는 표준 팰릿(pallet) T11의 규격은 1000mm × 1000mm이다.
② 물류관리의 시스템화가 용이하여 하역과 수송의 일관화를 가져올 수 있다.
③ 팰릿(pallet), 컨테이너(container) 등을 이용하여 일정한 중량과 부피로 단위화할 수 있다.
④ 운송수단의 이용 효율성을 제고할 수 있다.

정답 및 해설 ①

T11의 규격은 1100mm × 1100mm

7. 단위화물적재시스템(Unit Load System)의 장점에 대한 설명 중 관계가 먼 것은?(4회)

① 하역 작업 시 파손과 오손, 분실 등을 방지할 수 있다.
② 포장이 간소화되고 포장비용이 절감된다.
③ 저장 공간 및 운송의 효율성을 높일 수 있다.
④ 소액의 자본 투자로 최대의 효율을 달성할 수 있다.

정답 및 해설 ④

② 단위화물적재시스템을 적용하기 위해서는 규격화된 포장이 전제되어야 한다.
④ 이 시스템을 적용하려면 규격화된 팰릿과 콘테이너, 지게차 및 크레인, 체계화된 상하차시스템이 필요하다. 따라서 적정한 자본투자가 필수적이다.

8. 농산물 가공의 경제적 효과로 옳지 않은 것은?

① 해당 농산물의 부가가치가 증대된다.
② 농가소득 증대에 기여할 수 있다.
③ 가공비용은 증가하지만 유통마진은 감소한다.
④ 해당 농산물의 총수요가 증가된다.

정답 및 해설 ③

③ 유통마진은 최종 소비자 가격과 최초 생산자 수취가격의 차액을 말한다. 원물 판매에 비하여 가공은 추가적인 비용을 발생시키므로 최종 소비자 가격은 상승하게 된다. 따라서 유통마진은 증가하는 것이다.

④ 총수요란 국민 경제의 모든 경제 주체들이 소비와 투자의 목적으로 사려고 하는 재화와 용역을 모두 합한 것이다. 가공을 하려면 투자가 이뤄져야 하고 투자를 위한 지출도 총수요의 합계에 포함되므로 총수요는 증가한다.

9. 농산물 저장에 관한 설명으로 옳지 않은 것은?

① 부패성이 강하여 특수저장시설이 필요하다.
② 투기를 목적으로 저장하는 경우도 있다.
③ 유통금융기능을 수행할 수도 있다.
④ 소유적 효용을 창출한다.

정답 및 해설 ④

③ 저장창고에 있는 상품을 담보로 대출 가능하므로 옳은 지문이다.
④ 저장은 물적유통기능을 수행한다.

10. 물적유통 기능 중 가공에 관한 설명으로 틀린 것은?

① 농산물의 부가가치를 증대시켜 농업소득 증대에 기여한다.
② 산지가공은 농가 단위로 이루어지는 것이 효율적이다.
③ 원료농산물의 형태와 질을 변화시킴으로써 소비자의 효용을 높여 준다.
④ 소비자의 소득 증가와 식생활수준 향상에 따라 가공 식품에 대한 수요도 증가한다.

정답 및 해설 ②

산지가공을 하기 위해 자본집약적인 경영이 필요하므로 소규모 농가방식의 가공은 효율성이 떨어진다.

11. 유통조성 기능을 가장 적절히 설명한 것은?

① 유통조성 기능은 소유권 이전기능과 물적 유통기능이 원활히 수행되기 위한 표준화, 등급화, 위험부담 등이다.
② 유통조성 기능은 상품이 생산자로부터 소비자로 넘어가는 가격 결정 과정을 도와주는 기능이다.
③ 유통조성 기능은 고객의 구매 욕구를 일으킬 수 있도록 하는 진열, 포장 등의 기능이다.
④ 유통조성 기능은 대금을 주고 구입하는 일체의 활동이다.

정답 및 해설 ①

② 물적유통기능 ③ 소유권이전기능 중 판매기능
④ 금융활동외에도 표준화, 등급화, 위험부담 등이 있다.

12. 농산물표준규격화의 필요성에 대한 설명 중 관계가 먼 것은?

① 품질에 따른 가격차별화로 공정거래 촉진
② 수송, 상하역 등 유통효율을 통한 유통비용의 절감
③ 신용도 및 상품성 향상으로 농가소득 증대
④ 다양한 품종, 재배지역 등의 일원화

정답 및 해설 ④

13. 농산물 표준규격화에 대한 설명으로 옳지 않은 것은?

① 농산물의 상품성 제고, 유통능률의 향상 및 공정한 거래실현에 기여할 수 있다.
② 표준규격의 거래단위는 각종 포장용기의 무게를 포함한 내용물의 무게 또는 개수를 말한다.
③ 유닛로드시스템 중 컨테이너화 방식은 국제복합운송에 적합하다.
④ 우리나라의 표준으로 제정하여 사용하는 팰릿(pallet) 규격은 1,100mm × 1,100mm이다.

정답 및 해설 ②

표준규격의 거래단위란 농산물의 거래시 포장에 사용되는 각종 용기 등의 무게를 제외한 내용물의 무게 및 개수를 말한다.

14. 표준규격화가 아직까지 큰 성과를 보이지 않은 이유 중 가장 알맞은 것은?

① 농가 출하규모의 규모화·집합화
② 생산자의 자기 농산물에 대한 강한 주관적 의식 작용
③ 산지에 과잉 노동력의 존재
④ 소비자의 표준규격화 규정 완전 숙지

정답 및 해설 ②

15. 농산물 등급화의 효과가 아닌 것은?

① 품질에 따른 가격차별화를 촉진한다.
② 견본거래를 가능하게 한다.
③ 농산물의 공동출하를 용이하게 한다.
④ 영농다각화를 촉진한다.

정답 및 해설 ④

영농의 다각화란 농업발전과 위험을 회피하기 위하여 주곡생산위주의 영농방식을 탈피, 특화된 작물을 생산하거나 원물생산에 더하여 가공, 저장, 포장, 브랜드화 등 수익구조를 다각화한다는 것이다.

16. 농산물 등급화와 관련된 설명으로 옳지 않은 것은?

① 이미 정해진 표준에 따라 상품을 적절히 구분하여 분류하는 과정이다.
② 지나치게 세분화된 등급은 등급간 가격차이가 미미하여 의미가 없게 된다.
③ 잠재적인 판매자나 구매자의 참여를 감소시켜 시장에서 경쟁수준을 저하시킨다.
④ 농산물의 공동출하를 용이하게 한다.

정답 및 해설 ③

② 세분화된 등급화는 등급의 수가 많다는 의미이며 소비자 입장에서는 선택의 폭을 넓힐 수 있는 장점이 있지만 지나치게 세분화된 등급은 등급간 차별을 모호하게 하여 가격차이를 분별할 수 없게 만든다.
③ 정당한 기준에 따른 등급화는 등급간 차별을 소비자에게 인식시키고 시장에서의 등급간 경쟁을 제고시킨다.

17. 농산물 등급화의 내용을 설명한 것 중 가장 적절한 것은?

① 등급화는 통일된 기준에 의해 선별된 상품을 규격포장에 담는 것이다.
② 등급화의 등급측정 기준은 등급화 주체의 임의적 척도를 적용하여 차별화하는 것이 좋다.
③ 동일 등급 내의 상품은 가능한 이질적이며, 등급구간이 클수록 좋다.
④ 등급 간에는 구입자가 가격차이를 인정할 수 있도록 이질적이어야 한다.

정답 및 해설 ④

③ 동일 등급 내 상품은 동질적이어야 하며 등급구간은 적정한 등급수를 유지하도록 설정되어서 등급 간에 구입자가 가격차이를 인정할 수 있어야 한다.

18. 농산물 등급화의 경제적 영향에 대한 설명으로 틀린 것은?

① 소비자 만족 증대
② 시장경쟁력의 제고와 가격효율의 향상
③ 등급화에 따른 비용발생으로 생산자 수익 감소
④ 물류기능의 효율화로 유통비용 절감

정답 및 해설 ③

등급화를 위하여 비용은 발생하지만 그보다 더 큰 부가가치가 발생하므로 생산자 수익은 증가한다.

19. 농산물 등급제도의 문제점을 설명한 것 중에서 적절하지 않은 것은?(2회)

① 지나치게 세분화된 등급은 각 등급에 속하는 충분한 거래량이 부족할 때 가격 차이가 나타나지 않아 의미가 없게 된다.
② 등급화 기준은 감각적, 물리적, 화학적, 생물학적 기준이나 경제적 기준에 의해 이루어진다.
③ 등급화는 생산자, 소비자, 상인의 일반적이고 공통적인 욕구를 충족시킬 수 있는 기준이 설정되어야 하지만 이들의 합의에 의한 등급 설정이 어렵다.
④ 등급별 명칭은 정부가 정한 기준이 지나치게 단순화되어 농민들에게 맡겨야 하고 비용이 많이 들어 경제성 문제가 발생한다.

정답 및 해설 ④

등급의 기준이나 명칭 등은 객관적 제3자가 결정하는 것이 옳다.

20. 농산물 유통금융에 관한 설명으로 옳은 것을 모두 고른 것은?

ㄱ. 농업인이 농산물을 판매할 때까지의 부족한 자금대출
ㄴ. 농산물 대금의 지급기일을 연기하는 외상매출
ㄷ. 농산물 창고업자가 저온창고를 건축하는데 소요되는 시설자금융자

① ㄱ, ㄴ ② ㄱ, ㄷ
③ ㄴ, ㄷ ④ ㄱ, ㄴ, ㄷ

정답 및 해설 ④

21. 농산물 유통조성기능 중 유통금융이 아닌 것은?

① 담보거래 ② 견본거래
③ 외상거래 ④ 어음거래

정답 및 해설 ②

견본거래는 물적유통기능 중 표준화, 등급화에 의해 성립한다.

22. 농산물 유통에서 농산물의 시장가격 하락에 따른 재고농산물의 가치하락, 소비자의 기호 및 유행의 변천에 따른 수요감소 등에 의한 위험은 어디에 해당되는가?

① 경제적 위험
② 물리적 위험
③ 대손위험
④ 자연적 위험

정답 및 해설 ①

지문은 가격하락에 다른 위험이다. 가격하락은 경제적 위험에 해당한다.

23. 유통조성 기능 중 시장정보에 대한 설명으로 적절한 것은?

① 시장정보는 완전성·정확성·객관성·적시성·유용성 등이 충족되어야 된다.
② 생산자의 판매계획 의사결정에는 유용하지만, 투자계획과는 무관하다.
③ 유통활동의 불확실성을 감소시키는 대신 유통비용을 대폭 증가시킨다.
④ 시장정보는 생산자, 상인에게는 매우 유용하지만, 소비자의 구매에는 영향을 미치지 못한다.

정답 및 해설 ①

② 생산자의 투자계획을 위해서도 시장정보는 유용하다.
③ 유용한 정보를 활용하여 불요불급한 유통비용을 제거해야 한다.
④ 상품에 대한 품질, 가격, 책임 등에 대한 유통정보는 소비자의 구매결정에도 영향을 미친다.

24. 농산물 유통정보의 요건으로 옳지 않은 것은?

① 정보는 원하는 사람에게 적절한 시기에 전달되어야 한다.
② 정보이용자가 쉽게 정보에 접근하고 취득할 수 있어야 한다.
③ 정보수집자의 주관이 반영되어 정보의 가치를 높여야 한다.
④ 정보이용자의 의사결정에 필요한 모든 정보가 포함되어야 한다.

정답 및 해설 ③

① 적시성 ② 접근성 ③ 객관성 ④ 완전성

25. 농산물 유통정보 시스템에 대한 설명 중 적절하지 않은 것은?

① 바코드(Bar Code)와 관련된 기술은 주문처리에 있어 주문정보의 정확성과 시스템의 안정성에 도움이 되며, 정보시스템 개발을 위한 기반이 된다.
② 판매시점관리(POS ; Point of Sale) 시스템은 소매상의 판매기록, 발주, 매입, 고객관련 자료 등 소매업자의 경영활동에 관한 정보를 관리하는 것이다.
③ 자동발주시스템(EOS ; Electronic Ordering System)은 판매에 따라 재고량이 재주문점에 도달하게 되면 컴퓨터에 의해 자동발주가 이루어지는 시스템으로서, 도·소매업자 모두에게 효과가 있다.
④ 전자문서교환(EDI ; Electronic Data Interchange)은 정보전달이 인간의 개입 없이 컴퓨터간에 이루어지는 것으로서, 기업간 EDI 프로토콜이 달라도 실행이 가능하다.

정답 및 해설 ④

공유화된 표준 프로토콜이 필요하다.

26. 농산물 전자상거래의 특성에 대한 설명으로 알맞지 않은 것은?

① 사이버공간을 활용함으로써 시간적, 공간적 제약을 극복할 수 있다.
② 전자 네트워크를 통해 생산자와 소비자가 직접 만나기 때문에 유통비용이 절감된다.
③ 컴퓨터 및 전산장비를 두루 갖추어야 하기 때문에 대규모 자본의 투자가 필요하다.
④ 생산자와 소비자간 쌍방향 통신을 통해 1 대 1 마케팅이 가능하고 실시간 고객서비스가 가능해진다.

정답 및 해설 ③

개인 PC를 활용하여 거래가 가능하므로 소자본 투자가 가능하다.

27. 개인 PC를 활용하여 거래가 가능하므로 소자본 투자가 가능하다.

① 상품 공급자의 판매비용은 일반 실물거래보다 높을 수 없다.
② 전자상거래 활성화는 정보통신 기술의 발전만으로 충분하다.
③ 시간과 공간의 제약이 없고 판매점포가 필요 없다.

④ 전자상거래는 항상 유통마진을 감소시킬 수 있다.

정답 및 해설 ③

농산물의 경우 부패성 및 중량성으로 인하여 물류비용이 실물거래에 비하여 높을 수도 있는 약점이 있다. 체계적으로 관리되지 않은 물류시스템은 유통마진을 증가시켜 경쟁력을 떨어뜨리거나 전자상거래품목에서 제외되기도 한다.

28. 농산물 전자상거래의 기대효과로 옳지 않은 것은?

① 유통의 시간적 또는 공간적 제약을 줄일 수 있다.
② 생산자의 수취가격 제고와 소비자의 지불가격 절감에 기여한다.
③ 농산물의 훼손가능성을 줄여서 상품가치를 유지하는 데 유리하다.
④ 소비자와의 대면판매가 이루어지지 않아 소비자의 구매정보를 알기 어렵다.

정답 및 해설 ④

전자상거래가 이뤄지기 위한 1단계는 소비자가 홈페이지에 접속해서 개인정보를 제공하는 것으로부터 시작한다.

29. 농산물 시장정보에 대한 설명으로 옳지 않은 것은?

① 시장에서 공정한 거래가 이루어지는 한 다양한 시장정보는 의사결정에 혼란을 초래한다.
② 농산물의 유통량과 유통시간을 감소시킴으로써 유통비용을 절감한다.
③ 유통업자간 지속적인 경쟁관계를 유지시킴으로써 자원배분의 비효율성을 감소시킨다.
④ 구매자와 판매자간 정보의 비대칭성을 감소시킴으로써 불확실성에 따른 위험부담비용을 줄인다.

정답 및 해설 ①

정보의 비대칭성이란 정보를 가진 자와 가지지 않는 자 사이의 불균형을 말한다.
시장정보가 균일하게 누구에게나 제공될 수 있다면 정보의 비대칭성은 사라질 것이며 불확실성을 감소시켜서 위험부담비용을 줄이게 된다.

MEMO

제 3 장

농산물 유통기구

농산물 유통기구
기출예상문제 연구

MEMO
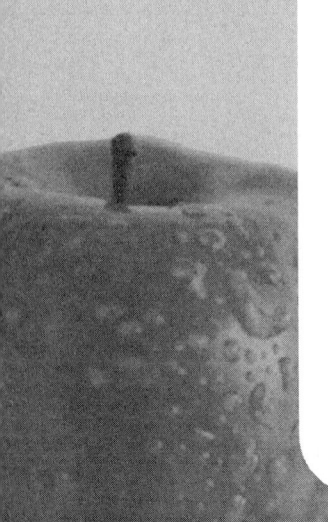

농산물 품질관리사 대비

제 3장 | 농산물 유통기구

01 농산물유통기구의 개념

1) 농산물 유통기구란 유통기능을 실제로 담당하고 있는 각종 유통기관이 상호 관련하여 활동하는 전체조직을 말한다.
2) 농산물 유통기구란 생산된 농산물이 소비되기까지 거치는 수단이나 기구의 총칭을 의미한다.
3) 유통기구는 직계적(直系的)으로 도매기관 및 소매기관 등 협의의 유통기관으로 구성되며, 방계적(傍系的)으로는 수송·통신·창고·광고·금융업과 같은 광의의 유통기관으로 구성된다.
4) 유통기구는 유통기관과 유통경로로 구성된다
5) 유통기관은 유통경로상에 존재한다.
6) 유통기구는 고정적이지 않고 변화, 발전한다. 경제 체제나 소비구조의 변화, 혁신적인 소매업의 등장, 신제품의 개발 등 소비·유통·생산의 상호 관계의 변동에 따라 유통기구도 변화한다.
7) 생산자와 소비자 간에 유통기관이 전혀 개입하지 않고 유통이 이루어질 때, 이를 직접유통(直接流通)이라 하며, 이와 반대로 유통기관이 개입하는 경우를 간접유통(間接流通)이라 한다.

02 유통기구의 구분

(1) 수집기구

1) 농산물은 다수의 소규모 생산자에 의해 소량·분산적으로 생산되고 있으므로 이렇게 흩어져 있는 농산물을 대량화, 상품화하여 도매시장이나 가공공장 등에 반출하는 기구이다.
2) 수집기구의 유통기관
   수집상(蒐集商)·반출상(搬出商)·농업협동조합과 수집행상이나 장터수집상

(2) 중계기구

1) 중계기구는 수집 및 분산의 양 기구를 연결시키는 조직으로서 수집기구의 종점인 동시에 분산기구의 시발점이 되는 기구이다.(terminal market)
2) 농산물의 수급을 조절하고 가격을 형성하는 기능을 한다.
3) 중계기구의 일반적인 형태로서는 농수산물 도매시장과 공판장을 들 수 있다.

(3) 분산기구

1) 분산기구는 수집기구에 의해 집중되고 중계기구를 통해 대량화된 농산물이 소비자를 향해서 분산되어가는 조직이다.
2) 중계기구로 반입되어 온 대량의 농산물은 도매상이나 가공공장으로 분배되어 최종 소비자에게 전달하는 역할을 한다.
3) 도매시장에서도 소매상의 역할(분산기구)을 수행하기도 한다.
4) 분산기구를 구성하는 유통기관으로서는 도매상과 소매상을 들 수 있다.
5) 대형유통업체의 농산물 판매 특징
   ① 전처리농산물 및 소포장 대량판매의 형태를 취한다.
   ② 사후관리시스템이 정착되 있다.

참고
- **유통기구와 유통단계**
  1) 수집단계 – 수집기구
  2) 중계단계 – 중계기구
  3) 분산단계 – 분산기구

참고
- **수집기구**
  지역농협, 산지수집상, 5일시장 등

참고
- **중계기구**
  도매시장, 공판장, 위판상 등

참고
- **분산기구**
  슈퍼, 전문점, 편의점, 백화점, 하이퍼마켓 등

5회 기출문제
대형유통업체의 농산물 판매 특성에 대한 설명으로 틀린 것은?
① 전처리 및 소포장 농산물의 판매 비율이 높아지고 있다.
② 신선식품의 품질 만족도를 높이기 위해 리콜제도를 운영하고 있다.
③ 소비자의 식품에 대한 불신을 해소하기 위해 안전성관리를 강화하고 있다.
④ 다양한 소비자의 욕구를 충족시키기 위해 고품질 상품 위주로 판매하고 있다.

▶ ④

③ 고부가가치농산물(친환경, 유기농 등)코너를 운영한다.
④ 계약재배나 산지직영농장의 운영을 통해 가격할인율이 높다.
⑤ 농산물 안전성관리를 통해 신뢰성이 높다.

03 농산물유통기구의 특화와 통합

(1) 유통기구의 특화 및 전문화

1) 특화(전문화)의 개념 : 하나의 유통기관이 수행하여 오던 다양한 기능을 하나 또는 몇 개의 기능만으로 전문화하여 유통 효율성을 높이려는 것
2) 특화의 형태 : 상품특화(가구, 유기농산물), 기능특화(수송, 저장 전문업), 기관특화(도매전문)

(2) 유통기구의 통합 및 다변화

1) 전문화되었던 유통기능이 생산자나 소비자 또는 중간상 등의 단일유통기관이 여러 종류의 유통기능을 담당하는 것이며, 직접적인 관련이 없는 분야에까지 사업을 확장하는 것을 말한다.
2) 다변화의 형태
   ① 기능다변화 : 잡화점, 식품도매상, 슈퍼마켓, 편의점 등
   ② 기관다변화 : 도소매상의 병합
3) 수직적 통합과 수평적 통합
   ① 수직적 통합 : 유통기관 상하 간의 통합으로 생산자→도매상→소매상→소비자 유통경로의 통합이다.
      ㉠ 전방통합 : 상위 유통기관이 하위 유통기관을 통합(제조업체가 유통업에 진출)
      ㉡ 후방통합 : 하위 유통기관이 상위 유통기관을 통합(유통업체가 원재료를 직접생산)

참 고

• 통합화

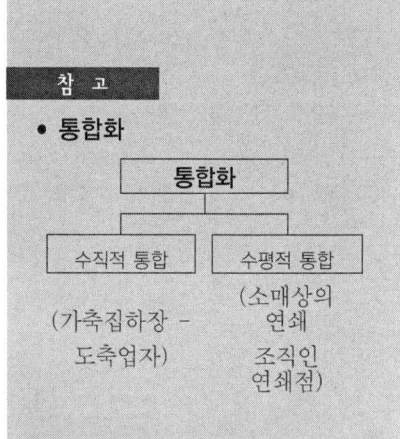

10회 기출문제

유통경로상 수직적 통합과 관련된 활동이 아닌 것은?

① 농협과 조합원간 계약재배 실시
② 과일 재배농가와 과일 가공업체간 계열화
③ 산지에서 유통 활동을 하는 영농법인들간의 통합
④ 대형 유통업체와 생산자 조직과의 지속적인 납품관계 형성

▶ ③

8회 기출문제

농산물 직거래에 관한 설명으로 옳지 않은 것은?

① 생산자, 유통업자, 소비자의 기능을 수평적으로 통합한다.
② 산지 또는 소비지의 농민시장이 해당된다.
③ 유통단계를 줄이는데 기여한다.
④ 친환경농산물은 생산자와 소비자 간에 직거래되는 예가 많다.

▶ ①

② 수평적 통합 : 방계적(傍系的) 유통기관간의 통합으로 생산자조직이 수송물류 역할까지 담당하거나 유통업체가 금융업에 진출하는 경우

> **참 고**
>
> - 유통의 집중화와 분산화
> 1) 집중화 : 농산물이 중앙도매시장에 집하된 후 도매상, 소매상에 분산
> 2) 분산화 : 농산물이 중앙도매시장을 거치지 않고 생산자에서 소매상에 유통

04 유통기구의 집중화와 분산화

(1) 집중화

농산물이 일정 장소에 집중되었다가 분산되는 형태로서 산지수집단계, 집산지수집단계, 중계시장(도매시장)의 수집단계가 있다.

* 집중화의 원인 : 운송수단의 미비, 통신시설의 부족, 다수의 영세 소규모 생산자, 다양한 지역성

(2) 분산화

1) 농산물이 생산자로부터 출발하여 중앙도매시장을 경유하지 않고 도매상, 소매상 또는 가공업자 등의 실수요자 수중에 직접 들어가는 유통현상을 말한다.
2) 구매담당자가 생산자와 직접 거래하여 산지에서 생산물의 소유권을 취득하기도 하며, 구매자와 판매자가 비교적 규모화 되기 때문에 직접거래가 가능해진다.

* 분산화(직접거래) 촉진 요인
    ① 수송수단의 발달(철도중심에서 자동차 중심의 수송수단 확대)
    ② 통신기술 및 수단 발달
    ③ 저온유통시설(냉동, 냉장)의 저장보관기술의 발달로 1회 구입량을 증가시키고 구입 빈도를 줄일 수 있기 때문
    ④ 표준화 및 등급화로 견본거래 및 통명거래가 가능하기 때문
    ⑤ 농업생산의 전문화 및 대규모화 때문

⑥ 대규모 소매기관의 발달로 산지와 직접거래하는 유통업체 등장

> **5회 기출문제**
>
> **농산물 유통경로의 길이를 결정하는 요인이 아닌 것은?**
>
> ① 부패성
> ② 동질성
> ③ 무게와 크기
> ④ 수송 거리
>
> ▶ ④

05 농산물 유통경로

(1) 유통경로의 개념

1) 상품이 생산자로부터 소비자 또는 최종수요자의 손에 이르기까지 거치게 되는 과정이나 통로
2) 유통경로상에 존재하는 중요한 유통기관은 중간상인이다.
3) 유통경로는 농산물에 따라 다르며 공산품 경로에 비하여 길고 복잡하다.
4) 유통경로를 규정하는 요인으로는 상품의 종류, 생산지와 소비지의 거리, 경제와 상업의 발전 정도, 상거래 관습, 국내 상업 또는 국제무역 여부 등이 있다.

> **8회 기출문제**
>
> **농산물 유통경로에 관한 설명으로 옳지 않은 것은?**
>
> ① 일반적으로 농산물의 유통경로는 공산품에 비하여 단순하다.
> ② 농가의 수가 많고 분산될수록 유통경로가 길어지는 경향이 있다.
> ③ 일반적으로 수집, 중계, 분산 단계로 구분된다.
> ④ 최근 유통경로가 다원화되고 있다.
>
> ▶ ①

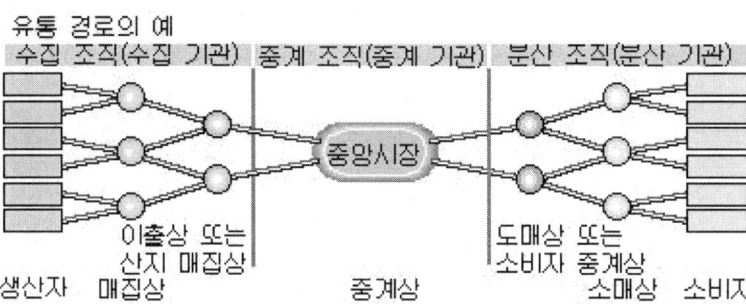

[출처] 유통경로 | 두산백과

(2) 유통경로의 형태

1) 시장경로 : 중계기구를 통한 경로
2) 시장 외 경로 : 중계기구를 거치지 않고 직접 분산기구나 소비자에게 도달하는 형태

(3) 농산물 유통경로의 특성

1) 유통경로가 길고 복잡하다. 다양한 형태의 중간상들이 유통경로상에 개입한다.
2) 영세한 유통기관이 많아 유통비용과 유통마진의 상승원인이 된다.
3) 대형유통업체의 등장으로 중계기구를 거치지 않은 직접거래가 늘고 있다.
4) 유통경로를 단축시키기 위한 소비자협동조합의 결성, 대형 슈퍼마켓의 출현 등과 영세유통업자 등의 협업화가 진행 중이다.

06 유통기관의 유형

(1) 산지시장

1) 산지수집상 : 산지의 재래시장이나 정기시장 또는 개별농가를 방문하여 직접 구매한 후 반출상이나 도매상에게 판매하거나 도매시장에 직접 상장하기도 한다.
2) 산지위탁상 : 생산자로부터 위탁받아 도매상이나 반출상에게 판매한다.
3) 위탁대리인 : 중개시장의 유통상인으로부터 위탁을 받아 산지에서 농산물을 수집하는 상인
4) 반출상 : 산지수집상으로부터 농산물을 구입하여 대량화한 후 도매상이나 위탁상에게 반출하는 기능을 담당한다. 최근에는 산지수집상이 반출상의 기능을 겸하거나 대도시 위탁상이 직접 수집활동에 참여하는 경우가 많다.
5) 산지시장의 조직
   ① 작목반 등 기초생산자조직
   ② 영농조합법인 : 농산물의 생산, 수집, 가공, 수출 등을 목적으로 생산자 중심으로 결성된 조합
   ③ 농업회사법인 : 회사형태로 비생산자도 참여하는 생산, 수집, 가공, 수출 등을 목적으로 한 법인

④ 산지유통센터 : 산지유통의 중심적 유통기구로서 농산물을 체계적으로 생산 또는 수집하여 세척, 선별, 포장, 가공, 예냉, 저온처리 등 철저한 수확 후 관리와 엄격한 품질관리를 통해 표준, 규격화된 상품을 도매시장·대형 유통업체 등에 출하유통시킨다.

(2) 중개시장과 종사자

1) 농산물 공판장 : 지역농업협동조합 등이 농수산물을 도매하기 위하여 특별시장·광역시장·도지사 또는 특별자치도지사의 승인을 받아 개설·운영하는 사업장
2) 농수산물도매시장 : 특별시·광역시·특별자치도 또는 시가 양곡류·청과류·화훼류·조수육류(鳥獸肉類)·어류·조개류·갑각류·해조류 및 임산물 등 대통령령으로 정하는 품목의 전부 또는 일부를 도매하게 하기 위하여 농림수산식품부장관 또는 도지사의 허가를 받아 관할구역에 개설하는 시장
3) 도매시장법인 및 시장도매인 : 개설권자의 지정을 받아 도매시장을 운영하는 법인
4) 중도매인 : 개설권자로부터 지정 또는 허가를 받아 상장(비상장)된 농산물을 구매한 후 중개해주는 상인
5) 매매참가인 : 중도매인이 아닌 자로서 경매에 참여하여 농수산물을 구매하는 가공업자, 소비자단체, 소매업자, 대형 유통업체의 바이어 등
6) 경매사 : 도매시장법인의 임명을 받아 경매를 주관하는 자

■ 도매시장법인과 시장도매인의 비교

	도매시장법인(상장경매제)	시장도매인(비상장도매)
개요	농수산물을 위탁받아 상장(上場)하여 도매하거나 이를 매수(買受)하여 도매하는 법인	농수산물을 매수 또는 위탁받아 도매하거나 중개
장점	- 공개판매로 거래투명성 제고 - 거래의 공정성·안전성 향상 - 표준규격화 촉진 등 상품성	- 유통단계의 축소 가능 - 도매상간 가격경쟁 유도가능

7회 기출문제

도매시장 개설자에게 등록하고 경매에 참여하여 상장된 농수산물을 직접 매수하는 가공업자, 소매업자, 소비자단체 등의 유통주체는?

① 중도매인
② 소매상
③ 도매시장법인
④ 매매참가인

▶ ④

8회 기출문제

우리나라 농산물 도매시장에 관한 설명으로 옳은 것은?

① 산지의 표준규격 농산물의 출하량 증가로 도매시장 거래물량이 크게 증가하고 있다.
② 도매시장에서 징수되는 상장수수료는 대량출하자에게 유리하다.
③ 거래총수 최대화의 원리에 의해 대량거래되므로 거래의 신속성과 효율성을 제고한다.
④ 대량준비의 원리에 의해 사회적 유통비용이 절감된다.

▶ ④

7회 기출문제

농산물 도매시장의 기능과 가장 거리가 먼 것은?

① 출하된 농산물에 대한 가격형성
② 농산물의 표준 및 등급기준 설정
③ 대량집하 및 분산을 통한 수급조절
④ 대금정산 및 유통정보 제공

▶ ②

	향상 - 생산자의 시장참여기회 확대 - 대표가격 형성 및 거래정보의 분산	- 비규격농산물을 포함하여 모든 농산물의 거래 가능 - 적극적인 집하 촉진 - 상품평가기능 전문화
단점	- 저가격 또는 불완전한 가격형성 가능 - 경매참여자의 담합 가능 - 표준규격화가 선결되어야 함 - 경매시간의 제약	- 비공개거래로서 투명성확보 미흡 - 기준가격형성 곤란 - 출하처 선택에 혼란 초래 - 상인이 가격결정권 주도 - 출하자보호기능 부재 - 공동출하 및 상품표준화 위축

(3) 소비지시장

1) 일반시장 : 재래시장과 매일시장 등 소매기능을 중심으로 일용식품을 공급하는 시장
2) 소매기관 : 잡화점, 전문점, 편의점, 할인점, 슈퍼마켓, SSM, 백화점 등
3) 통신판매 : 통신매체를 통한 직거래 판매
4) 방문판매 : 판매원이 직접 소비자를 방문하여 판매

시장(market)의 개념

시장(market)이란 재화·용역의 수요와 공급이 만나서 가격이 결정되고 거래되는 장소 또는 메커니즘을 말한다. 그러나 시장의 개념은 거래상품, 형태, 존재방식, 거래방식, 수요자와 공급자수의 관계 등에 따라 다양한 의미를 지니고 있으며 종류도 아주 많다. 거래상품에 따른 농산물시장, 수산물시장, 금융시장, 주택시장 등이 있으며, 존재방식에 따른 정기시장과 상설시장, 거래방식에 따른 직접거래시장과 장외시장 등이 있고, 수급되는 상품·용역의 종류에 따라 생산요소시장과 생산물시장이 있다. 생산요소시장은 노동시장과 자본시장으로, 생산물시장은 다시 소비재시장과 자본재시장으로 나누어진다. 또한 수요자·공급자수와 그 연관방법에 따라 완전경쟁·독점·과점·독점적 시장으로 구별되는 등 다양한 형태로 존재한다.

원래 시장은 제본즈(W. S. Jevons)의 개념대로 식료품 및 기타 물품이 매매되는 공공장소서의 구체적 시장을 의미한다. 그러나 통신·유통의 발달과 신용거래의 증가로 국내시장, 세계시장, 금융시장, 선물(先物)시장, 장외시장 등 특정한 장소의 개념이 사라진 추상적 시장이 급격하게 늘어나는 추세이다. 다시 말해 현대의 시장형태는 구체적 시장의 추상화 경향이라고 할 수 있다. 경제학의 입장에서도 시장은 특정한 장소라기보다는, 상품에 대한 수요와 공급에 관한 정보가 교환되고 그 결과로 상품이 매매되는 매개체로 본다.

추상적 시장의 확대와 더불어 지식정보화를 기반으로 한 현대사회의 중요한 변화는 문화산업시장의 중요성이 증대되고 있는 현상을 들 수 있다. 문화산업은 특정한 이데올로기를 전파하는 수단이기도 하지만 이윤을 창출할 효과적인 수단이기도 하다는 점에서 당연한 현상이다.

특히 시장을 현대사회의 문화체계와 관련하여 파악할 때 주목할 현상은 시장이 '소비'라는 새로운 사회적·문화적 약호(code)로 자리 잡고 있다는 사실이다. 시장은 소비가 이루어지는 장소이다. 기호의 세계로 현대의 문화현상을 설명하는 보드리야르(Jean Baudrillard)에 따르면 소비가 현대생활의 중심에 자리하고 있다. 소비는 욕망이자 우리의 문화체계 전체가 기초를 두고 있는 체계적 활동 및 포괄적 반응의 양식이다. 백화점과 그리고 진열된 상품과 거대한 테크노크라트(technocrat)적 기업들은 소비자들에게 억제할 수 없는 욕망을 불러일으킨다. 생산자는 소비자들의 욕망을 자극하는 물건들을 생산하고, 매스컴과 광고는 소비자의 욕망을 불러일으키기 위한 기호를 창출하는 것이다. 따라서 현대 자본주의 사회는 기호를 욕망하고 기호를 소비하는 '소비의 사회'이다. 이것을 보드리야르는 코드(lange)가 지배하는 시뮬라시옹(simulation)의 시대라고 말한다. (강경화)

참고문헌

조성환, 『신경제원론』, 법문사, 1983.
조순·정운찬, 『경제학원론』, 법문사, 1996.
장 보드리야르, 『소비의 사회』, 이상률 역, 문예출판사, 1992.

07 농산물 거래

1 도매시장 거래

(1) 도매시장

1) 도매시장의 의의

도매시장이란 수집시장과 분산시장의 중간형태의 시장으로서 수집시장에서 수집된 농산물을 대량으로 보관하고 가격 안정을 도모하며, 나아가서 수급불균형을 조절하는 시장을 말한다.

2) 중계시장

수집시장의 종점인 동시에 분산시장의 시발점이 되는 조직이다.

3) 도매시장의 개설

특별시·광역시·특별자치도 또는 시가 대통령령으로 정하는 품목의 전부 또는 일부를 도매하게 하기 위하여 농림수산식품부장관 또는 도지사의 허가를 받아 관할구역에 개설한다.

4) 도매시장의 유통경비 절감 원리

① 거래총수 최소화의 원리

일정기간에 있어서 특정농산물의 거래가 생산자와 소매업자가 직접 거래할 때의 거래총수보다 도매시장조직이 개재함에 따라 생산자와 도매조직, 도매조직과 소매업자의 거래총수가 적어진다는 것이다.

② 대량준비의 원리

수급조절을 위해 필요한 일정한 보유총량을 도매시장이 보유함으로써 대량으로 준비가능하다는 것이다. 도매시장에서 대량 보유하는 것이 소매상에서 개별적으로 보유하는 것보다 유통경비의 절감과 수요공급량을 조절하는데 유리하다는 원리

(2) 도매시장의 기능

10회 기출문제

농산물 거래에 관한 설명으로 옳지 않은 것은?

① 도매시장에서 경매와 입찰은 전자식을 원칙으로 한다.
② 중개는 유통기구가 사전에 구매자로부터 주문을 받아 구매를 대행하는 방식이다.
③ 매수는 유통기구가 출하자로부터 농산물을 구매하여 자기 책임으로 판매하는 방식이다.
④ 정가·수의매매는 출하자, 도매시장법인, 중도매인이 경매 이후 상호 협의하여 거래량과 거래 가격을 정하는 방식이다.

▶ ①

1) 가격형성기능

경매방식을 통하여 한 시장에서 나타나기 쉬운 2개 이상의 가격형성을 막아 균형가격을 형성하는 기능

2) 수급조절기능

대량집하, 대량분산을 통한 수급조절의 원활함과 신속한 거래를 촉진

3) 분산기능

도매시장에 집하된 농산물이 소비시장에 적절하게 분산되도록 하는 기능

4) 유통경비 절약기능

대다수 판매자와 구매자가 한 장소에서 모여 여러 종류의 상품을 거래 하는 등의 일괄대량출하가 가능함으로 운임 및 기타 경비를 절감

5) 위험전가기능

도매시장에 참가하는 수요자와 공급자쌍방이 거래를 통하여 위험부담을 전가하며, 도매시장의 보험제도가 위험을 흡수한다.

(3) 도매시장의 종류

1) 법정도매시장
   ① 중앙도매시장 : 특별시·광역시 또는 특별자치도가 개설한 농수산물도매시장 중 당해 관할지역 및 그 인접지역의 도매의 중심이 되는 농수산물도매시장
   ② 지방도매시장 : 중앙도매시장 외의 농수산물도매시장
   ③ 농수산물공판장

2) 유사도매시장

소매시장 허가를 받아 개설한 시장이지만 도매시장 기능을 수행하고 있다.

경매방식

영국식 경매방법(English auction : 競上式)

6회 기출문제

도매상은 생산자 및 소매상을 위한 기능을 동시에 수행한다. 다음 중 생산자를 위한 기능은?

① 시장확대기능(market coverage)
② 구색제공기능(offering assortment)
③ 소량분할기능(bulk breaking)
④ 상품공급기능(product availability)

➡ ①

6회 기출문제

도매시장에서 징수하는 수수료 또는 비용에 대한 설명으로 옳지 않은 것은?

① 일정률의 위탁수수료는 대량 출하자에게 유리하다.
② 중도매인과 시장도매인은 중개수수료를 수취할 수 있다.
③ 표준하역비제도는 출하자의 부담을 완화시키기 위해 도입된 것이다.
④ 위탁수수료는 도매시장법인 또는 시장도매인이 징수할 수 있다.

➡ ①

6회 기출문제

도매거래와 소매거래의 특징이 잘못 연결된 것은?

도 매	소 매
① 대량판매 위주	소량판매 위주
② 낮은 마진율	높은 마진율
③ 정찰제 보편화	다양한 할인정책
④ 적재의 효율성 중시	점포 내 진열 중시

➡ ③

4회 기출문제

도매시장 개설자로부터 지정을 받고 농수산물을 위탁받아 상장하여 도매하거나 이를 매수하여 도매하는 유통기구는 무엇인가?

① 도매시장법인(공판장)
② 중도매인
③ 매매참가인(매참인)
④ 경매사

▶ ①

8회 기출문제

농산물 소매시장에 관한 설명으로 옳지 않은 것은?

① 중개기능을 담당하고 있다.
② 최근 다양한 업태가 나타나고 있다.
③ 최종소비자를 대상으로 거래가 진행된다.
④ 카탈로그 판매, TV 홈쇼핑 판매 등도 포함된다.

▶ ④

10회 기출문제

소매업체에서 농산물을 판매할 때 경품이나 할인쿠폰 제공 등의 촉진활동 효과로 옳지 않은 것은?

① 단기적인 매출이 증가한다.
② 경쟁기업이 쉽게 모방하기 어렵다.
③ 가격경쟁을 회피하여 차별화할 수 있다.
④ 신상품 홍보와 잠재고객을 확보할 수 있다.

▶ ②

---

1) 일반적으로 매수인측이 매매과정에 판매인측에게 지시된 순서에 따라 공개적으로 매수희망가격을 최저가격으로부터 점차 최고가격으로 신입하게 되며 최고가격에 이르렀을 때 경락되는 방법이다.
2) 우리나라에서 청과를 비롯한 도매시장에서 취하고 있는 방법이다.

네델란드식 경매방법(Dutch auction : 競下式)

1) 주로 판매인측이 먼저 최고가격을 제시한 다음 차차로 가격을 낮추면서 신입가격을 결정하여 경락이 결정된다.
2) 이론적으로 영국식(경상식) 거래가격 변동폭이 네델란드식(경하식)보다 크지만 균형가격에는 더 빨리 접근하는 것으로 나타나고 있고, 전 경매기간을 통한 평균가격과 균형가격은 네델란드식(경하식)이 높은 것으로 나타나고 있다고 한다.

❷ 소매시장 거래

(1) 소매시장의 개념

1) 최종소비자를 대상으로 하여 거래가 이루어지는 시장을 말한다.
2) 특정지역 인구에 비례하여 분포되어 있으며, 비교적 거래단위가 적다.
3) 최종소비자와의 접접지점이 중요하다.

(2) 소매시장의 기능

소매시장에서의 소매상은 상품 구매·보관·판매기능을 하고 있다.

1) 상품선택에 필요한 소비자의 비용과 시간을 절감시킨다.
2) 소비자들에게 필요한 상품정보를 제공한다.
3) 자체 신용(외상거래, 할부판매)을 통해 소비자의 금융부담을 덜어준다.
4) 소비자에게 서비스를 제공한다.(배달, 설치, 상품교육 등)

(3) 농산물 소매방법

1) 소매점 판매
   ① 소비자가 소매점을 방문하여 농산물을 선정하여 구매하거나, 이를 전화로 주문하여 구매하는 방법이다.
   ② 통신판매
      통신매체 또는 컴퓨터에 의해 주문을 받아 판매하는 방식으로서 통신 판매 중에서 우편판매의 비중이 높지만 향후 전자 상거래가 활성화될 것이다.
   ③ 방문판매
      판매원이 가가호호 방문을 하여 구매를 권유하거나, 구매 의욕을 자극하여 판매하는 방법이다.
   ④ 자동판매기 판매(무점포 판매)
      판매원이 아닌 기계장치를 이용하여 상품을 판매하는 방식이다.

(4) 소매상의 종류
   ① 잡화점(general store)
      식료품과 각종 생필품, 일용잡화를 취급하는 소규모 소매상이다.
   ② 백화점(department store)
      도시의 번화가에 대규모 점포를 가지고 선매품을 중심으로 고가의 생활용품을 취급하는 곳이다.
   ④ 대중양판점(general merchandising store, GMS)
      의류 및 생활용품 중심으로 다품종 대량 판매하는 체인형 대형소매점으로 대량매입과 다점포화, 유통업자 상표(Private Brand)개발 등으로 백화점보다 저렴하게 판매하는 대형마트를 말한다.
   ⑤ 슈퍼마켓(supermarket)
      편의품 중심의 각종 생활용품을 셀프서비스하는 방식으로 판매하는 소매상이다.
   ⑥ 하이퍼마켓(hypermarket)
      교외에 위치해 대형슈퍼마켓과 할인점을 혼합한 형태로 프랑스에서 처음 등장하였으며 일괄구매(one-stop shopping)가 가능한 초대형 슈퍼마켓이다.

5회 기출문제

무점포 소매상의 종류가 아닌 것은?

① 아웃렛(outlet)
② 전자상거래
③ TV홈쇼핑
④ 자동판매기

▶ ①

10회 기출문제

다음 중 도매상 유형에 해당되지 않는 것은?

① 대리인 ② 중개인
③ 제조업자 도매상
④ 카테고리 킬러

➡ ④

6회 기출문제

상품의 다양성(variety) 측면에서는 가장 좁고, 상품의 구색(assortment) 측면에서는 깊은 소매업 형태는?

① 할인점(discount store)
② 백화점(department store)
③ 카테고리 킬러(category killer)
④ 기업형 슈퍼마켓(super supermarket)

➡ ③

8회 기출문제

다음 중 할인점에 해당되는 것은?

ㄱ. 카테고리 킬러 ㄴ. 슈퍼마켓
ㄷ. 통신판매 ㄹ. 아웃렛(outlet)

① ㄱ, ㄴ ② ㄱ, ㄹ
③ ㄴ, ㄷ ④ ㄴ, ㄹ

➡ ②

영국, 프랑스, 네덜란드 등 유럽 지역에서 급속하게 발달한 슈퍼마켓을 초대형화한 소매업태. 특히 기존의 슈퍼마켓보다 상품 구색이 다양하고 가격이 저렴하다는 의미에서 슈퍼마켓보다 한수 위인 `하이퍼'란 이름이 붙었다.

⑦ 전문점(speciality store)

카테고리 킬러(category killer)와 같이 특정 상품군만을 집약하여 판매하는 소매업이다.

- 카테고리 킬러(category killer)

  상품 분야별로 전문매장을 특화해 상품을 판매하는 소매점. 하이마트, 오소리티(미), B&Q(유럽) 등. killer란 업체가 경쟁이 치열하다는 의미이다.

  〈주요특징〉
  1. 체인화를 통한 현금 매입과 대량 매입
  2. 목표 고객을 통한 차별화된 서비스 제공
  3. 체계적인 고객 관리
  4. 셀프 서비스와 낮은 가격

⑧ 편의점(convenince store, CVS)

편리함(convenience)을 개념으로 도입된 소형소매점포.이다. 편리성이란 소비자의 입장에서 표현으로서 연중무휴, 조기, 심야영업, 주거지 근처에 위치, 10-100평의 중형점포, 식료품과 일용잡화를 중심으로 하는 2,500개 내외의 상품취급 등이 그 특징이다.

⑨ 회원제 창고형 도·소매점(membership wholesale club, MWC)

회원제로 운영하며 제품을 창고형 매장에 박스로 진열하여 저렴한 가격에 제품을 판매하는 할인업태이다.

⑩ 아웃렛스토어(outlet store)

제품을 염가로 판매하는 상설 소매점포 자사 제품이나 매입제품을 아주 싼 가격으로 처리하기 위한 소매점으로, 일반적으로 백화점이나 제조업체에서 판매하고 남은 재고상품이나 비인기상품, 하자상품 등을 정상가격보다 훨씬 싼 가격으로 판매하는 형태의 영업방식을 말한다.

⑪ 전문양판점(category killer, CK)

특정 상품 부문을 전문화하여 다양하고 풍부한 상품구색을 갖춘 할인소매점이다.
⑫ SSM(Super Supermarket : 기업형 슈퍼마켓)
대형 유통업체들이 운영하는 슈퍼마켓으로, 일반 슈퍼마켓보다는 크고 대형마트보다는 작은 규모이다. 대형슈퍼마켓 또는 SSM(Super Supermarket; 슈퍼슈퍼마켓)이라고도 부른다.

(5) 무점포소매상

무점포 소매상의 유형으로는 자동판매기·통신판매·방문판매·홈쇼핑·사이버쇼핑몰(가상상점가) 등이 있다.
① 우편판매(통신판매, DM, 카탈로그 판매) : 광고를 통하여 판매할 상품 또는 서비스를 알리고 고객으로부터 통신수단(전화·팩스·편지·컴퓨터통신 등)으로 주문을 받아 직접 또는 택배서비스나 우편을 통하여 상품을 판매하는 판매형식이다.
② 텔레마케팅 : 전화로 소비자에게 제품정보를 제공한 후 제품판매를 유도하거나, 고객이 TV광고, 라디오광고, 우편광고를 보고 수신자부담 전화번호를 이용하여 주문을 하는 소매유형전으로 소비자마다의 구매이력 데이터베이스에 근거하여 세심한 세일즈를 행하는 과학적 마케팅방법이다.
③ 텔레비전 마케팅 : 텔레마케팅의 일환으로 TV광고를 통해 제품구매를 유도하는 소매방식
④ 사이버마케팅(전자상거래) : 컴퓨터라는 가상공간을 통해 기업과 소비자들이 상거래를 하거나 정보를 교환하는 방식
⑤ 기타 자동판매기, TV홈쇼핑, 방문판매, 직접판매 등

③ 시장 외 거래

(1) 시장 외 거래의 개념

농산물을 도매시장 등의 중계시장을 거치지 않고 거래하는 형태를 말한다.

시장 외 거래는 산지직거래와 계약생산거래의 두 가지 형태로 나눈다.

(2) 산지직거래

1) 산지직거래의 의의

도매시장을 거치지 않고 생산자와 소비자 또는 생산자단체와 소비자단체가 직접 연결된 형태로서 시장기능을 수직적으로 통합한 형태로서 유통비용 절감을 목적으로 한다.

2) 산지직거래의 가격설정

일반적으로는 도매시장 경락가격을 기준으로 하는 경우가 많다. 시장가격 연동제방식을 채택할 수도 있다.

3) 산지직거래의 유형과 거래방법

① 주말 농산물시장

도시소비자들이 쉽게 접근할 수 있는 광장이나 공터를 이용하여 생산자가 소비자에게 농산물을 직접 판매하는 형태이다.

② 농산물 직판장

생산자와 소비자의 직거래로 유통단계를 축소시켜 생산자 소비자 모두에게 경제적 이익이 생기도록 하는 형태이다.

③ 농산물 물류센터(APC센터, 산지유통센터)

산지유통센터(포장센터)는 산지에서 고품질의 농산물의 규격, 포장화되어 대량으로 공동 출하되며 원료 농산물, 축산물, 수산물 등을 대량으로 수집, 선별, 등급화하는 과정을 거치고 표준규격으로 포장된 신제품을 만들며 세척, 절단 등 단순한 가공처리와 상품수명연장을 위한 예냉(예건) 조치 등을 취하여 저장, 운송하며 자기 얼굴과 이름인 상표를 갖고 대량출하를 하는 조직이다. 대도시의 슈퍼마켓이나 대량 수요처에 직접 공급해 주는 조직으로서 유통단계를 축소하고 신선한 농산물을 공급하여 수요처 입장에서는 필요 농산물을 체계적으로 공급받을 수 있는 장점이 있다.

④ 농업협동조합의 산지직거래

농업협동조합은 주문한 농산물을 조합원을 통하여 수집하

8회 기출문제

협동조합 유통의 효과에 관한 설명으로 옳지 않은 것은?

① 생산자의 거래교섭력 증대
② 유통비용 증가
③ 상인의 초과이윤 억제
④ 가격안정화 유도

➡ ②

5회 기출문제

생산자가 협동조합 유통에 참여함으로써 얻게 되는 이득이 아닌 것은?

① 민간 유통업자의 시장지배력 견제
② 유통비용의 절감
③ 안정적인 시장 확보와 가격 안정화
④ 거래교섭력 제고를 통한 완전경쟁 체제 구축

➡ ④

여 도시협동조합에 보내는 방식이다. 농산물 유통단계를 대폭 단축하여 불필요한 유통비용을 줄이고 생산자와 소비자를 만족시키기 위해 농산물 직거래사업을 전개하고 있고, 농산물가공을 통해 농산물의 수급을 조절하며 부가가치를 제고하고 있다. 새로운 품종과 영농기술을 보급함으로써 농업생산력의 제고를 통한 식량의 원활한 확보에 크게 기여하고 있다.

⑤ 우편주문판매제도

각 지방생산 특산품과 전매품 등을 기존의 우편망을 통해 소비자에게 직접 공급해 주는 것으로서 통신판매의 일종으로 볼 수 있다.

(3) 계약재배

생산물을 일정한 조건으로 인수하는 계약을 맺고 행하는 농산물 재배

(4) 시장 외 거래의 특징

① 가격결정과정에 생산자 참여
② 거래규격의 간략화
③ 생산자와 소비자의 이익증대

(5) 농업협동조합의 유통 기능

① 영세 사업자의 위험분산
② 공동구매를 통한 생산비 절감
③ 조합원 생산성 증가
④ 선별, 가공, 포장 등의 사업을 통한 농산물 부가가치의 증대
⑤ 공동물류작업을 통해 개별농가가 부담하는 상하차비, 포장재비, 운송비, 선별비, 쓰레기유발부담금, 청소비용 등을 절감한다.
⑥ 규모의 경제가 실현되므로 거래교섭력을 증대하여 생산자의 수취가를 올리 수 있다.

4회 기출문제

농산물의 시장유통과 시장외 유통에 관한 설명으로 옳은 것은? 8회

① 시장유통경로에서는 계약재배가 포함된다.
② 시장외 유통은 도매시장을 거치지 않는 유통경로이다.
③ 시장외 유통은 불법적인 유통이므로 단속대상이 된다.
④ 우리나라의 경우 시장유통경로 비중이 지속적으로 증가하고 있다.

▶ ②

10회 기출문제

협동조합 유통사업에 관한 설명으로 옳지 않은 것은?

① 거래비용을 증가시킨다.
② 무임승차 문제를 야기할 수 있다.
③ 상인의 초과이윤 발생을 억제할 수 있다.
④ 공동계산제는 개별농가의 개성이 상실될 수 있다.

▶ ①

4회 기출문제

산지유통의 유형 가운데 흔히 '밭떼기 거래'로 불리는 포전매매(圃田賣買)가 많이 이루어지는 이유에 대한 설명으로 맞지 않는 것은?

① 농가가 생산량 및 가격을 예측하기 어렵기 때문에 미리 판매가격을 고정시키고자 한다.
② 계약체결 시 받는 계약보증금으로 영농자재 등의 구입에 필요한 현금수요를 충당할 수 있다.
③ 농가의 노동력 및 저장시설 부족으로 농작물 수확 및 저장관리의 부담을 덜고자 한다.
④ 산지유통인에게 농산물을 직접 판

매함으로써 계통출하보다 안정적으로 높은 가격을 받을 수 있다.

▶ ④

관련기출문제

선물거래의 기능을 바르게 설명한 것은?

① 가격변동의 위험을 피할 수는 없다.
② 가격변동에 대하여 예시를 할 수 있다.
③ 투기자들에게 투자대상이 되는 것은 건전한 생산자금의 활용으로 볼 수 없다
④ 재고를 시차적으로 배분하는 것은 어렵다

▶ ②

관련기출문제

선물시장에서 실물을 인도하거나 인수하지 않더라도 가격이 불리하게 움직일 가능성에 대비하여 거래자가 반드시 예치해야 할 부담금을 무엇이라고 하는가?

① 순거래(net position)
② 마진콜(margin calls)
③ 마진(margin)
④ 베이시스(basis)

▶ ③

7회 기출문제

농산물 선물거래에 대한 설명으로 옳지 않은 것은?

① 농산물 가격변동의 위험을 관리하는 수단을 제공한다.
② 가격발견기능을 통해 미래의 현물가격을 예시한다.
③ 거래당사자간 합의에 의하여 계약조건의 변경이 가능하다.
④ 조직화된 거래소에서 선물계약의 매매가 이루어진다.

▶ ③

⑦ 노동집약형에서 자본집약형으로 전환되므로 안정적인 시장개척이 가능해진다.
⑧ 농산물시장이 불완전시장일 경우 민간유통업자들의 시장지배력과 초과이윤을 견제한다.

④ 선물거래

(1) 선물거래의 의의

선물거래란 미래의 특정시점(만기일)에 수량·규격이 표준화된 상품이나 금융 자산을 특정가격에 인수 혹은 인도할 것을 약정하는 거래이다. 이러한 선물거래는 공인된 거래소에서 이루어지며 현시점에 합의된 가격(선물가격)으로 미래에 상품을 인수 혹은 인도하는 것이다.

선물거래의 대상은 원유, 곡물 등 상품가격으로부터 현재는 금리, 통화, 주식, 채권 등 금융상품으로 확대되고 있다.

(2) 선도거래

선도거래도 선물거래의 한 방식이지만 선물거래가 거래방식이 일정하게 고정되어있는 반면에 선도거래는 거래기간, 금액 등 거래방법을 자유롭게 정할 수 있는 주문자 생산형태이며 장외거래라고 부른다. 밭떼기거래라고 불리는 포전매매가 선도거래방식의 예이다.

● 포전매매(밭떼기)

밭작물을 밭에 나 있는 채로 몽땅 사고파는 일. 밭떼기거래 상품은 단기간에 수확해서 출하하는 품목들이 주류를 이룬다. 인력 확보나 출하시기를 맞추기 어려운 농촌에서는 손해를 보더라도 손쉽게 대규모 농산물을 판매할 수 있는 밭떼기를 선호한다. 밭떼기 거래는 70% 이상이 구두계약에 의존하며, 농산품 가격이 하락할 경우 농민이 산지유통인의 가격 조정의 요구를 받게 되는 문제점이 있다.

■ 선물거래와 선도거래 비교

구분	선물거래	선도거래
거래조건	표준화	비표준화
거래장소	선물거래소	없음
위험	보증제도 있음	보증제도 없음
가격	경쟁호가방식	협상
증거금	있음	없음(개별적 보증설정)
중도청산	가능	제한적
실물인도	중도청산 혹은 만기인도	실제 인수도가 이루어지는 것이 일반적
가격변동	변동폭 제한	변동폭 없음

> **5회 기출문제**
>
> **선물거래에 대한 설명으로 틀린 것은?**
> ① 거래조건이 표준화되어 있다.
> ② 반대매매로 청산 가능하다.
> ③ 국내에서 쌀, 돼지고기 등이 거래되고 있다.
> ④ 1일 가격변동 폭에 제한이 있다.
> ▶ ③

(2) 선물거래의 경제적 기능

1) 위험전가기능 : 미래의 현물가격 위험을 회피하고자 하는 헷져(hedger)는 선물시장에서 위험을 상쇄시키기 위해 현물포지션과 상반된 포지션을 취하게 된다. 미래의 시장에서 받게 될 가격위험을 현재의 현물시장에 전가하는 기능을 한다.

2) 가격예시기능 : 선물가격은 현재시장에 제공된 각종 정보의 집약된 결과로서 미래시장에서 현물의 가격을 예측한다는 점에서 가격예시기능이 있다.

3) 자본형성기능 : 선물시장은 헷져나 투기거래자(speculator)가 현물시장에 선납한 자본을 증거금으로 운용된다. 이렇게 형성된 자본은 생산자시장에 유입된다.

4) 자원배분의 기능 : 선물시장은 월단위의 만기일을 형성한다. 선물투자자간에 연간 배분된 물건의 인수일은 생산자에게 자원을 기간별로 배분할 수 있도록 한다. 기업이나 금융기관도 미래의 가격에 대한 여러 투자자들의 예측치를 토대로 투자하게 돼 과(過)투자, 오(誤)투자의 가능성을 줄인다. 결국 제한된 자원이 가장 효율적으로 배분될 수 있도록 하는 수단이 되는 것이다.

(3) 농산물 선물거래의 조건

1848년 미국 시카고에 세계 최초의 선물거래소인 시카고상품

거래소(CBOT, Chicago Board of Trade)가 설립되어 콩, 밀, 옥수수 등의 주요 농산물에 대해 선물계약 거래를 시작했다. 그러나 우리나라는 아직 농산물에 대하여 선물거래소를 개설하지 않고 있는데 선물거래가 성립되기 위해서는 여러 가지 제약조건이 존재하기 때문이다.

① 품목은 절대 거래량이 많고 생산 및 수요의 잠재력이 커야 한다.
② 장기간 저장이 가능하여야 한다.
③ 가격등락폭이 큰 농산물이어야 한다.
④ 농산물에 대한 가격정보가 투자자에게 제공될 수 있어야 한다.
⑤ 대량 생산자와 대량의 수요자 및 전문취급상이 많은 품목이어야 한다.
⑥ 표준규격화가 용이하고 등급이 단순한 품목으로서 품위측정의 객관성이 높아야 한다.
⑦ 국제거래장벽과 정부의 통제가 없어야 한다.

> **7회 기출문제**
>
> 도매시장 개설자에게 등록하고 경매에 참여하여 상장된 농수산물을 직접 매수하는 가공업자, 소매업자, 소비자단체 등의 유통주체는?
>
> ① 중도매인
> ② 소매상
> ③ 도매시장법인
> ④ 매매참가인
>
> ▶ ④

선물거래 용어정리

1. 증거금[margin]

 가격 하락시에는 매수자의 계약위반 가능성으로부터 매도자를 보호하고 가격 상승시에는 매도자의 계약위반 가능성으로부터 매수자를 보호하는 제도로서 모든 선물거래 참여자들이 계약을 성실히 이행하겠다는 신용의 표시로 선물거래 중개회사를 통하여 결제기관에 납부하는 금액이다. 증거금에는 고객이 중개회사에 납부하는 위탁증거금과 결제회원이 결제기관에 납부하는 매매증거금으로 구분된다. 주가지수 선물거래의 증거금율은 거래금액의 15%이다.

2. 마진콜[margin call]

 선물거래에서 최초 계약시 개시증거금의 예치를 요구하거나 선물계약기간 중 예치하고 있는 증거금이 선물가격의 하락으로 인해 유지수준 이하로 하락한 경우 추가적으로 자금을 예치하여 당초 증거금 수준으로 회복시키도록 요구하는 것을 말한다. 고객의 미결제약정을 매일의 최종가격으로 재평가하는 일일정산을 통해 선물가격의 변동에 따른 손익을 증거금에 반영하는 것으로 증거금이 유지증거금 수준에 못 미칠 때는 고객에게 증거금을 충당하도록 요구하게 된다.

3. 베이시스[basis]

선물 가격은 현물가격에다 현물을 미래 일정 시점까지 보유하는 데 들어가는 비용을 포함하기 때문에 선물과 현물의 가격 차이가 발생하게 되는데, 이러한 차이를 베이시스라 한다. 베이시스는 만기일에 다가갈수록 0(零)에 가까워지다가 결국 만기일에 0(零)이 되는 것이 정상적이므로 이러한 시장을 정상시장 또는 콘탱고(contango)라고 한다. 이와는 반대되는 시장을 역조시장 또는 백워데이션(back-wardation)이라고 한다.

4. 선물매입(long future)과 선물매도(short future)

⑤ 공동계산제

(1) 공동판매

생산자가 조직을 결성하여 공동수집, 공동수송, 공동판매 등을 통하여 물류비용을 낮추고 영세한 생산자의 약점을 규모의 경제로서 극복하려는 것

(2) 공동판매의 장점

① 우량품의 생산지도와 브랜드화, 조직력을 통한 집하(集荷)
→ 출하조절 가능, 시장교섭력 증대, 노동력의 절감
② 계통융자의 편의
③ 집하 창고의 정비와 근대화
④ 수송체제의 정비
⑤ 평균판매에 의한 가격변동의 일원화 - 가격위험의 분산
⑥ 정보망의 정비
⑦ 금후의 농정기능(農政機能)의 증대 등

(3) 공동판매의 단점

① 판매가격 결정의 합의제 → 신속성의결여
② 대금결제의 지연(자금유동성 약화)
③ 풀 계산과 특종품 경시(特種品輕視), 개별생산자의 개성 무시
④ 사무절차의 복잡 등

8회 기출문제

농산물 공동계산제의 장점에 관한 설명으로 옳지 않은 것은?

① 농산물브랜드 구축에 유리하다.
② 농산물의 품질 저하나 감모(loss)를 줄일 수 있다.
③ 갑작스런 시장변화에 즉각적으로 대응할 수 있다.
④ 생산자가 유통업체나 가공업체에 종속되는 상황에 대처할 수 있다.

➡ ③

7회 기출문제

농산물 공동계산제에 대한 설명으로 옳지 않은 것은?

① 수확한 농산물을 등급별로 공동선별한 후 개별 농가의 명의로 출하한다.
② 공동판매를 통하여 개별 농가의 위험을 분산할 수 있다.
③ 엄격한 품질관리로 상품성을 제고하여 시장의 신뢰를 얻을 수 있다.
④ 출하물량의 규모화로 시장에서 거래교섭력이 증대된다.

➡ ①

6회 기출문제

협동조합을 통한 공동출하의 원칙에 대한 설명 중 옳지 않은 것은?

① 미국의 신세대 협동조합에서 도입한 새로운 개념의 협동조합운영 원칙이다.
② 무조건위탁은 판매처, 판매시기, 판매방법에 관계없이 판매를 협동조합에 위탁하는 원칙이다.
③ 평균판매는 판매를 계획적으로 실시하여 수취가의 지역적·시간적 차이를 평준화하고자 하는 원칙이다.
④ 공동계산은 조합원의 개별성을 무시하고 조합에서 집계한 실적에 따라 성과를 공정하게 분배하는 원칙이다.

➡ ①

> **10회 기출문제**
>
> 산지 농산물 공동판매의 원칙이 아닌 것은?
>
> ① 무조건 위탁 원칙
> ② 총거래수 최소화 원칙
> ③ 공동계산 원칙
> ④ 평균판매 원칙
>
> ▶ ②

> **10회 기출문제**
>
> 공동계산제의 장점으로 옳은 것은?
>
> ㄱ. 시장교섭력 제고
> ㄴ. 매취사업 확대
> ㄷ. 신속한 대금 정산
> ㄹ. 대량거래의 유리
>
> ① ㄱ, ㄷ   ② ㄱ, ㄹ
> ③ ㄴ, ㄷ   ④ ㄴ, ㄹ
>
> ▶ ②

(4) 공동판매의 유형

① 선별, 등급화, 포장 및 저장의 공동화
② 공동수송
③ 시장개척의 공동화

(5) 공동판매의 3원칙

① 무조건 위탁 : 개별 농가의 조건별 위탁을 금지
② 평균판매 : 생산자의 개별적 품질특성을 무시하고 일괄 등급별 판매 후 수취가격을 평준화하는 방식
③ 공동계산 : 평균판매 가격을 기준으로 일정 시점에서 공동계산

❻ 농산물 유통시장의 변화

(1) 소비자 유통환경의 변화

1) 인구의 변화 : 출산율 저하와 노령화, 1인 가구나 소규모 단일 가구의 증가는 소비자의 소비행태를 변화시킨다.
2) 소득의 증가 : 식료품이 소득에서 차지하는 비중이 낮아지면서 필수재 성격의 식품구매가 사치재 성격의 고부가가치 식품구매방식으로 전환
3) 소비행태의 변화 : 농산물 소비유형이 고품질 건강 기능성 식품으로 전환
4) 소포장 다품종 즉석식품 선호
5) 교통접근성 변화 : 자동차 소유가 일반화되면서 주차장이 구비되고 접근성이 뛰어난 입지에 대형 유통업체가 입점하는 현상이 두드러지고 있다.
6) 생산자 중심 유통구조에서 소비자 중심 유통구조로 변화

(2) 중계유통의 변화

1) 도매시장의 기능변화 : 단순 중계역할에서 벗어나 수집, 저

장, 가공, 포장 등의 물류기능과 정보관리, 위험관리 등 그 영역을 넓혀 가고 있다.

- 도매시장의 거래원칙
1. 수탁주체와 분산주체의 분리
2. 거래의 경매원칙(상장경매)
3. 수탁판매의 원칙
4. 판매대금의 즉시 지급 원칙

- 도매시장의 사용료 및 수수료
1. 시설사용료
2. 위탁수수료
3. 중개수수료
4. 정산수수료

2) 대형유통업체의 등장
① 구매루트의 다양화 : 중간상인, 산지주체 직거래, 전문벤더, 직영 등의 방식 혼용
⇒ 원물조달의 수월성, 리스크 회피, 거래 탄력성 등의 이유
② 농산물 구매전략의 변화 : 구매루트의 확대, 우수 산지주체 확보, 특색, 시즌품목 가추기의 노력
⇒ 비용우위, 품질우위 지향
③ 자사 브랜드 역량 강화 : PB상품의 출현
④ 신뢰성, 안전성, 책임성 구현

(3) 산지유통환경의 변화
1) 영농형태의 변화 : 상업농 경영, 경제작물의 생산, 단품종 대량생산
2) 주산지 형성과 지역농산물의 브랜드화
3) 공동출하 확산 : 개별적인 출하활동에서 벗어나 작목반이나 영농조합법인, 농협 계통출하, 농협 연합판매를 통해서 출하하는 공동출하가 확대되고 있다.

7회 기출문제

산지유통전문조직에 대한 설명으로 옳지 않은 것은?

① 유통의 전문화규모화가 잘 이루어지고 있는 협동조합과 영농조합법인 등을 중심으로 육성된다.
② 생산농가, 작목반, 영농회 등 생산주체를 계열화하고 조직화한다.
③ 대형유통업체와의 직거래를 활성화하고 품목별, 지역별로 개별출하를 확대한다.
④ 물류개선을 통해 유통비용을 절감하고 경쟁력있는 상품개발을 통해 부가가치를 창출한다.

▶ ③

4) 산지종합유통센터의 등장

산지종합유통센터

종합유통센터는 도매시장과 다른 형태의 도매기능을 하는 도매기구로서, 단순한 수집, 분산기능 뿐 아니라 도매유통에 필요한 다양한 상적, 물적기능 즉 가격형성기능과 보관저장기능 그리고 소포장 및 유통가공기능과 직판기능 등을 수행하는 유통주체이다.

이 종합유통센터는 직거래형 유통경로 구축과 물류체계 개선으로 생산자 수취가 제고와 소비자가격 인하에 기여함과 아울러 포장화, 규격화 등 물류체계 개선 촉진 효과 및 친환경 농산물의 판로 확대 등과 같은 성과가 있다. 그러나 대부분이 주로 산지에서 직구매하고 있지만 특수한 구색상품 등은 산지가 아닌 도매시장에서 조달하고 있으며 가격발견기능이 없기 때문에 도매시장 경락가를 기준으로 운영하고Ⅲ 있다.

그리고 일부는 도매와 소매를 병행 운영하고 있으며, 특히 소매의존도가 높은 반면 도매기능의 확충이 답보상태라는 문제점을 안고 있다.

[출처] 농산물 유통환경 변화와 마케팅 전략|작성자 우암

8회 기출문제

농산물 종합유통센터에 관한 설명으로 옳지 않은 것은?

① 유통정보를 수집하여 생산자에게 전달한다.
② 농산물의 소포장 및 유통가공기능을 수행한다.
③ 물류체계개선을 통한 물류합리화를 도모한다.
④ 가격결정방식은 경매를 원칙으로 한다.

▶ ④

10회 기출문제

농산물종합유통센터의 역할과 기능으로 옳지 않은 것은?

① 적정수의 매매참가인을 확보하여 거래규모를 확대한다.
② 도매 후 잔품 등을 일반 소비자에게 소매형태로 판매한다.
③ 농가의 출하선택권을 확대하여 계획적 생산을 유도한다.
④ 수집·분산기능 뿐만 아니라 다양한 상적·물적기능을 수행한다.

▶ ①

제3장 기출예상문제 연구

1. 산지에서 농산물을 수집하는 기능을 수행하지 않는 것은?

① 정기시장
② 산지유통인
③ 농협공판장
④ 매매참가인

정답 및 해설 ④

"매매참가인"이란 농수산물도매시장·농수산물공판장 또는 민영농수산물도매시장의 개설자에게 신고를 하고, 농수산물도매시장·농수산물공판장 또는 민영농수산물도매시장에 상장된 농수산물을 직접 매수하는 자로서 중도매인이 아닌 가공업자·소매업자·수출업자 및 소비자단체 등 농수산물의 수요자를 말한다.

2. 농산물 공동계산제의 장점에 관한 설명으로 옳지 않은 것은?

① 농산물브랜드 구축에 유리하다.
② 농산물의 품질 저하나 감모(loss)를 줄일 수 있다.
③ 갑작스런 시장변화에 즉각적으로 대응할 수 있다.
④ 생산자가 유통업체나 가공업체에 종속되는 상황에 대처할 수 있다.

정답 및 해설 ③

공동계산제를 통하여 물류비용을 절감하고 유통효율을 높일 수 있지만 본질적으로 농산물이 갖고 있는 부패성으로 인하여 출하시기 조절이나 유통기간의 조정에 한계를 지닌다.

3. 농산물 산지유통의 기능에 관한 설명으로 옳지 않은 것은?

① 생산자와 산지유통인 사이의 농산물 1차 교환기능
② 농산물의 가격변동에 대응한 공급량 조절기능
③ 생산자와 소매상에 대한 재고유지기능
④ 산지가공공장을 이용한 형태효용 창출기능

정답 및 해설 ③

생산자와 소매상에 대한 재고유지기능은 도매시장의 저장기능으로 수행된다.

4. 도매시장 개설자에게 등록하고 경매에 참여하여 상장된 농수산물을 직접 매수하는 가공업자, 소매업자, 소비자단체 등의 유통주체는?

① 중도매인　　　　　　　　② 소매상
③ 도매시장법인　　　　　　④ 매매참가인

정답 및 해설 ④

5. 우리나라 농산물 도매시장에 관한 설명으로 옳은 것은?

① 산지의 표준규격 농산물의 출하량 증가로 도매시장 거래물량이 크게 증가하고 있다.
② 도매시장에서 징수되는 상장수수료는 대량출하자에게 유리하다.
③ 거래총수 최대화의 원리에 의해 대량거래되므로 거래의 신속성과 효율성을 제고한다.
④ 대량준비의 원리에 의해 사회적 유통비용이 절감된다.

정답 및 해설 ④

① 표준규격농산물의 출하량증가는 견본거래를 가능케 하기 때문에 도매시장 거래물량감소에 기여한다.
② 상장수수료는 정액제, 정율제가 있으므로 일반적으로 대량출하자에게 유리하다고 할 수는 없다.
③ 거래총수최소화의 원리

6. 대형유통업체의 농산물 판매 특성에 대한 설명으로 틀린 것은?

① 전처리 및 소포장 농산물의 판매비율이 높아지고 있다.
② 신선식품의 품질 만족도를 높이기 위해 리콜제도를 운영하고 있다.
③ 소비자의 식품에 대한 불신을 해소하기 위해 안전성관리를 강화하고 있다.
④ 다양한 소비자의 욕구를 충족시키기 위해 고품질 상품 위주로 판매하고 있다.

정답 및 해설 ④

대형유통업체의 가격정책은 고품질 저가격이다. 특정 고품질 고가격 상품은 다양한 소비자의 만족을 위한 것이 아닌 특정 고객을 유치하기 위한 것이다.

7. 소매상이 생산자나 도매상을 위해 수행하는 기능으로 옳지 않은 것은?

① 판매대리인 기능
② 구색갖추기 기능
③ 보관 및 위험부담 기능
④ 시장정보제공 기능

정답 및 해설 ②

② 특색있는 상품의 구색갖추기는 대형유통업체의 전략이다.
③ 일시적 보관기능(판매 후 결제), 상품의 소유권을 인수하여 판매위험을 부담(선결제 후 판매)
④ 소비자기호나 소비경향을 생산자와 도매상에게 전달

8. 농산물 소매시장에 관한 설명으로 옳지 않은 것은?

① 중개기능을 담당하고 있다.
② 최근 다양한 업태가 나타나고 있다.
③ 최종소비자를 대상으로 거래가 진행된다.
④ 카탈로그 판매, TV 홈쇼핑 판매 등도 포함된다.

정답 및 해설 ①

중개기능은 도매시장의 역할이다.

9. 농산물 시장구조의 변화추세로서 전문화와 다양화, 분산화, 통합화 등의 유형이 있다고 할 때 이에 대한 설명으로 적절하지 않은 것은?

① 전문화(specialization)의 장점은 효율성의 향상을 유발할 수 있으나 풍흉에 따른 이윤 상실의 위험도는 높아진다.
② 다양화(diversification)는 전문품목의 취급에서 발생될 수 있는 위험을 분산시키는 장점이 있다.
③ 분산화(decentralization)는 농산물이 도매시장을 중심으로 하여 분산되므로 가격효율성이 높아지는 장점이 있다.
④ 통합화(integration)는 이윤의 증대와 운영의 효율성 제고, 재화 또는 원료의 안정적 조달 등을 목표로 하고 있다.

정답 및 해설 ③

농산물이 생산자로부터 출발하여 중앙도매시장을 경유하지 않고 도매상, 소매상 또는 가공업자 등의 실수요자 수중에 직접 들어가는 유통현상을 말한다. 특정장소(도매시장 등)에 농산물이 모였다가 분산되는 과정을 거치는 것을 집중화라 한다.

10. 농산물 직거래에 관한 설명으로 옳지 않은 것은?

① 생산자, 유통업자, 소비자의 기능을 수평적으로 통합한다.
② 산지 또는 소비지의 농민시장이 해당된다.
③ 유통단계를 줄이는데 기여한다.
④ 친환경농산물은 생산자와 소비자 간에 직거래되는 예가 많다.

정답 및 해설 ①

수직적으로 통합한다.

11. 농산물 유통경로의 길이를 결정하는 요인이 아닌 것은?

① 부패성　　　　　　　　　　② 동질성
③ 무게와 크기　　　　　　　　④ 수송 거리

정답 및 해설 ④

① 부패성있는 농산물의 유통경로는 짧다.

② 동질성있는 농산물의 유통경로는 길다.

③ 무게와 크기가 무겁고 클수록 물류비용을 줄이기 위해 유통경로가 짧다.

12. 산지유통이 활성화되어 있는 국가에서, 농산물 도매시장의 기능 중 그 중요성이 크지 않은 것은 무엇인가?

① 배급 기능　　　　　　　　② 표준규격화 기능
③ 가격형성 기능　　　　　　④ 수급조절 기능

정답 및 해설 ②

도매시장은 표준규격화된 농산물이 거래되도록 유인하는 역할을 한다. 그러나 산지유통이 활성화되면 산지에서 구매자의 편의에 맞춘 비규격농산물의 유통이 활성화된다.

나머지 항목은 산지유통이 활성화된다고 해서 도매시장이 가지고 있는 기본적 기능이 없어지는 것은 아니다.

13. 농산물 산지유통 기능 중 가장 거리가 먼 것은?

① 시간적 효용창출 기능　　　② 수급조절 기능
③ 상품화 기능　　　　　　　④ 분산 기능

정답 및 해설 ④

① 산지 저온저장창고

② 도매시장의 기능에도 수급조절기능이 있다. 산지시장에서도 거래가 이루어지는 한 공급과 수요가 교차하므로 수급조절을 할 수 있다.

③ 산지유통센터의 기능을 생각해 보자(선별, 포장 등)

④ 산지유통시장에서도 분산이 이루어진다. 5일시장, 직거래 등

문제가 가장 거리가 먼 것이므로 정답이 애매하기도 하다. ②번이 답이라고 해도 하나도 이상하지 않다. 다만 산지유통시장의 1차적 기능을 수집기능으로 본다면 ④가 정답

14. 농산물 산지유통에 관한 설명으로 옳지 않은 것은?

① 산지에서 다양한 물류기능으로 시간적·장소적·형태적 효용을 창출한다.
② 판매계약(Marketing contract)의 경우 농산물 생산에 따른 위험을 생산자와 구매자가 분담한다.
③ 정전거래는 저장, 보관이 가능한 고추, 마늘 등 채소와 사과, 배 등 과일에서 주로 이루어진다.
④ 최근 대형유통업체들이 생산농가나 생산자 조직과 계약재배를 하는 경우가 증가하고 있다.

정답 및 해설 ②

판매계약은 생산자가 농산물의 소유권을 이전하지 않고 판매대리인에게 위임 또는 위탁을 통하여 판매하도록 하는 것이다. 농산물의 생산에 따른 위험은 생산자가 보유한다.

15. 농산물 유통경로에 관한 설명으로 옳지 않은 것은?

① 일반적으로 농산물의 유통경로는 공산품에 비하여 단순하다.
② 농가의 수가 많고 분산될수록 유통경로가 길어지는 경향이 있다.
③ 일반적으로 수집, 중계, 분산 단계로 구분된다.
④ 최근 유통경로가 다원화되고 있다.

정답 및 해설 ①

일반적으로 전통적인 농산물의 유통경로에는 다양한 중개상인이 개입한다.
개입된 상인들이 중첩될수록 유통경로는 복잡해진다.

16. 농산물의 산지출하에 관한 설명으로 옳지 않은 것은?

① 정전판매를 위해 파종기에 산지유통인과 계약을 체결한다.
② 농업협동조합에 농산물판매를 의뢰한다.
③ 생산자조직을 결성하여 농산물을 공동출하한다.
④ 수확한 농산물의 처리를 농산물산지유통센터 (APC)에 일임한다.

정답 및 해설 ① 계약재배에 대한 설명

정전판매(庭前販賣)는 농산물생산 현장에서 산지 상인들에게 직접 판매하는 행위를 말함. 농장에서 수확한 농산물을 농가 창고나, 집뜰에서 산지상인 또는 소비자들에게 판매하는 방식으로 농산물이 저장성이 있을 경우 가능하다.

②③④는 모두 산지유통시장의 유형이다.

17. 산지 청과물의 포전매매가 필요한 적절한 이유가 아닌 것은?

① 농가의 입장에서 장래 가격에 대한 예상을 하기 어렵기 때문에
② 상품판매의 위험부담을 줄이고 일시에 판매대금을 회수할 수 있기 때문에
③ 농가가 수확, 선별, 포장 등에 따르는 노동력이 부족하기 때문에
④ 모든 농산물을 조기에 판매해야 높은 가격을 받을 수 있기 때문에

정답 및 해설 ④

포전매매(밭떼기거래)

밭작물을 밭에 나 있는 채로 몽땅 사고파는 일. 밭떼기거래 상품은 단기간에 수확해서 출하하는 품목들이 주류를 이룬다. 인력 확보(노동력 부족)나 출하시기를 맞추기 어려운 영세한 농가 입장에서는 농산물의 장래가격을 예측하기가 쉽지 않고 이윤의 폭을 줄이는 한이 있더라도 위험부담을 줄일 수 있으며 거래대금을 미리 확보할 수 있다는 장점이 있어서 선호한다.

18. 산지유통의 유형 가운데 흔히 '밭떼기 거래'로 불리는 포전매매(圃田賣買)가 많이 이루어지는 이유에 대한 설명으로 맞지 않는 것은?

① 농가가 생산량 및 가격을 예측하기 어렵기 때문에 미리 판매가격을 고정시키고자 한다.
② 계약체결 시 받는 계약보증금으로 영농자재 등의 구입에 필요한 현금수요를 충당할 수 있다.
③ 농가의 노동력 및 저장시설 부족으로 농작물 수확 및 저장관리의 부담을 덜고자 한다.
④ 산지유통인에게 농산물을 직접 판매함으로써 계통출하보다 안정적으로 높은 가격을 받을 수 있다.

정답 및 해설 ④

포전매매의 경우 생산자는 적정이윤의 일부를 포기한다.

19. 산지유통전문조직에 대한 설명으로 옳지 않은 것은?

① 유통의 전문화·규모화가 잘 이루어지고 있는 협동조합과 영농조합법인 등을 중심으로 육성된다.
② 생산농가, 작목반, 영농회 등 생산주체를 계열화하고 조직화한다.
③ 대형유통업체와의 직거래를 활성화하고 품목별, 지역별로 개별출하를 확대한다.
④ 물류개선을 통해 유통비용을 절감하고 경쟁력있는 상품개발을 통해 부가가치를 창출한다.

정답 및 해설 ③

개별출하를 지양하고 공동출하 방식을 취한다.

20. 산지유통전문조직에 대한 설명으로 틀린 것은?

① 시·군 단위 이상의 농가를 조직화하고 공동브랜드를 사용한다.
② 경영에 관한 진단과 컨설팅을 받고 있다.
③ 대형유통업체 등의 시장지배력에 대응하기 위해 유통사업 규모를 대형화한다.
④ 규모화되고 전문화된 협동조합과 영농조합법인 등을 중심으로 선정되고 있다.

정답 및 해설 ①

산지유통조직의 단위가 꼭 행정구역과 일치하는 것도 아니고 시.군단위 이상일 필요도 없다. 물론 지역별 조직이 탄생해서 공동브랜드를 사용하기도 하지만 일반적으로는 품목별 지역조직이 주체가 된다.

21. 협동조합 유통의 효과에 관한 설명으로 옳지 않은 것은?

① 생산자의 거래교섭력 증대   ② 유통비용 증가

③ 상인의 초과이윤 억제   ④ 가격안정화 유도

정답 및 해설 ②

협동조합은 산지유통조직의 하나이다.

22. 농산물 도매시장은 대량거래에 의한 규모의 경제를 실현하여 사회적 유통비용을 절감하고자 하는데, 이는 어떤 원리에 근거하는가?

① 대량보유 및 수요 공급의 원리
② 대량보유 및 거래총수 최소화의 원리
③ 대량보유 및 가격결정의 원리
④ 대량보유 및 시장영역의 원리

정답 및 해설 ②

23. 농산물 도매시장의 기능과 가장 거리가 먼 것은?

① 출하된 농산물에 대한 가격형성
② 농산물의 표준 및 등급기준 설정
③ 대량집하 및 분산을 통한 수급조절
④ 대금정산 및 유통정보 제공

정답 및 해설 ②

농림수산식품부장관은 농수산물(축산물은 제외한다.)의 상품성을 높이고 유통 능률을 향상시키며 공정한 거래를 실현하기 위하여 농수산물의 포장규격과 등급규격("표준규격")을 정할 수 있다.

24. 농산물 종합유통센터에 관한 설명으로 옳지 않은 것은?

① 유통정보를 수집하여 생산자에게 전달한다.
② 농산물의 소포장 및 유통가공기능을 수행한다.

③ 물류체계개선을 통한 물류합리화를 도모한다.
④ 가격결정방식은 경매를 원칙으로 한다.

정답 및 해설 ④

산지유통센터의 기본적 업무는 수집, 선별, 가공, 저장, 포장, 브랜드화 등이며 부분적으로 직거래를 통하여 분산기능도 수행하지만 경매가 이뤄지지는 않는다.

25. 농산물 도매시장에 관한 설명 중에서 가장 적절한 것은?

① 농산물 물류센터나 대형 슈퍼마켓의 등장으로 농산물 도매시장이 사라질 전망이다.
② 농산물 도매시장은 거래수 최소화원리 및 소량준비의 원리에 의해서 소규모 분산적 생산과 소비를 연결하여 사회적 존재 가치를 인정하고 있다.
③ 농산물 도매시장은 생산과 소비가 일반적으로 영세 분산적이므로 생산자와 소비자의 중간에서 수급의 조절, 상품의 집배, 판매 대금의 결제 등 필수적인 기관이다.
④ 신선 식료품은 선도의 변화가 심하고 표준화가 곤란한 상품적 특성을 갖고 있기 때문에 도매시장과 같은 특정 장소에서 집중 거래하기 곤란하다.

정답 및 해설 ③

④ 지문과 같은 어려움이 있지만 가락동농수산물도매시장의 경우에도 채소류의 거래가 활발하다. ② 대량준비의 원리

26. 도매상은 생산자 및 소매상을 위한 기능을 동시에 수행한다. 다음 중 생산자를 위한 기능은?

① 시장확대기능(market coverage)
② 구색제공기능(offering assortment)
③ 소량분할기능(bulk breaking)
④ 상품공급기능(product availability)

정답 및 해설 ①

도매상은 소규모 생산자가 접근하기 어려운 시장까지 농산물의 공급을 확대한다.
나머지는 소매상의 기능이다.

27. 도매시장 개설자로부터 지정을 받고 농수산물을 위탁받아 상장하여 도매하거나 이를 매수하여 도매하는 유통기구는 무엇인가?

① 도매시장법인(공판장)　　　② 중도매인
③ 매매참가인(매참인)　　　　④ 경매사

정답 및 해설 ①

"중도매인"(仲都賣人)이란 농수산물도매시장·농수산물공판장 또는 민영농수산물도매시장의 개설자의 허가 또는 지정을 받아 다음 각 목의 영업을 하는 자를 말한다.
　가. 농수산물도매시장·농수산물공판장 또는 민영농수산물도매시장에 상장된 농수산물을 매수하여 도매하거나 매매를 중개하는 영업
　나. 농수산물도매시장·농수산물공판장 또는 민영농수산물도매시장의 개설자로부터 허가를 받은 비상장(非上場) 농수산물을 매수 또는 위탁받아 도매하거나 매매를 중개하는 영업

28. 시장도매인제에 대한 설명 중 관계가 먼 것은?

① 농수산물도매시장 또는 민영농수산물도매시장의 개설자로부터 지정을 받고 농수산물을 매수 또는 위탁받아 도매하거나 매매를 중개하는 영업을 하는 법인이다.
② 지방도매시장은 2000년 6월 1일부터 도입되었고, 중앙도매시장은 2006년 1월 1일부터 2년의 범위 내에서 대통령령이 정하는 날부터 도입이 가능하다.
③ 우리나라에 최초로 도입된 시장은 서울 강서농산물도매시장으로 52개 법인이 입주하였다.
④ 위탁 수수료의 최고한도는 청과부류는 거래금액의 1천분의 70, 수산부류는 거래금액의 1천분의 60, 양곡부류는 거래금액의 1천분의 20이다.

정답 및 해설 ②

강서농산물도매시장의 개설연도는 2004년이다.

위탁수수료의 최고한도
1. 양곡부류: 거래금액의 1천분의 20
2. 청과부류: 거래금액의 1천분의 70
3. 수산부류: 거래금액의 1천분의 60
4. 축산부류: 거래금액의 1천분의 20(도매시장 또는 공판장 안에 도축장이 설치된 경우 「축산물위생관리법」에 따라 징수할 수 있는 도살·해체수수료는 이에 포함되지 아니한다)

5. 화훼부류: 거래금액의 1천분의 70
6. 약용작물부류: 거래금액의 1천분의 50

29. 도매시장에서 징수하는 수수료 또는 비용에 대한 설명으로 옳지 않은 것은?

① 일정률의 위탁수수료는 대량 출하자에게 유리하다.
② 중도매인과 시장도매인은 중개수수료를 수취할 수 있다.
③ 표준하역비제도는 출하자의 부담을 완화시키기 위해 도입된 것이다.
④ 위탁수수료는 도매시장법인 또는 시장도매인이 징수할 수 있다.

정답 및 해설 ①

중개자 입장에서 볼 때 동일한 종류의 거래라 하더라도 대량 출하자에게 일정율로 부과하는 중개수수료 수입이 더 크다. 대량출하자에게는 물량이 많을수록 차등화된 수수료율이 적용되는 것이 유리하다.

30. 도매거래와 소매거래의 특징이 잘못 연결된 것은?(6회)

	도 매		소 매
①	대량판매 위주	-	소량판매 위주
②	낮은 마진율	-	높은 마진율
③	정찰제 보편화	-	다양한 할인정책
④	적재의 효율성 중시	-	점포 내 진열 중시

정답 및 해설 ③

도매는 최종소비자와 직접 만나는 시장이 아니므로 정찰가격이 불필요하다.

31. 다음 중에서 농산물 소매 방법에 해당되지 않은 것은?

① 카탈로그 판매　　　　　② 중도매인 판매
③ TV 홈쇼핑 판매　　　　④ 자동판매기 판매

정답 및 해설 ②

중도매인은 중계기구인 도매시장에서 활동하며 소매상인에게 판매한다.

32. 하이퍼마켓의 특징을 가장 적절하게 설명한 것은?

① 주택가에 입지하여 식료품, 세탁용품, 가정용품 등 생활필수품을 주로 취급하는 소매점이다.
② 점포의 규모가 구멍가게에 비해 크고 셀프서비스를 주로 한다.
③ 식품과 비식품을 한 점포에서 취급하는 유럽에서 발달된 할인점 형태이다.
④ 미국에서 발전된 형태로 기존 비식품위주의 할인점에 대형 슈퍼마켓이 추가된 개념이다.

정답 및 해설 ③

거대형 마켓. 창고식 소매 업태로서 ①교외에 입지하고 점포면적은 주로 10,000㎡이상이며 넓은 주차장이 있다. ②셀프서비스 시스템을 채용하고 가능한한 할인을 해서 저마진, 고회전을 도모한다. ③식품을 중심으로 한 상품구비나 비식품도 30~45%의 비율로 구색 갖추어져 있는 것이 특징이다.

① 주택가가 아니라 시 외곽에 입지한다.
② 초대형 마켓이다.
③ 함께 취급하지만 식품류의 비중이 높다.
④ 유럽에서 발전되었다.

33. 소매상이 소비자에게 제공하는 주요 기능으로 볼 수 없는 것은?

① 상품선택에 필요한 소비자의 비용과 시간을 절감할 수 있게 해 준다.
② 상품사용에 대해서 소비자에게 기술적 지원과 조언을 해 준다.
③ 상품관련정보를 제공하여 소비자들의 상품구매를 돕는다.
④ 자체의 신용정책을 통하여 소비자의 금융부담을 덜어준다.

정답 및 해설 ②

상품에 대한 정보는 제공하지만 기술적 지원은 하지 않는다. 소매상이 직접 기술지원팀을 꾸리지는 않는다.

34. 농산물 시장 외 유통에 대한 설명으로 맞는 것은?

① 농협공판장이나 중간위탁상을 거친다.
② 유통비용을 항상 절약할 수 있다.
③ 가격결정과정에 생산자가 배제된다.
④ 거래규격을 간략화 할 수 있다.

정답 및 해설 ④

④ 시장거래는 규격화된 상품의 상장을 권장한다. 반면에 시장 외 거래는 구매자 편의에 맞춘 포장이 가능하므로 거래규격을 단순화할 수 있다.
② 중계시장을 거치지 않아서 발생하는 위험도 존재한다.
③ 시장 외 유통은 생산자가 가격결정과정에 개입할 수 있다는 장점도 있다.

35. 상품의 다양성(variety) 측면에서는 가장 좁고, 상품의 구색(assortment) 측면에서는 깊은 소매업 형태는?

① 할인점(discount store)
② 백화점(department store)
③ 카테고리 킬러(category killer)
④ 기업형 슈퍼마켓(super supermarket)

정답 및 해설 ③

다양성 측면에서 좁다(전문품목만 거래한다.)
상품의 구색측면에서 깊다(동일 품목이라 하더라도 다양한 종류의 구색을 갖춘다.)
대표적 카테고리킬러 업종 : 가구점, 구두점, 어린이용품점, 아웃도어, 골프용품점 등

36. 다음 중 할인점에 해당되는 것은?

ㄱ. 카테고리 킬러 ㄴ. 슈퍼마켓 ㄷ. 통신판매 ㄹ. 아웃렛(outlet)

① ㄱ, ㄴ
② ㄱ, ㄹ
③ ㄴ, ㄷ
④ ㄴ, ㄹ

정답 및 해설 ②

통신판매는 무점포방식이며 슈퍼마켓의 가격이 저렴하기는 하지만 창고형 할인점 형태는 아니다.

아웃렛(outlet)

교외형 재고전문 판매점이다. 백화점이나 제조업체에서 판매하고 남은 재고상품이나 비인기상품, 하자상품 등을 정상가의 절반 이하의 매우 싼 가격으로 판매하는 것을 말한다. 의류에서 구두, 가구 등 품목을 다양화해 현재 수도권을 중심으로 등장하고 있다.

37. 무점포 소매상의 종류가 아닌 것은?

① 아웃렛(outlet)
② 전자상거래
③ TV홈쇼핑
④ 자동판매기

정답 및 해설 ①

30. 농산물 유통 개선 방향에 대한 설명 중 관계가 먼 것은?

① 상품의 표준화·등급화는 가격효율성과 운영효율성을 동시에 증대시킬 수 있다.
② 산지의 유통시설을 확충하고 공동출하를 확대한다.
③ 유통통계의 광범위한 수집·분석과 분산을 확대한다.
④ 산지 직거래 및 전자상거래를 활성화하여 생산자 선택기회를 확대한다.

정답 및 해설 ①

생산자입장에서 표준화. 등급화는 가격의 효율성을 높일 수 있으나 가격이 상승함으로 인하여 소비자 구매력을 저하시킬 수 있으므로 운영효율성이 반드시 높아지는 것은 아니다. 생산자입장에서도 표준화. 등급화하는데 드는 비용과 시간을 감안하면 운영효율성이 높은 것은 아니다.

31. 생산자가 협동조합 유통에 참여함으로써 얻게 되는 이득이 아닌 것은?

① 민간 유통업자의 시장지배력 견제
② 유통비용의 절감

제3장 기출예상문제 연구 | 97

③ 안정적인 시장 확보와 가격 안정화
④ 거래교섭력 제고를 통한 완전경쟁체제 구축

정답 및 해설 ④

협동조합은 규모의 경제를 실현하여 생산자가 가격결정자의 위치에 서게 해준다.
자본의 집적으로 안정적 시장을 개척하고 출하시기를 조절하여 평균적 수취가격을 이룰 수 있게 해준다. 완전경쟁체제란 다수의 불특정 공급자와 다수의 불특정 소비자가 존재하는 체제를 말하는데 협동조합은 공급자의 결합을 의미하므로 과점체제라 볼 수 있다.

32. 산지 회원농협이 수행하는 유통사업과 가장 거리가 먼 것은?

① 매취판매사업 ② 산지공판사업
③ 도매물류센터사업 ④ 수탁판매사업

정답 및 해설 ③

도매시장의 기능이다.

33. 농산물 직거래에 대한 설명 중 옳은 것은?

① 생산자와 소비자간 정신적 유대관계를 바탕으로 한 직거래를 유통형태론적 직거래라고 한다.
② 거래규모가 최소효율규모(minimum efficient effect)일 경우, 시장유통에 비해 유통비용이 더 든다.
③ 도매시장에서 형성된 가격은 직거래 가격에도 영향을 미친다.
④ 직거래는 생산자와 소비자, 유통업자의 기능을 수평적으로 통합하는 것을 의미한다.

정답 및 해설 ③

① 유통형태론적 직거래는 직거래가 이뤄지는 유통방법의 분류이다.
② 최소효율규모(minimum efficient scale)란 주어진 생산비용의 추가적 지출로 인하여 최적의 이익을 실현하는 상태를 말한다. 이 이상의 추가적 투자는 효율이 떨어진다. 유통물량이 이 규모 이상이라면 직거래보다는 전문유통업체에 위탁(시장유통)하는 것이 더 효율적이다. 즉, 최소효율규모(minimum efficient scale)까지 시장유통비용보다 비용을 절감할 수 있다.

④ 수직적통합

34. 농산물의 시장유통과 시장외 유통에 관한 설명으로 옳은 것은?

① 시장유통경로에서는 계약재배가 포함된다.
② 시장외 유통은 도매시장을 거치지 않는 유통경로이다.
③ 시장외 유통은 불법적인 유통이므로 단속대상이 된다.
④ 우리나라의 경우 시장유통경로 비중이 지속적으로 증가하고 있다.

정답 및 해설 ②
① 계약재배는 직거래방식이다.
③ 불법은 아니다.
④ 시장외 유통방식이 증가하는 추세이다.

35. 농산물유통은 유통경로에 따라 시장유통과 시장 외 유통으로 구분될 수 있다. 적절하게 설명한 것은?

① 시장 외 유통이란 도매시장 밖에서 불법적으로 거래되는 것을 말한다.
② 시장유통이란 이윤을 목적으로 거래되는 것을 총칭하는 표현이 다.
③ 시장유통이란 농협 하나로 클럽이나 대형유통업체 등과 직접 거래하는 것을 말한다.
④ 시장 외 유통이란 도매기구를 거치지 않고 산지에서 소비지로 직접 유통되는 것을 말한다.

정답 및 해설 ④

36. 농업협동조합이 조합원에게 줄 수 있는 이익이 아닌 것은?

① 규모화를 통해 거래교섭력을 증대시킨다.
② 수요를 통제하여 농가 수취가를 높여준다.
③ 농자재 공동구매를 통해 농가 생산비 절감에 기여한다.

④ 개별 농가에서 할 수 없는 가공사업을 수행하여 부가가치를 높여준다.

정답 및 해설 ②

유통비용을 절감하거나 거래교섭력을 높여서 농가수취가를 올릴 수는 있지만 수요량을 늘리거나 줄이는 통제능력이 있는 것은 아니다.

37. 선물거래의 기능을 바르게 설명한 것은?

① 가격변동의 위험을 피할 수는 없다.
② 가격변동에 대하여 예시를 할 수 있다.
③ 투기자들에게 투자대상이 되는 것은 건전한 생산자금의 활용으로 볼 수 없다.
④ 재고를 시차적으로 배분하는 것은 어렵다.

정답 및 해설 ②

① 가격변동의 위험을 피하기 위하여 선물거래를 한다.
③ 투기자금은 생산자 자본을 형성한다는 점에서 순기능이 있다.
④ 만기일의 조정으로 재고를 조정할 수 있다.

38. 선물시장에서 실물을 인도하거나 인수하지 않더라도 가격이 불리하게 움직일 가능성에 대비하여 거래자가 반드시 예치해야 할 부담금을 무엇이라고 하는가?

① 순거래(net position)
② 마진콜(margin calls)
③ 마진(margin)
④ 베이시스(basis)

정답 및 해설 ③ 증거금

② 선물거래에 있어 미결제약정을 나타내는 방법으로 매도와 매입포지션의 차이를 나타내는 방법이다

39. 선물거래에 대한 설명으로 틀린 것은?

① 거래조건이 표준화되어 있다.

② 반대매매로 청산 가능하다.
③ 국내에서 쌀, 돼지고기 등이 거래되고 있다.
④ 1일 가격변동 폭에 제한이 있다.

정답 및 해설 ③

우리나라 선물 거래소에는 국채, 옵션, CD, 증권금리, 주가지수, 달러, 금 등이 상장되어 있다

40. 농산물 선물거래에 대한 설명으로 옳지 않은 것은?

① 농산물 가격변동의 위험을 관리하는 수단을 제공한다.
② 가격발견기능을 통해 미래의 현물가격을 예시한다.
③ 거래당사자간 합의에 의하여 계약조건의 변경이 가능하다.
④ 조직화된 거래소에서 선물계약의 매매가 이루어진다.

정답 및 해설 ③

MEMO

제 4 장
농산물 경제이론

농산물 경제이론
기출예상문제 연구

MEMO

농산물 품질관리사 대비

제 4장 | 농산물 경제이론

01 농산물의 수요와 공급

❶ 농산물 수요

(1) 농산물 수요와 수요량의 개념

농산물 수요는 '일정 기간 동안에 소비자가 농산물을 구매하려는 욕구'를 말하며, 수요량이란 '일정 기간 동안에 소비자가 주어진 가격수준으로 소비하고자 하는 최대 수요량'을 말한다.

1) 유량(流量 flow)개념
  '일정 기간 동안'이란 의미는 기간의 길이가 있다는 뜻이다.
   * 저량(貯量 stock)개념 : 기간이 아니라 일정한 고정된 시점에서 측정하는 개념

2) 사전적(事前的) 개념
  실제로 구매한 량이 아니라 구매하려는 것이므로 사전적 개념이다.

3) 유효수요 개념
  농산물 수요는 단순히 농산물을 구입하고자 하는 의사만을 뜻하는 것이 아니라 구입에 필요한 비용을 지불할 수 있는 구매력이 있는 유효수요 개념이다.
   * 절대적 수요 : 구매력과 무관한 수요
   * 잠재적 수요 : 현재는 유효수요가 아니지만 조건이 변하면 유효수요로 전환되는 수요

(2) 농산물 수요의 법칙

1) 다른 조건이 동일한 경우, 농산물에 대한 수요량은 농산물

> **참 고**
>
> • 농산물수요의 개념
> 1) 유량개념(일정기간)
> 2) 사전적 개념(구매하려는)
> 3) 유효수요의 개념(실질적인 구매력 보유)

의 가격에 반비례한다. 이를 농산물의 수요법칙이라 한다.
2) 농산물의 단위당 가격이 상승하면 수요량은 감소하고 가격이 하락하면 수요량은 증가한다.
3) 수요곡선을 우하향하게 한다.
4) 수요법칙의 예외
   ① 기펜재 : 열등재의 경우 소득이 증가하면 (또는 열등재의 가격이 하락 하면) 오히려 열등재 수요가 감소하는 현상을 기펜재 또는 기펜의 역설이라 한다.
      예) 마아가린(열등재)〈-〉버터(우등재)
   ② 가수요 : 가격이 더욱 상승하리라 예상되는 경우 소비자는 상승하기 전에 미리 사려는 경향이 나타나 가격이 상승함에도 불구하고 수요량이 증가한다(매점현상).
      예) 석유, 쌀 등
   ③ 사치재 : 단순히 부유함을 과시하기 위한 재화로 값이 비싸면 더 잘 팔린다.
      예) 다이아몬드, 고급승용차 등
      * 베블렌효과 : 과시욕구 때문에 재화의 가격이 비쌀수록 수요가 늘어나는 수요증대 효과

(3) 농산물수요곡선

1) 의의

   농산물의 가격과 수요량의 관계를 그림으로 나타낸 것을 농산물의 수요곡선이라고 한다. 일정기간에 성립하는 가격수준과 이에 대응하는 수요량을 그래프에 표시한 것이다. 수요곡선은 우하향하는 음(-)의 기울기를 갖는다.

■ 수요의 법칙

단위당 가격이 상승하면 수요량이 감소하며, 가격이 하락하면 수요량이 증가한다는 법칙.
즉, 가격과 수요량의 관계는 반비례관계이며 이 때문에 수요곡선은 우하향한다.

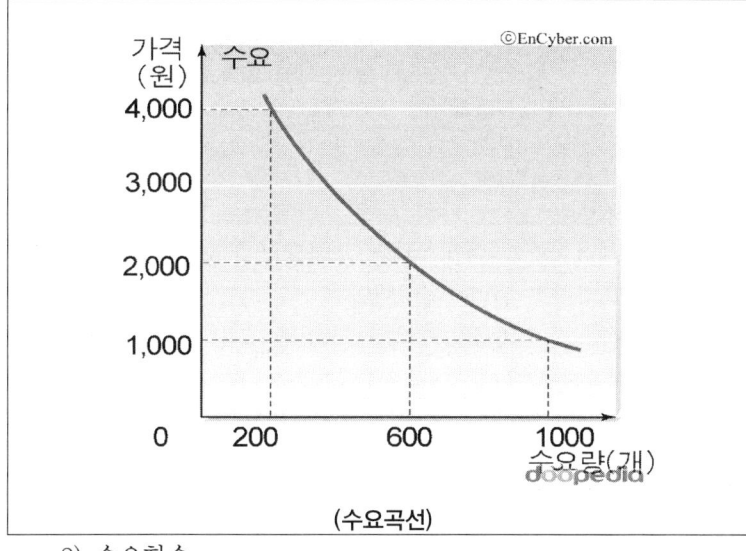

(수요곡선)

2) 수요함수

농산물의 수요량에 영향을 미치는 것은 가격만이 아니다. 소비자의 소득과 기호, 연관상품의 가격, 소비자의 예상, 소비자의 수 등 대단히 많다.

3) 수요곡선이 우하향하는 이유

① 대체효과

동일한 만족을 주는 두 재화 중 하나의 재화가 가격변동이 있었을 때 해당상품과 관련상품 사이에 수요변화가 발생한다. 이처럼 상대가격의 변화가 각 상품의 수요 변화에 영향을 미칠 경우, 그 효과를 대체효과라고 한다.

대체관계에 있는 멜론과 키위

키위가격만 ↓ => 멜론가격에 비하여 상대적 하락 => 키위 수요량 ↑

---

② 소득효과

어떤 상품의 가격 변화가 실질소득의 변화를 통하여 각 상품의 수요에 영향을 미칠 경우, 그 효과를 소득효과라고 한다. 가격이 하락(상승)하면 동일한 지출액으로 전보다 더 많은 수량을 구입할 수 있게(없게) 되는 소득의 증가(감소)효과 때문에 수요량이 일반적으로 증가(감소)하는 효과이다.

참 고

• 대체효과

1) 키위가격이 1,000원에서 800원으로 하락하면
2) 키위의 대체품이라 할 수 있는 참다래를 사먹던 소비자가 참다래보다 상대적으로 싸진 키위를 사먹게 되어 키위의 수요량이 증가하는 효과를 말한다.

참 고

• 소득효과

1) 키위가 1kg에 1,000원일 때에 키위구입에 2,000원을 지출하여 2kg을 구입하던 소비자가
2) 키위가 1kg에 800원으로 하락하면 소비자는 2,000원으로 2kg보다 더 많은 2.5kg을 구입할 수 있게 되는 효과를 말한다.

> 키위제품 하나만 고려한다.
> 키위가격 ↓ => 현재 소득으로도 더 많은 키위 소비 가능
> => 키위 수요량 ↑
> => 소득은 고정되 있으나 수요량을 늘릴 수 있어서 실질소득 증가 효과

③ 가격효과 : 대체효과와 소득효과를 합성한 효과를 가격효과라고 한다. 해당재화의 가격하락은 언제나 대체재에 있어서는 소비량을 증가시키지만 소득효과가 반드시 수요량을 증가시키는 것은 아니다.

(4) 농산물 수요량의 변화와 수요의 변화

1) 수요량의 변화

해당 상품가격 이외의 다른 모든 요인들이 일정하고, '해당 상품가격'만 변할 때의 수요량 변화를 말하며 수요곡선상 위에서의 이동으로 나타난다.

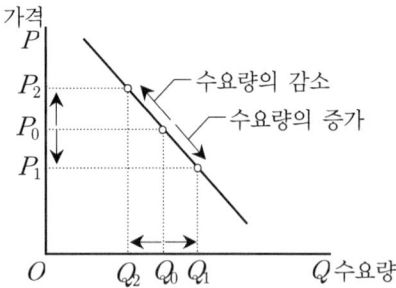

〈수요량의 변화〉

2) 수요의 변화

해당 상품 가격 이외의 '다른 요인들'이 변화할 때 해당 상품의 모든 가격수준에서의 수요량 변화를 말하며 수요곡선 자체이동으로 나타난다. 가격의 변화는 없지만 소득의 증가 또는 감소가 일어나면 동일 가격에서 수요량의 변화가 발생하는데 이것은 수요곡선상의 이동이 아니라 수용곡선 자체를 좌우로 이동시키게 된다.

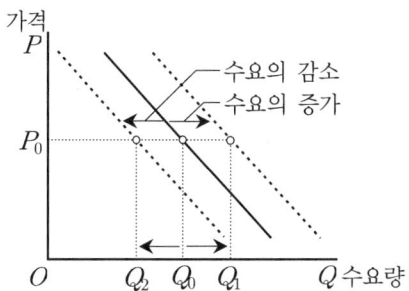

〈수요의 변화〉

> **참 고**
>
> ● 수요의 증가요인
>
> 1) 소득의 증가
> 2) 대체재의 가격상승
> 3) 보완재의 가격하락
> 4) 수요자의 증가
> 5) 소비자의 기호변화

(5) 농산물수요의 결정요인(곡선 자체의 이동)

1) 농산물수요의 증가요인(수요곡선의 우측이동)
   ① 소득의 증가
      ㉠ 정상재(보통재, 상급재, 우등재) : 소득증가 → 수요증가↑
      ㉡ 열등재(하급재) : 소득증가 → 수요감소↓
      ㉢ 중간재 : 소득증가 → 수요불변(예 : 소금과 간장)
   ② 대체 농산물의 공급부족에 따른 가격 상승
      ㉠ 대체재 : 대체재(참다래)가격↑-〉(참다래)수요량↓
         =〉해당재화(키위) 수요증가↑
      ㉡ 보완재 : 보완재(고추)가격↑-(고추)수요량↓
         =〉해당재화(배추) 수요감소↓
      ㉢ 독립재 : 독립재(참다래)가격↑-〉(참다래)수요량↓)
         =〉해당재화(배추) 수요불변
   ③ 인구의 증가
   ④ 소비자의 선호도 증가
2) 농산물수요의 감소요인(수용곡선의 좌측이동)
   소득의 감소, 대체농산물의 가격 하락, 인구감소, 소비자의 선호도 감소 등

> **참 고**
>
> ● 대체재
>
> 바꾸어 소비해도 만족에 차이가 없는 재화로 키위와 참다래
>
> ● 보완재
>
> 함께 소비시 만족이 커지는 재화로 배추와 양념

(6) 개별수요와 시장수요

1) 개별수요
   소비자 한 사람 한 사람의 수요를 말한다.
2) 시장수요

> **참 고**
>
> ● 농산물 공급의 개념
>
> 1) 유량개념(일정기간)
> 2) 사전적 개념(공급하려는)
> 3) 유효공급의 개념(판매력을 보유)

시장전체의 수요를 말한다.
① 시장수요는 개별수요를 '동일 가격수준'에서 '개별 수요량'을 '합'하여 구한다.(수평적 합계)
② 일반적으로 '시장수요곡선'은 '개별수요곡선'보다 '완만'하게(탄력적으로) 그려진다.

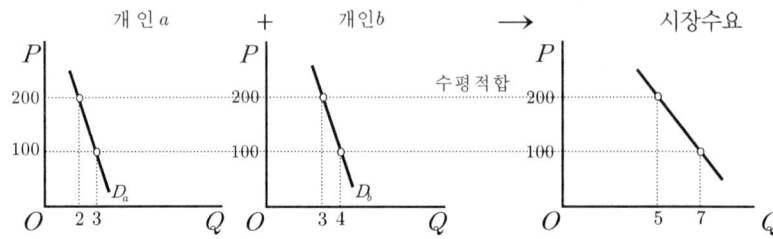

❷ 농산물 공급

(1) 농산물의 공급과 공급량의 개념

농산물 공급은 '일정기간 동안에 생산자가 농산물을 매도하려는 욕구'라고 할 수 있으며, 공급량이란 '일정기간 동안에 주어진 각격수준으로 생산자가 판매하고자 하는 농산물의 최대 생산량'을 말한다.

1) 유량(流量-flow)개념

일반적으로 공급은 일정 기간을 전제로 한 유량개념이다.

2) 사전적(事前的) 개념

실제로 판매한 량이 아니라 판매하려는 량이므로 사전적 개념이다.

3) 유효공급 개념

농산물공급은 단순히 농산물을 판매하고자 하는 의사만을 뜻하는 것이 아니라 생산 또는 보유하고 있어 판매할 수 있는 상품수량이다.

(2) 농산물공급의 법칙

1) 다른 조건이 동일한 경우, 농산물에 대한 공급량은 가격에 정비례한다.

2) 단위당 가격이 상승하면 공급량은 증가하고 가격이 하락하면 공급량은 감소한다.
3) 공급곡선을 우상향하게 한다.
4) 공급법칙의 예외
   ① 매석 : 가격이 더욱 오르리라고 예상되는 경우 공급자는 오른 후에 팔기 위해 가격이 오름에도 불구하고 공급량을 줄인다(창고보관 등).
   ② 사치재 : 가격이 올라도 공급량이 줄어드는 것은 아니다.
   ③ 골동품 : 골동품과 같은 희귀품은 공급량이 제한되어 있기 때문에 가격변동에 별로 영향을 받지 않는다.

(3) 농산물 공급곡선

농산물의 가격과 공급량의 관계를 그림으로 나타낸 것을 공급곡선이라고 한다. 일정기간에 성립할 수 있는 가격수준과 이에 대응하는 공급량을 조합하여 그래프상에 표시한 곡선이다. 공급곡선은 우상향하는 양(+)의 기울기를 갖는다.

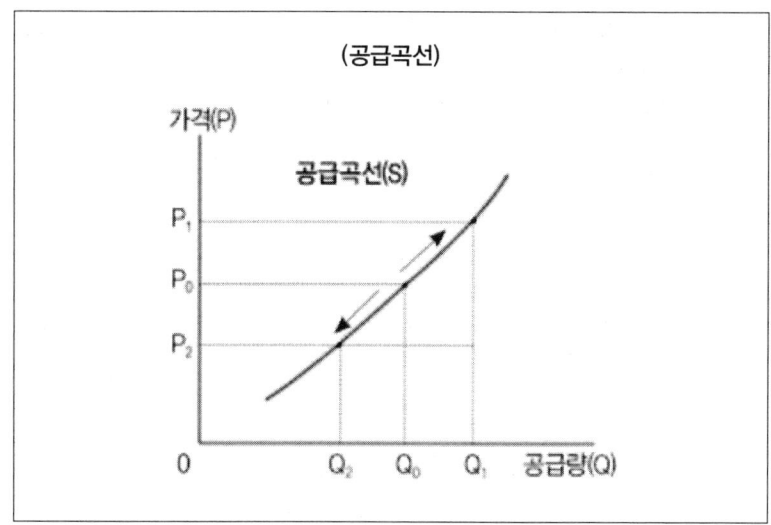

(4) 농산물 공급량의 변화와 공급의 변화

1) 공급량의 변화

해당 상품가격 이외의 다른 모든 요인들이 일정하고, '해당 상품가격'만 변할 때의 공급량 변화를 말하며 공급곡선상 위에서의 이동으로 나타난다.

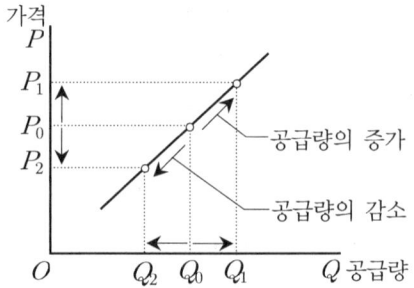

〈공급량의 변화〉

2) 공급의 변화

해당 상품 가격 이외의 '다른 요인들'이 변화하면, 해당 상품의 모든 가격수준에서의 공급량 변화를 말하며 공급곡선 자체이동으로 나타난다.

생산요소가격의 상승 → 공급량 감소 → 공급곡선 자체가 좌측으로 수평 이동

생산요소가격의 하락 → 공급량 증가 → 공급곡선 자체가 우측으로 수평 이동

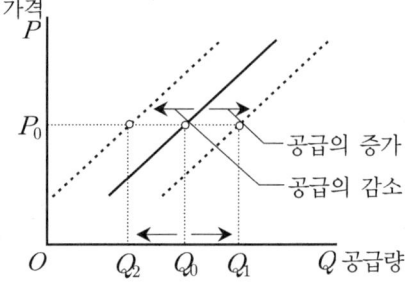

〈공급의 변화〉

(5) 농산물공급의 결정요인(곡선 자체의 이동)

1) 농산물공급의 증가요인(공급곡선의 우측이동)

① 대체농산물의 상대적 가격하락(흰콩〈-〉검은콩)
  관련재화(흰콩)가격↓-〉(흰콩)공급량↓ =〉 해당재화(검은콩) 공급증가↑
② 생산요소가격(비용)의 하락
③ 생산기술의 발달
④ 농산물 가격 상승에 대한 기대감
⑤ 공급자(생산자, 매도자)수의 증가
2) 농산물공급의 감소요인(공급곡선의 좌측이동)
  대체농산물의 가격상승, 생산요소가격의 상승, 생산기술의 지체, 농산물 가격하락 예상
  공급자 수의 감소

(6) 개별공급과 시장공급

1) 개별공급 : 생산자 한 사람 한 사람의 공급을 말한다.

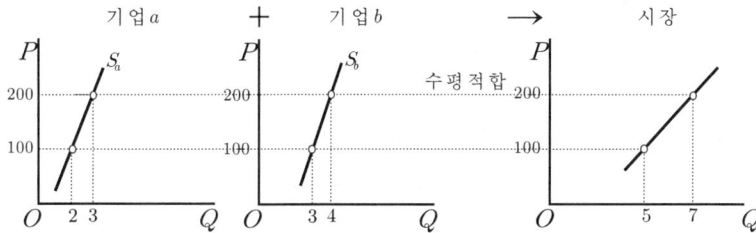

2) 시장공급 : 시장전체의 공급을 말한다.
  ① (공급이 상호 독립적이어 서로 영향을 주지 않는다고 가정하면) 시장공급은 개별공급을 '동일 가격수준'에서 '개별 공급량'을 '합'하여 구한다.(수평적 합계)
  ② 일반적으로 '시장공급곡선'은 '개별공급곡선'보다 '완만'하게(탄력적으로) 그려진다.

> **참 고**
>
> ● **농산물수요의 변화요인**
> 농산물수요의 변화요인이란 농산물 수요량을 변화시키는 요인을 말하는데 이에는
> 1) 농산물가격변화
> 2) 소득변화
> 3) 관련 농산물의 가격변화 등이 해당된다.

02 농산물 수요·공급의 탄력성

❶ 농산물 수요의 탄력성

(1) 탄력성의 개념

한 상품의 가격이 변화할 때 그 상품의 수요량이 얼마나 변화하는가를 측정하기 위한 도구이다. 즉, 가격을 독립변수로 수요량을 종속변수로 하여 독립변수가 변할 때 종속변수가 어느 정도 변하는가를 나타내게 된다.

$$탄력성 = \frac{종속변수변화율}{독립변수변화율} = \frac{수요량의 변화율}{가격의 변화율}$$

$$가격의 변화율 = \frac{변화된 가격 - 원래의 가격}{원래의 가격}$$

$$수요량의 변화율 = \frac{변화된 수요량 - 원래의 수요량}{원래의 수요량}$$

(2) 농산물 수요의 가격 탄력성

농산물 수요의 변화요인인 농산물가격, 소득, 관련농산물의 가격변화 등이 있을 때 당해 농산물의 수요량이 얼마나 변화하는가를 숫자로 표시한 것을 말한다.

1) 농산물 수요의 가격탄력성 개념

당해 농산물의 가격(독립변수)이 변할 때 당해 농산물에 대한 수요량(종속변수)이 얼마만큼 민감하게 반응하는가를 나타내는 지표이다.

$$수요의\ 가격\ 탄력도 = -\frac{수요량의변화율(\%)}{가격의변화율(\%)}$$

$$= -\frac{\left(\frac{수요량변동분}{원래수요량}\right)}{\left(\frac{가격변동분}{원래가격}\right)}$$

2) 탄력성 그래프의 형태

3회 기출문제

농산물 가격이 10% 오를 때 수요량은 10% 이상 감소하지 않는다면 이에 알맞은 것은?

① 수요는 탄력적이다.
② 수요는 비탄력적이다.
③ 가격은 탄력적이다.
④ 가격은 비탄력적이다.

➡ ②

1회 기출문제

어떤 농산물의 가격이 20% 하락하였는데 판매량은 15% 증가하였다. 다음 중 적절한 표현은?

① 수요와 공급이 비탄력적이다.
② 수요가 비탄력적이다.
③ 수요는 탄력적이나 공급은 비탄력적이다.
④ 공급이 비탄력적이다.

➡ ②

10회 기출문제

농산물의 수요와 공급의 가격 비탄력성에 관한 설명으로 옳지 않은 것은?

① 가격변동률 만큼 수요변동이률이 크지 않다.
② 가격폭등시 공급량을 쉽게 늘리기 어렵다.
③ 소폭의 공급변동에는 가격변동이 크지 않다.
④ 수요와 공급의 불균형 현상이 연중 또는 지역별로 발생할 수 있다.

➡ ③

① 곡선의 기울기와 탄력성
일반적으로 탄력성이 클수록 수요곡선의 기울기는 더욱 완만한 형태(B)로 그려지며, 탄력성이 작을수록 수요곡선의 기울기는 더욱 가파른 형태(A)로 그려진다.

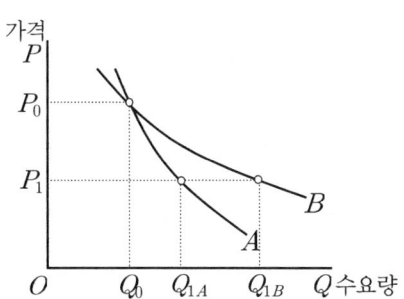

② 동일한 크기의 가격변화($P_0 \rightarrow P_1$)에 대해 A 그래프는 수요량이 Q_0에서 Q_{1A}만큼 작게 늘어났지만, B 그래프는 수요량이 Q_0에서 Q_{1B}만큼 크게 늘어나므로 기울기가 완만할수록(B) 탄력성(대응 가능성)의 값은 더 크다는 것을 알 수 있으며, 기울기가 가파를수록(B) 탄력성(대응 가능성)의 값은 더 작다는 것을 알 수 있다.

3) 탄력성 값의 의미

〈수요의 가격탄력성 ϵ_d의 크기〉

탄력성 값	가격변화율에 대한 수요량의 변화율	표현방법
$\epsilon_d = 0$	가격이 아무리 변해도 수요량은 불변이다.	완전 비탄력적
$0 < \ < 1$	가격변화율에 비해 수요량의 변화율이 작다.	비탄력적
$\epsilon_d = 1$	가격변화율과 수요량의 변화율이 같다.	단위 탄력적
$1 < \ < \infty$	가격변화율에 비해 수요량의 변화율이 크다.	탄력적
$\epsilon_d = \infty$	가격변화가 거의 없어도 수요량의 변화는 무한대이다.	완전 탄력적

참고

• 수요탄력성 비교

탄력적	비탄력적
사치재	필수재
대체재가 많음	대체재가 적음
용도가 다양	용도가 다양하지 못함
장기	단기
소득에서 비중이 큼	소득에서 비중이 낮음

참고

• 수요가 변동하는 경우

수요증가	가격상승
	균형수급량 증가
수요감소	가격하락
	균형수급량 감소

• 공급이 변동하는 경우

공급증가	가격하락
	균형수급량 증가
공급감소	가격상승
	균형수급량 감소

〈탄력성에 따른 수요곡선의 형태〉

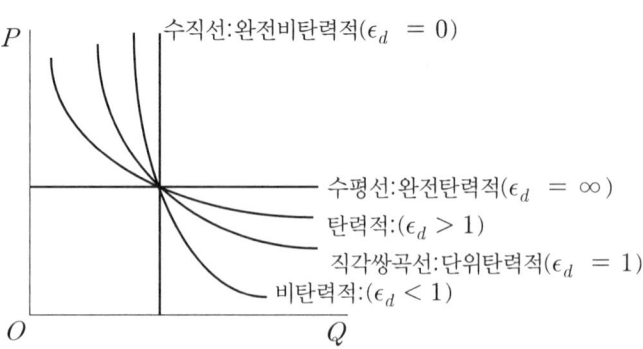

4) 농산물 수요탄력성의 특징
  ① 농산물은 인간생활에 있어서 필수적인 수요의 대상이므로 일반재화에 비하여 상대적으로 비탄력적이라고 할 수 있다.
  ② 대체재의 유무
    만약 특정 농산물의 경우 대체재가 많다면 그 농산물에 대한 수요의 가격탄력성은 보다 탄력적이 되며, 대체재가 적다면 그 농산물에 대한 수요의 가격탄력성은 보다 비탄력적이 된다.
  ③ 용도의 다양성
    용도가 다양한 농산물은 그 만큼 대체재의 수가 많은 것과 같으므로 그 농산물에 대한 수요의 가격탄력성은 보다 탄력적이 되며, 용도가 다양하지 못한 농산물은 그 만큼 대체재의 수가 적은 것과 같으므로 그 농산물에 대한 수요의 가격탄력성은 보다 비탄력적이 된다.
  ④ 수요기간의 장기·단기
    농산물수요의 가격탄력성은 단기보다는 장기에서 상대적으로 더 탄력적이다. 이는 단기적으로는 힘들지만 장기에는 보다 더 많은 대체농산물의 공급이 늘어나기 때문이며, 수요자는 대체농산물을 보다 더 찾기 쉬워지기 때문이다.
  ⑤ 농산물 지출액과 소득
    농산물에 대한 지출액은 소득(가계지출액)에서 차지하는 비중이 높지 않아 상대적으로 가격변화에 따른 수요량의

변화가 크지 않고 비탄력적이지만, 일반 공산품에 대한 지출액은 소득(가계지출액)에서 차지하는 비중이 높은 편이어서 상대적으로 가격변화에 따른 수요량의 변화가 커 보다 탄력적이다.

5) 수요의 가격탄력성과 총수입(=가계지출)과의 관계

$\epsilon_d = 0$ (완전비탄력적)	가격인상(인하)율에 비해 수요량 변화율은 거의 "0"	가격인상 ↑	작게 수요량감소(0)	수입 증가↑
		가격인하 ↓	작게 수요량증가(0)	수입 감소↓
$0 < \ < 1$ (비탄력적)	가격인상(인하)율에 비해 수요량 변화율이 작다.	가격인상 ↑	작게 수요량감소 ↓	수입 증가↑
		가격인하 ↓	작게 수요량증가 ↑	수입 감소↓
$\epsilon_d = 1$ (단위 탄력적)	가격인상(인하)율과 수요량 변화율이 같다.	가격인상 ↑	동일비율로 증감 ↑↓	수입 불변
		가격인하 ↓		
$1 < \ < \infty$ (탄력적)	가격인상(인하)율에 비해 수요량 변화율이 크다.	가격인상 ↑	크게 수요량감소 ↓	수입 감소↓
		가격인하 ↓	크게 수요량증가 ↑	수입 증가↑
$\epsilon_d = \infty$ (완전탄력적)	가격인상(인하)율 거의 "0" 수요량 변화율이 크다.	가격인상 (0)	크게 수요량감소 ↓	수입 감소↓
		가격인하 (0)	크게 수요량증가 ↑	수입 증가↑

〈동일한 가격인상에 따른 총수입의 변화분〉

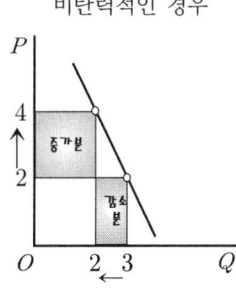

비탄력적인 경우

(소득증가)

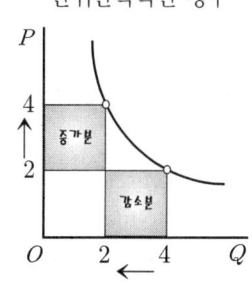

단위탄력적인 경우

(소득불변)

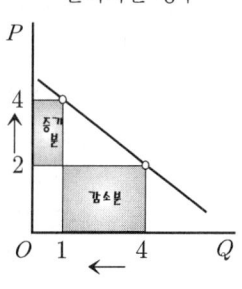

탄력적인 경우

(소득감소)

> 참 고
>
> ● 대체재의 교차탄력성
> 1) 대체재의 가격이 상승하는 경우 당해 상품에 대한 수요는 증가
> 2) 대체재의 가격이 하락하는 경우 당해 상품에 대한 수요는 감소
> 3) 탄력도 값은 항상 +

> 참 고
>
> ● 보완재의 교차탄력성
> 1) 보완재의 가격이 상승하는 경우 당해 상품에 대한 수요는 감소
> 2) 보완재의 가격이 하락하는 경우 당해 상품에 대한 수요는 증가
> 3) 탄력도 값은 항상 −
>
> ● 독립재의 교차탄력성
> 탄력도는 항상 영(0)의 값을 갖는다.

(2) 농산물수요의 소득탄력성

1) 농산물수요의 소득탄력성 개념
   소비자의 소득(독립변수)이 변할 때 당해 농산물에 대한 수요량(종속변수)이 얼마만큼 민감하게 반응하는가를 나타내는 지표이다.

$$\text{수요의 소득탄력도} = \frac{\text{수요량의 변화율}(\%)}{\text{소득의 변화율}(\%)} = \frac{\left(\frac{\text{수요량변동분}}{\text{원래수요량}}\right)}{\left(\frac{\text{소득변동분}}{\text{원래소득}}\right)}$$

2) 재화에 따른 소득의 탄력성
   ① 우등재(정상재, 보통재, 상급재)
      소득의 증가 → 고품질 유기농산물의 수요증가
   ② 열등재(하급재)
      소득의 증가 → 마아가린의 수요감소

(3) 농산물 수요의 교차탄력성

1) 농산물 수요의 교차탄력성 개념
   연관상품의 가격(독립변수)이 변할 때 당해 농산물에 대한 수요량(종속변수)이 얼마만큼 민감하게 반응하는가를 나타내는 지표이다.

$$\text{수요의 교차탄력도} = \frac{\text{당해상품 수요량}(Q_x)\text{의 변화율}(\%)}{\text{연관상품 가격}(P_y)\text{의 변화율}(\%)} = \frac{\frac{\text{당해상품의 수요량변동분}}{\text{당해상품의 원래수요량}}}{\frac{\text{연관상품의 가격변동분}}{\text{연관상품의 원래가격}}}$$

2) 재화에 따른 교차 탄력성
   ① 대체재
      연관상품(돼지고기)의 가격 상승 → 당해 상품(소고기)의 수요 증가
      연관상품(돼지고기)의 가격 하락 → 당해 상품(소고기)의 수요 감소
      분모값이 증가하는 경우 분자값이 증가하며, 분모값이 감소하는 경우 분자값은 감소하게 되어 탄력도 값은 항상 양(+)의 값을 갖는다.

② 보완재

연관상품(돼지고기)의 가격 상승 -> 당해 상품(상추)의 수요 감소

연관상품(돼지고기)의 가격 하락 -> 당해 상품(상추)의 수요 증가

분모값이 증가하는 경우 분자값이 감소하며, 분모값이 감소하는 경우 분자값은 증가하게 되어 탄력도값은 항상 음(-)의 값을 갖는다.

10회기출문제

A농가의 배추 생산 공급함수 Q=3000+2P, 배추가격 P=500원 일 때 배추의 공급 탄력성은?

① 0.25　② 0.5
③ 1.0　　④ 1.5

➡ ①

참고

- 공급의 탄력성 비교

탄력적	비탄력적
부패성이 작다	부패성이 크다
저장성이 높다	저장성이 낮다

② 농산물공급의 가격탄력성

(1) 농산물공급의 가격탄력성 개념

당해 농산물의 가격(독립변수)이 변할 때 당해 농산물에 대한 공급량(종속변수)이 얼마만큼 민감하게 반응하는가를 나타내는 지표이다.

$$\text{농산물 공급의 가격 탄력도} = \frac{\text{공급량의 변화율}(\%)}{\text{가격의 변화율}(\%)} = \frac{\left(\frac{\text{공급량변동분}}{\text{원래공급량}}\right)}{\left(\frac{\text{가격변동분}}{\text{원래가격}}\right)}$$

참고

- 엥겔지수(계수)

음식비 지출액/가계지출 총액

- 엥겔의 법칙

1) 소득수준이 증가할수록 음식비 지출액이 가계지출 총액에서 차지하는 비중이 점점 감소하는 경우를 말하는 것으로서, 즉 엥겔지수값이 낮아지는 것을 의미한다.
2) 독일의 통계학자 엥겔이 19세기 중엽 벨기에 근로자의 가계조사를 기초로 추출해낸 경험법칙이다.

(2) 공급탄력성 그래프의 형태

1) 공급탄력성의 기울기

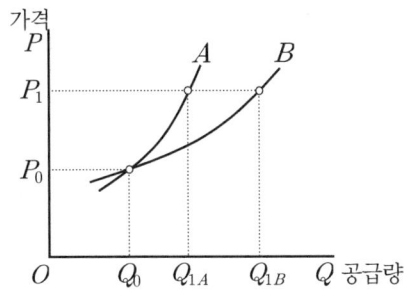

① 일반적으로 탄력성이 클수록 공급곡선의 기울기는 더욱 완만한 형태(B)로 그려지며, 탄력성이 작을수록 공급곡선의 기울기는 더욱 가파른 형태(A)로 그려진다.

② 동일한 크기의 가격변화($P_0 \rightarrow P_1$)에 대해 A 그래프는 공급량이 Q_0에서 Q_{1A}만큼 작게 늘어났지만, B 그래프는 공급량이 Q_0에서 Q_{1B}만큼 크게 늘어나므로 기울기가 완만할수록 탄력성(대응 가능성)의 값은 더 크다는 것을 알 수 있으며, 기울기가 가파를수록 탄력성(대응 가능성)의 값은 더 작다는 것을 알 수 있다.

2) 탄력성 값의 의미

〈공급의 가격탄력성의 크기〉

탄력성 값	가격변화율에 대한 공급량의 변화율	표현방법
$\varepsilon_s = 0$	가격이 아무리 변해도 공급량은 불변이다.	완전 비탄력적
$0 < \varepsilon_s < 1$	가격변화율에 비해 공급량의 변화율이 작다.	비탄력적
$\varepsilon_s = 1$	가격변화율과 공급량의 변화율이 같다.	단위 탄력적
$1 < \varepsilon_s < \infty$	가격변화율에 비해 공급량의 변화율이 크다.	탄력적
$\varepsilon_s = \infty$	가격변화가 거의 없어도 공급량의 변화는 무한대이다.	완전 탄력적

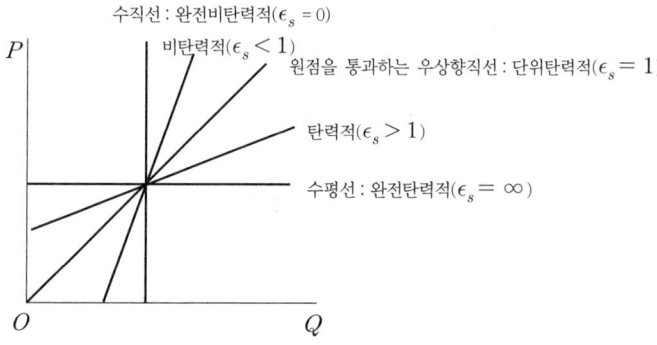

4) 농산물 공급탄력성의 특징
   ① 생산기간의 존재
      농산물은 일반재화와 달리 농산물가격변화에 따른 공급이 여러 가지 이유로 인해 즉각적으로 이루어지지 않아 시차가 존재하기 때문에 일반재화에 비해 상대적으로 비탄력적이다.
   ② 기술의 발달
      농업기술이 향상되거나 생산량을 증가시키는 경우 생산비 증가가 크지 않은 경우 농산물 시장가격 변화에 따른 공급량변화를 보다 능동적으로 수행할 수 있으므로 보다 탄력일 수 있으나 그렇지 못한 경우 보다 비탄력적이 된다.
   ③ 기간의 장기·단기
      단기적으로는 농산물공급에 필요한 자원의 획득, 파종이후 공급이 바로 이루어지지 않으므로 농산물가격이 상승해도 농산물 공급물량을 쉽게 늘릴 수 없으나, 장기적으로는 이러한 문제의 해결이 상대로 쉬워지기 때문에 장기의 경우가 상대적으로 보다 탄력적이 된다.
   ④ 부패성의 정도
      농산물의 부패성이 작거나 저장가능성이 높을수록 농산물가격에 대한 공급물량의 변화를 크게 할 수 있어 보다 탄력적이지만 부패성이 크거나 저장가능성이 낮을수록 농산물가격에 대한 공급물량의 변화를 크게 할 수 없어 보다 비탄력적이 된다.

03 균형가격

❶ 시장균형과 균형가격의 결정

(1) 균형의 개념

1) '균형'이란 일단 그 상태에 도달하면 다른 상태로 변화할 유인이 없는 상태를 말한다.
2) 균형가격과 균형수급량
   수요량과 공급량이 일치되어 정지상태에 있을 때의 가격을 '균형가격(P_0)'이라고 하며 이때의 수요량과 공급량을 '균형수급량(Q_0)'이라 하며 이는 수요곡선과 공급곡선이 교차하는 점이다.

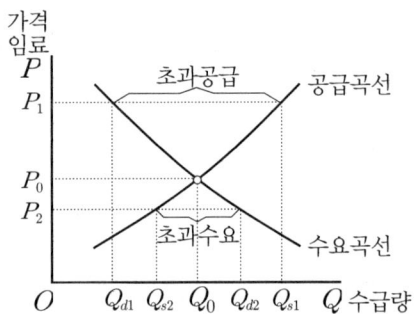

(2) 균형가격과 균형수급량의 결정과정

1) 가격이 높아질 경우에 균형가격과 균형수급량의 결정과정
   위의 그래프에서 균형가격은 P_0이지만 만약 가격이 P_1으로 높아지면 수요량은 Q_0에서 Q_{d1}으로 감소하고 공급량은 Q_0에서 Q_{s1}으로 많아져서 $Q_{s1} - Q_{d1}$ 만큼 초과공급이 발생하게 된다.
   이 때 시장에서는 공급자들은 가격을 인하하게 되며, 가격하락은 공급자들의 공급량을 감소시키며 수요자들의 수요량을 증가시켜 결국 균형가격(P_1)과 균형수급량(Q_0)에서 안정을 이루게 된다.

2) 가격이 낮아질 경우에 균형가격과 균형수급량의 결정과정
위와 반대로 만약 가격이 P_2으로 낮아지면 수요량은 Q_0에서 Q_{d2}으로 증가하고 공급량은 Q_0에서 Q_{s2}으로 적어져서 $Q_{d2} - Q_{s2}$만큼 초과수요가 발생하게 된다.
이 때 시장에서는 공급자들은 가격을 인상하게 되며, 가격 상승은 공급자들의 공급량을 증가시키며 수요자들의 수요량을 감소시켜 결국 균형가격(P_0)과 균형수급량(Q_0)에서 안정을 이루게 된다.

> **참 고**
>
> • 수요가 증가하고 수량이 불변인 경우
>   → 가격 상승, 수량 불변
>
>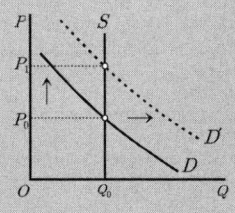
>
> • 수요가 증가하고 가격이 불변인 경우
>   → 가격 불변, 수량 증가
>
>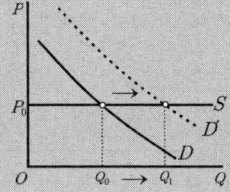

❷ 시장균형의 변동

(1) 수요와 공급이 각각 변동하는 경우

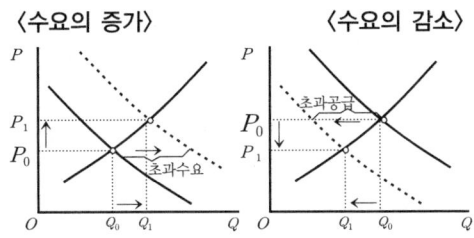

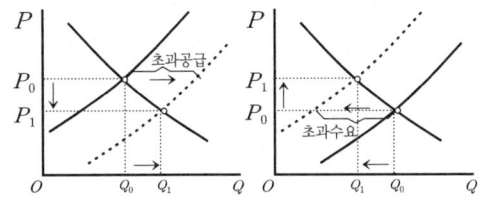

1) 수요가 증가할 경우
   초과수요가 발생하여 가격은 상승하고 균형수급량은 증가한다.
2) 수요가 감소할 경우
   초과공급이 발생하여 가격은 하락하고 균형수급량은 감소한다.
3) 공급이 증가할 경우
   초과공급이 발생하여 가격은 하락하고 균형수급량은 증가한다.
4) 공급이 감소할 경우
   초과수요가 발생하여 가격은 상승하고 균형수급량은 감소한다.

(2) 수요와 공급이 동시에 변동하는 경우

1) 수요와 공급이 같이 증가하는 경우
   시장가격은 상대적 증가에 따라 결정되며 수급량은 반드시 증가한다.
2) 한편, 수요증가와 공급증가가 불일치하는 경우 그 값이 큰 것이 변한 것과 결과가 같다.

수요증가 = 공급증가   수요증가 > 공급증가   수요증가 < 공급증가

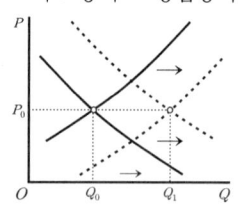
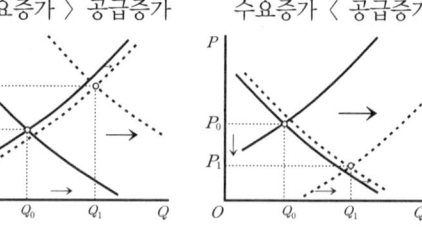

(3) 수요와 공급이 같이 감소하는 경우

1) 시장가격은 상대적 감소에 따라 결정되며 수급량은 반드시 감소한다.
2) 한편, 수요감소와 공급감소가 불일치하는 경우 그 값이 큰 것이 변한 것과 결과가 같다.

수요감소 = 공급감소   수요감소 > 공급감소   수요감소 < 공급감소

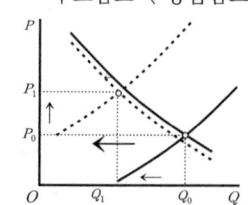

(4) 수요는 증가하고 공급은 감소하는 경우

1) 수급량은 상대적 증감정도에 따라 결정되며 시장가격은 반드시 증가한다.
2) 한편, 수요증가와 공급감소가 불일치하는 경우 그 값이 큰 것이 변한 것과 결과가 같다.

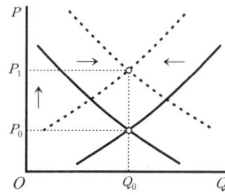 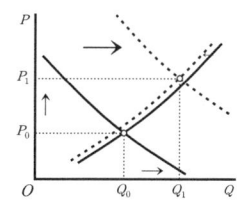 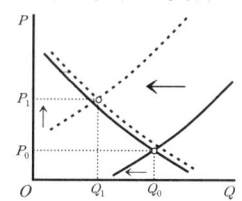

(5) 수요는 감소하고 공급은 증가하는 경우

1) 수급량은 상대적 증감정도에 따라 결정되며 시장가격은 반드시 감소한다.
2) 한편, 수요감소와 공급감소가 불일치하는 경우 그 값이 큰 것이 변한 것과 결과가 같다.

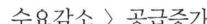

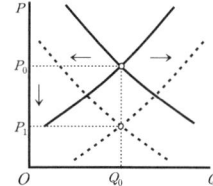 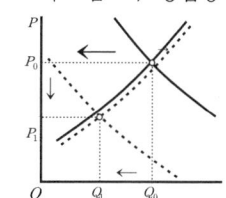 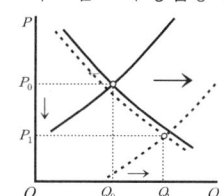

❸ 농산물 가격의 기능과 특징

(1) 가격의 기능

1) 가격(개별상품의 가치)
   상품 한 단위를 구입할 때 지불하는 화폐의 단위

   • 가격의 매개변수적 기능
   상품의 '수요량과 공급량이 일치'하도록 인도하는 가격의 기능

제4장 농산물 경제이론 | 125

> **5회 기출문제**
>
> 거미집이론에서 농산물 가격의 변동에 대한 설명으로 틀린 것은?
>
> ① 농산물 가격과 공급 간의 시차에 의한 가격변동을 설명한다.
> ② 공급이 수요보다 더 탄력적일 때 가격은 균형가격으로 점차 수렴한다.
> ③ 계획된 생산량과 실현된 생산량이 언제나 동일함을 가정한다.
> ④ 수요와 공급곡선의 기울기의 절대값이 같을 때 가격은 일정한 폭으로 진동하게 된다.
>
> ➡ ②

> **참 고**
>
> ● 거미집 이론의 기본가정
> 1) 수요는 금기(해당기간)의 가격에 의존하고
> 2) 공급은 전기의 가격에 의존한다.

2) 가격의 기능
   ① 합리적인 생산소비활동의 지표(indicator)가 된다.
   ② 경제활동의 신호
      ㉠ 가격 상승 -> 생산자의 생산증가, 소비자의 소비감소
      ㉡ 가격 하락 -> 생산자의 생산감소, 소비자의 소비증가
   ③ 경제질서 유지
      경제주체의 이기적 행동이 한정된 자원의 생산과 소비를 조절하여 경제질서가 유지되도록 한다.
   ④ (자율적) 배분의 기능
      ㉠ 자원의 배분
         소비자가 원하는 생산물을 생산하기 위하여 생산요소(자원)를 생산의 능률성을 지닌 생산자에게 배분하는 역할
      ㉡ 소득의 분배
         생산물의 판매를 통하여 얻은 수익을 생산에 기여한 각 생산 요소에게 배분

3) 농산물가격의 특징
   ① 농산물은 일반재화에 비하여 비탄력적이다.
   ② 농산물의 자연적 영향
      기후와 계절적 편재성으로 인해 농산물의 수급이 불안정하여 가격이 불안정하다.
   ③ 농산물의 용도의 다양성은 수확기의 수요측정을 어렵게 만들어 가격예측이 어렵다.
   ④ 농산물 가격의 지속성
      한번 형성된 가격은 일정기간 계속되는 경향이 있다.
   ⑤ 가격의 폭등·폭락(거미집이론)
      생산자는 전기(前期)의 가격을 기준으로 생산량을 결정하지만 수요자는 금기(今期)의 가격에 맞춰 수요량을 결정하므로 가격이 등락하는 경향이 있다.

❹ 거미집이론

수요의 반응에 비해 공급의 반응이 지체되어 일어나는 현상을 말한다. 가격의 변동에 대응하여 수요량은 대체로 즉각적인 반응을 보인다고 말할 수 있으나 공급량은 반응에 일정한 시간이 필요하기 때문에, 실제 균형가격은 이러한 시간차(time lag)로 말미암아 다소간의 시행착오(施行錯誤)를 거친 후에야 가능하게 된다. 이러한 현상을 수요공급곡선 상에 나타내면 가격이 마치 거미집과 같은 모양으로 균형가격에 수렴되므로 거미집이론이라 부른다.

> **참 고**
>
> ● **수렴형의 조건**
> 1) |수요곡선의 기울기| < |공급곡선의 기울기|
> 2) 수요의 가격탄력성 > 공급의 가격탄력성

(1) 의 의

거미집 이론은 에치켈(M. J. Eziekel)의 이론으로서 공급시차(time lag)를 도입한 미시동태이론이라고 볼 수 있다.

1) 수요자는 즉각적으로 금기(今期)의 시장가격에 적응하여 수요를 결정하지만, 공급자는 전기(前期)의 가격에 의존하여 금기(今期)의 공급량을 결정하는 식의 정태적 기대를 가정하고 있다.
2) 공급자가 금년도(장래)의 예상가격이 예전가격(과거)과 같아지리라고 예상하는 것이다.
3) 특히 이러한 양상은 투자의 회임(懷妊)기간이 긴 재화(생산기간이 장기)인 농산물이나 건축물의 가격파동에서 잘 나타난다.

(2) 거미집 이론의 모형

거미집 이론의 모형은 수요곡선 기울기와 공급곡선 기울기의 크기에 따라서 수렴형, 발산형, 순환형이 있는데 균형가격이 형성되는 모형은 수렴형이다.

1) 수렴형(장기동태균형의 안정성)

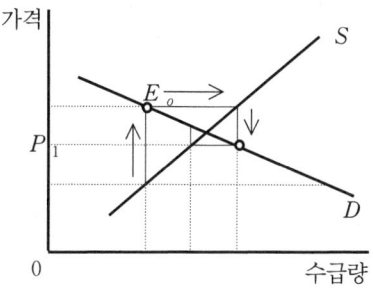

〈조건〉 공급의 탄력성 〈 수요의 탄력성
　　　　공급의 기울기 〉 수요의 기울기

① P_{-1}는 前期($t=-1$)의 가격을 의미하며, Q_0는 今期($t=0$)의 공급량을 의미한다.
② 즉, 공급의 경우 今期($t=0$)에도 前期($t=-1$)의 가격과 같을 거라고 보고 공급된 현재의 출하량은 Q_0을 지나는 수직선형태(더 이상 단기에는 출하량의 변화를 가져올 수 없는)의 단기 공급곡선으로 나타난다. 한편 이 때에도 공급자의 장기적인 공급의 의도는 여전히 우상향의 공급곡선(S)의 형태로 유지되어 있다.(가격이 상승하면 더 공급하려하고 가격이 하락하면 덜 공급하려 한다)
③ 이에 따라 今期($t=0$)의 균형점은 수직의 단기공급곡선과 수요곡선(D)이 교차하는 E_0이 되고 今期($t=0$)의 가격은 P_0로 결정되게 될 것이다.
④ 현재의 가격은 P_0로서 장기적인 의도의 공급가격(S) 높은 가격이므로 次期($t=1$)의 공급량은 Q_1으로 나타난다. 즉, 次期($t=1$)에도 今期($t=0$)의 가격수준(P_0)과 같을 거라고 보고 출하량을 결정하는 것이다. 이 결과 次期($t=1$)의 단기의 공급곡선은 Q_1을 지나는 수직선으로 나타나게 되는 것이며 次期($t=1$)의 새로운 균형점은 E_1이 되며 가격은 큰 폭으로 하락한 P_1이 되는 것이다.
⑤ 이러한 과정을 반복하면 균형점의 이동이 마치 거미집 모양과 유사하게 되며, 가격은 큰 폭으로 등락을 거듭하게 되는 변동을 보이게 되는 것이다.
⑥ 이러한 첫 번째 그림의 경우를 유심히 관찰해보면 공급곡선의 기울기가 수요곡선의 기울기보다 더 가파르게 그려져 있음을 알 수 있다. 이러한 경우는 시차가 존재하더라도 장기적으로는 점차 가격변동의 폭이 좁아지고 안정에 도달할 수 있는 경우가 된다.

2) 발산형(장기동태균형의 불안정성)

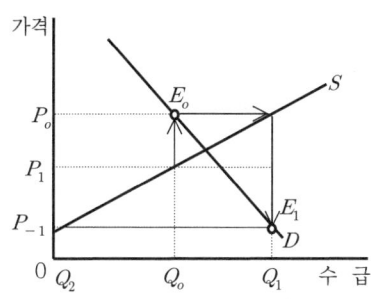

〈조건〉 공급의 탄력성 〉 수요의 탄력성
공급의 기울기 〈 수요의 기울기

3) 순환형

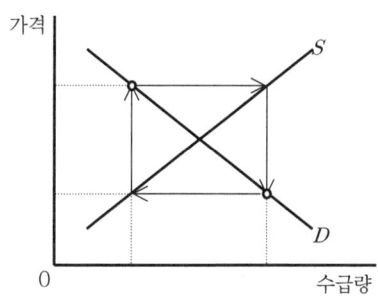

〈조건〉 공급의 탄력성 = 수요의 탄력성
공급의 기울기 = 수요의 기울기

> **참고**
>
> ● 발산형의 조건
> 1) |수요곡선의 기울기| > |공급곡선의 기울기|
> 2) 수요의 가격탄력성 < 공급의 가격탄력성
>
> **참고**
>
> ● 순환형의 조건
> 1) |수요곡선의 기울기| = |공급곡선의 기울기|
> 2) 수요의 가격탄력성 = 공급의 가격탄력성

콘-혹 사이클 [corn-hog cycle]

시장균형의 안정조건을 해명하려는 최초의 이론이며, 상이한 시점에서 농산물 가격과 그 산출량 간에 일어나는 순환변동을 설명하려는 이론으로서 미국에서 정립되었다. 가격이 순전히 수요와 공급의 관계에 의하여 결정된다면, 수요가 증가하여 가격이 오르면 공급도 증가(공급곡선의 우측이동)하여 가격을 원래의 수준으로 낮추는 작용을 하고, 결국 가격은 일정한 정상 수준을 유지하게 될 것이다. 그러나 실제에 있어서는, 가격의 상승이 공급량의 증가를 가져올 때까지는 얼마간의 시간이 경과되어야 한다. 특히 농산물이나 축산물의 공급을 증가시키기까지는 1년이나 2년의 장기간을 필요로 하는데, 이 공급의 지연이 독특한 가격파동을 발생시키는 것이다.

그 전형적인 예를 미국의, 특히 시카고 시장에 있어서의 옥수수와 돼지 가격의 순환운동에서 볼 수 있었다. 가령 어느 해의 옥수수가격이 돼지의 가격에 비해 상승한다면, 농민들은 옥수수의 경작면적을 늘리고 양돈 수를 줄이려 한다. 그 결과 다음 해에는 돼지의 공급량이 줄고 옥수수의 공급량이 증가하여 농민들의 기대와는 반대로 돼지가격이 상승하고 옥수수가격이 하락하는 상태에 직면하게 되는 것이다. 이리하여 가격과 생산량은 파상적으로 변화하게 되는 것이다. 이러한 현상은 농산물의 수급의 가격탄력성이 작기 때문에 일어나는 특수현상인데, 이 현상은 경제이론으로는 거미집이론(cobweb theorem)으로 일반화되고 있다.

[출처] 경제학사전, 박은태 편, 2011.3.9, 경연사

> **8회 기출문제**
>
> 농산물 유통비용과 가격에 관한 설명으로 옳은 것은?
>
> ① 유통비용이 증가하면 일반적으로 소비자가격은 하락한다.
> ② 유통비용 변화분은 소비자가격과 생산자가격의 변화폭을 합한 것이다.
> ③ 유통비용 변화에 따른 가격변화폭은 수요곡선의 이동폭에 따라 결정된다.
> ④ 공급이 수요보다 비탄력적이면 유통비용 증가는 생산자보다 소비자에게 더 큰 부담을 준다.
>
> ▶ ②

05 농산물의 유통비용

❶ 유통비용의 개념

농산물이 생산자로부터 소비자에게 이르는 과정에서 소유권이전기능, 물적유통기능, 유통조성기능 등을 수행하면서 발생하는 비용을 말한다.

일반적으로 유통비용이라고 하면 좁은 의미의 순수한 유통비용에 상업이윤을 포함한 넓은 의미의 유통비용을 말한다.

1) 좁은 의미의 유통비용

유통마진에서 상업이윤을 제외한 비용으로서 농산물이 생산자로부터 소비자에게 이르는 과정에서 발생한 모든 경제활동에 따르는 비용, 즉 선별, 포장, 수송, 하역, 저장, 가공 등에 소요된 비용, 광고비와 기타 매매관련 비용 등 물류활동 등을 실행하기 위하여 직접적, 간접적으로 소용된 총비용을 말한다.

2) 넓은 의미의 유통비용
   좁은 의미의 유통비용에 상업적 이윤을 더한 비용을 말한다.
3) 유통비용의 구성
   ① 직접비용
      수송비, 포장비, 하역비, 저장비, 가공비 등과 같이 직접적으로 유통하는데 지불되는 비용을 말한다.
   ② 간접비용
      점포임대료, 자본이자, 통신비, 제세공과금, 감가상각비 등과 같이 농산물을 유통하는데 간접적으로 투입되는 비용을 말한다.

❷ 유통마진

(1) 유통마진의 개념

1) 유통마진은 최종소비자의 농산물구입 지출금액에서 생산농가가 수취한 금액을 공제한 것이다.
2) 유통마진은 유통과정에서 증가된 효용의 합과 기능에 대한 대가로 표현된다.
3) 유통마진의 크기를 통하여 유통기관의 효율성을 판단할 수 있다.
4) 유통상품의 성질에 따라서 유통마진의 크기가 달라진다. 보관수송이 용이하고 부패성이 적은 농산물은 유통마진이 낮고, 부피가 크고 저장수송이 어려운 농산물은 유통마진이 높다.
5) 유통마진은 상품의 유통과정에서 수행되는 모든 경제활동에 수반되는 일체의 비용으로 인건비, 물류비는 물론 제세 공과금 및 감가상각비(감모비) 등도 포함되며, 일반적으로 유통마진은 크게 유통비용과 유통이윤으로 구성된다.

(2) 농산물 유통마진을 유통단계별로 살펴보는 경우

7회 기출문제

농산물 유통마진에 대한 설명으로 옳지 않은 것은?

① 소비자가 지불한 가격에서 농가가 수취한 가격을 뺀 금액이다.
② 유통비용과 유통이윤(상인이윤)의 합으로 구성된다.
③ 곡류보다 채소류의 유통마진이 상대적으로 더 높은 편이다.
④ 유통마진이 높다는 것은 곧 유통이 비효율적이라는 것을 의미한다.

➡ ④

10회 기출문제

농산물 유통마진에 관한 설명으로 옳은 것은?

① 부피가 크고 저장·수송이 어려울수록 낮다.
② 일반적으로 경제가 발전할수록 감소하는 경향이 있다.
③ 수집단계, 고매단계, 소매단계 마진으로 구성된다.
④ 소매상 구입가격에서 생산농가 수취가격을 공제한 것이다.

➡ ③

6회 기출문제

고구마 kg당 소비자가격은 1,500원이고, 유통마진율은 30%일 때 농가수취가격은 얼마인가?

① 450원
② 850원
③ 1,050원
④ 1,150원

➡ ③

제4장 농산물 경제이론 | 131

> **참 고**
>
> • 유통마진에 영향을 주는 요인
> 1) 저장성
> 2) 부패성
> 3) 가공성
> 4) 계절적 요인
> 5) 수송비용
> 6) 상품가치 대비 부피(무게)

1) 유통마진은 유통단계별 상품단위 당 가격차액으로 표시된다.
2) 농산물의 유통단계를 수집·도매·소매단계로 구분하면 각 단계별로 유통마진이 구성되고, 각 단계별 마진은 유통업자의 구입가격과 판매가격과의 차액을 말한다.
3) 대부분의 농산물은 소매단계에서 유통마진이 가장 높은 것으로 나타나고 있다.

(3) 농산물 유통마진과 유통능률

유통마진이 작다고 해서 반드시 유통능률이 높다고 할 수 없다.

(4) 유통마진의 구성

1) 유통마진의 기본개념

    유통마진 = 최종소비자 지불가격 − 생산농가의 수취가
    생산농가의 수취가격 = 최종소비자 지불가격 − 유통마진

2) 유통단계별 유통마진

    ① 유통마진의 구성

    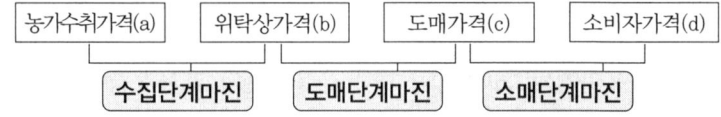

    ② 유통마진율

    ㉠ 수집단계마진율 = $\dfrac{\text{위탁상가격} - \text{농가수취가격}}{\text{위탁상가격}} = \dfrac{b-a}{b}$

    ㉡ 도매단계마진율 = $\dfrac{\text{도매가격} - \text{위탁상가격}}{\text{도매가격}} = \dfrac{c-b}{c}$

    ㉢ 소매단계마진율 = $\dfrac{\text{소비자가격} - \text{도매가격}}{\text{소비자가격}} = \dfrac{d-c}{d}$

    ㉣ 총 단계마진율 = $\dfrac{\text{소비자가격} - \text{농가수취가격}}{\text{소비자가격}} = \dfrac{d-a}{d}$

3) 농산물의 유통마진율이 높은 이유

    ① 부패성, 부피와 중량성, 규격화, 등급화의 곤란
    ② 계절적 편재성 : 출하시기 조절을 위한 비용 발생
    ③ 유통경로의 복잡성

④ 소규모 노동집약적 영농생산
⑤ 농산물시장 경쟁구조의 불완전성, 농업인과 일반소비자의 낮은 거래교섭력, 농산물가격의 불안정성에 따른 위험부담 등에 의해 중간상인의 유통이윤이 많다.
⑥ 경제발전에 따라 저장, 가공, 포장 등 유통 서비스가 증대하고 그에 따른 비용·이윤이 증대함에 오히려 농가수취율이 저하하는 경향이 있다.

> **4회 기출문제**
>
> 농산물 시장의 가격효율을 증대시키기 위해서는 완전경쟁적 시장형성이 되도록 유도해야 한다. 그러나 완전경쟁적 시장 형성이 미흡할 경우 가격효율을 증대시킬 수 있는 수단으로 볼 수 없는 것은?
> ① 이동, 저장, 분배 등 물적 유통비용 절감
> ② 소비지 도매시장 건설
> ③ 유통정보 기능 강화
> ④ 표준화와 등급화 실시
>
> ▶ ①

06 농산물 시장

(1) 농산물 시장의 개념

농산물의 생산자와 소비자가 거래하는 장소 또는 관계(구체적 시장+추상적 시장)라고 표현된다. 농산물시장은 비조직화된 다수의 생산자와 소비자가 존재하므로 완전경쟁시장으로 분류된다.

(2) 시장의 형태

구분	경쟁적 시장		독과점 시장	
	완전 경쟁	독점적 경쟁	독점	과점
공급자의 수	다수	다수	하나	소수
상품의 질	동질	이질	동질	동질 또는 이질
진입장벽	없음	없음	있음	있음
사례	증권시장 농산물시장	미용실, 주유소 상품차별화	전기, 철도, 수도	휴대폰, 자동차, 가전제품.

제4장 농산물 경제이론 | 133

> **참 고**
>
> ● 완전경쟁·불완전경쟁시장
>
> 1) 완전경쟁시장 : 어느 기업도 시장가격에 영향을 미칠 수 없을만큼 경쟁이 이루어지고 있는 시장
> 2) 독점적 경쟁시장 : 한 기업이 어느 정도의 독점력을 가지고 있는 시장
> 3) 과점시장 : 한 기업이 아닌 몇 개의 소수기업이 시장 대부분을 독차지하고 있는 시장
> 4) 독점시장 : 하나의 기업이 시장 전체를 지배하고 있는 시장

4회 기출문제

과점시장의 특징에 대한 설명으로 맞는 것은?

① 한 시장에 소수의 판매자로 구성되어 있기 때문에 판매자의 가격정책은 상호 의존성이 없다.
② 한 시장에 소수의 판매자가 존재하는 경우로서 생산물이 동질적일 수도 있고 이질적일 수도 있다.
③ 한 기업은 시장 전체에 비해 상대적으로 그리 크지 않기 때문에 시장 전체의 판매량을 크게 변화시키지 못한다.
④ 과점시장의 수요곡선은 시장 전체의 수요곡선이 된다.

➡ ②

개별기업이 가격에 영향을 미칠 수 없는 것 (가격순응자)	단기적 초과이윤이지만 유사상품 등장으로 장기적 초과이윤상실	자원의 효율적 배분을 저해함	소수의 공급자가 시장을 지배하기 위해 담합, 카르텔 형성

1) 완전경쟁시장

가격이 완전경쟁에 의해 형성되는 시장을 말한다. 즉 시장 참가자의 수가 많고 시장참여가 자유로우며 각자가 완전한 시장정보와 상품지식을 가지며 개개의 시장참가자가 시장 전체에 미치는 영향력이 미미한 상태에서 그곳에서 매매되는 재화가 동질일 경우 완전한 경쟁에 의해 가격이 형성되는 시장을 말한다.

〈 완전경쟁시장의 조건 〉
  ㉠ 다수의 공급자와 다수의 수요자가 존재
     (특정 경제주체가 영향력을 발휘할 수 없는 상태)
  ㉡ 시장진퇴의 자유
  ㉢ 상품의 동질성
  ㉣ 시장정보의 완전공개 및 접근의 자유

2) 독점적 경쟁시장

생산물의 차별화를 수반하는 경쟁으로 완전경쟁시장과 독과점시장의 성격을 함께 지니고 있는 시장. 이 시장의 특성은 다수의 공급자들이 존재하고, 공급자마다 어느 정도 특징적인 상품을 시장에 공급하고 있다는 점이다. 상품의 특수성은 여러 가지 형태를 취할 수 있다. 재화의 경우는 같은 상품이라도 상표·디자인·품질상의 차이가 있다.

3) 독점시장

한 상품의 공급이 하나의 기업에 의해서만 이루어지는 시장형태. 이 단일기업을 독점기업이라 하고 독점기업이 공급하는 재화나 용역을 독점상품이라 한다. 독점시장의 예로는 전력 서비스를 생산하는 전력사업, 식수를 생산하는 상수도

사업 등을 들 수 있다. 독점기업 중에서 대표적인 것은 철도·상하수도 등의 공기업으로 엄청난 투자자금이 소요되고, 필요성에 비해 수익성은 불확실하여 정부가 투자한 경우이다.

한편, 생산량이 늘어남에 따라 단위당 생산비용이 감소하는 규모의 경제가 존재하는 경우에도 독점기업이 발생한다. 일반적으로 생산량이 확대됨에 따라 단위당 생산비용은 증가하는 경우가 보통이지만, 규모의 경제가 존재하는 경우에는 가장 큰 규모의 기업 외에는 모든 기업들이 비용상 열세에 놓이게 되어 시장에서 쫓겨난다

4) 과점시장

소수의 생산자, 기업이 시장을 장악하고 비슷한 상품을 생산하며 같은 시장에서 경쟁하는 시장 형태를 말한다. 우리나라의 경우 이동통신회사가 과점시장의 대표적인 예라고 할 수 있다. 수요자는 국민 대다수인데, 3개 이동통신회사가 서비스를 공급하며 시장을 장악하고 있기 때문이다. 이런 과점시장의 특징은 가격이 잘 변하지 않는다는 점이다. 공급자가 값을 올리면 고객들을 다른 공급자에게 빼앗길 우려가 있기 때문이다.

MEMO

제4장 기출예상문제 연구

1. 농산물 유통비용과 가격에 관한 설명으로 옳은 것은?

① 유통비용이 증가하면 일반적으로 소비자가격은 하락한다.
② 유통비용 변화분은 소비자가격과 생산자가격의 변화폭을 합한 것이다.
③ 유통비용 변화에 따른 가격변화폭은 수요곡선의 이동폭에 따라 결정된다.
④ 공급이 수요보다 비탄력적이면 유통비용 증가는 생산자보다 소비자에게 더 큰 부담을 준다.

정답 및 해설 ②

① 유통비용의 증가는 최종소비가격에 반영되므로 소비자가격은 증가한다.
③ 유통비용은 공급자의 가격을 결정하는 요인이므로 공급곡선의 이동폭에 따라 결정된다.
④ 유통비용의 증가→가격의 상승
  유통비용의 증가는 생산자에게 소득의 증가를 주지 않으면서 소비량감소의 부담을 준다. 소비자는 탄력적으로 소비량을 줄일 수 있기 때문이다.

2. 농산물 가격이 10% 오를 때 수요량은 10% 이상 감소하지 않는다면 이에 알맞은 것은?

① 수요는 탄력적이다.
② 수요는 비탄력적이다.
③ 가격은 탄력적이다.
④ 가격은 비탄력적이다.

정답 및 해설 ②

탄력성은 수요와 공급의 (가격) 탄력성이다. 가격의 변화율 분모, 수요량의 변화율 분자
⇒ 값은 1보다 작다.

3. 어떤 농산물의 가격이 20% 하락하였는데 판매량은 15% 증가하였다. 다음 중 적절한 표현은?

① 수요와 공급이 비탄력적이다.
② 수요가 비탄력적이다.
③ 수요는 탄력적이나 공급은 비탄력적이다.
④ 공급이 비탄력적이다.

정답 및 해설 ②

판매량은 수요량이다. 수요의 탄력도 = $\frac{15\%}{20\%}$ 〈 1 =〉 비탄력적

4. 다음 중 농산물 가격특성에 대한 설명으로 옳지 않은 것은?

① 소득탄력성의 경우 곡물보다 쇠고기 품목이 더 높다.
② 일반적으로 농산물 수요는 소득에 대해 비탄력적이다.
③ 농산물 가격의 불안정성은 수요와 공급이 가격변화에 대해 탄력적이기 때문이다.
④ 농산물 품목간 대체가 어려울 경우 수요의 가격탄력성은 낮다.

정답 및 해설 ③

①② 곡물은 필수재라 비탄력적이지만 쇠고기는 필수재는 아니고 우등재에 해당한다.
③ 수요, 공급 모두 비탄력적이어서 가격이 불안정하다.
④ 대체품목이 많을수록 수요의 가격탄력성은 높다.

5. 버즈(Buse, R, C)는 쇠고기의 수요탄력성은 돼지고기 및 닭고기의 수요탄력성과 연관 지어 계측되어야 한다고 하였다. 즉 어떤 재화의 가격이 1% 변화할 때, 해당 재화와 관련된 재화들의 수요에 발생되는 동시적인 변화를 고려한 이후의 수요량 변화율을 나타내는 탄력성은 무엇인가?

① 수요의 가격 탄력성
② 대체탄력성
③ 총탄력성
④ 수요의 교차탄력성

정답 및 해설 ④

$$\text{수요의 교차탄력도} = \frac{\text{돼지고기(닭고기)의 수요량 변화율}}{\text{쇠고기의 가격변화율}}$$

6. 거미집이론에서 농산물 가격의 변동에 대한 설명으로 틀린 것은?

① 농산물 가격과 공급 간의 시차에 의한 가격변동을 설명한다.
② 공급이 수요보다 더 탄력적일 때 가격은 균형가격으로 점차 수렴한다.
③ 계획된 생산량과 실현된 생산량이 언제나 동일함을 가정한다.
④ 수요와 공급곡선의 기울기의 절대값이 같을 때 가격은 일정한 폭으로 진동하게 된다.

정답 및 해설 ②

① 생산자는 전기(前期)의 가격에 맞춰 생산량을 결정하지만 소비자는 금기(今期)의 가격에 수요량을 결정하는 시차가 존재한다.
② 수렴형 조건 : 공급의 탄력성 〈 수요의 탄력성
③ 가정상 생산량의 변동은 없는 것으로 본다.
④ 순환형, 안정형, 진동형

7. 농산물 유통마진에 대한 인식 중 가장 적절한 것은?

① 일반적으로 경제가 발전하면 유통마진이 감소되는 경향이 있다.
② 유통마진이 작다고 해서 반드시 유통능률이 높다고 할 수 없다.
③ 중간상인을 배제시키면 반드시 유통마진이 감소하고 농가수취물이 높아진다.
④ 유통마진이 감소하면 생산자 수취가격은 높아지고 소비자 지불가격도 높아진다.

정답 및 해설 ②

① 경제가 발전하면 사회분화가 진전되고 생산부문과 소비부문의 접점이 멀어지고 다양해진다. 따라서 유통마진은 증가한다.
③ 중간상인이 개입하므로서 적절한 유통기능을 수행된다면 직거래의 위험을 제거할 수 있다.
④ 유통마진은 소비자 지불가격에서 생산자 수취가격을 뺀 금액이라는 말이지 양 가격의 크고 적음에 관여하는 용어는 아니다.

8. 농산물 유통마진에 대한 설명으로 옳지 않은 것은?

① 소비자가 지불한 가격에서 농가가 수취한 가격을 뺀 금액이다.
② 유통비용과 유통이윤(상인이윤)의 합으로 구성된다.
③ 곡류보다 채소류의 유통마진이 상대적으로 더 높은 편이다.
④ 유통마진이 높다는 것은 곧 유통이 비효율적이라는 것을 의미한다.

정답 및 해설 ④

② 넓은 의미의 유통마진
③ 채소류의 부패성은 저온저장비용을 발생시키고 가격에 비하여 부피가 크다는 점은 운송비의 상대적 증가를 야기한다.
④ 유통비용의 다소가 유통의 효율성을 판단하는 척도가 되지는 못한다.

9. 다음 중 농산물 유통효율이 향상되는 경우는?

① 동일한 수준의 산출을 유지하면서 투입 수준을 증가시키면 유통효율이 향상된다.
② 시장구조를 불완전 경쟁적으로 유도하면 유통효율이 향상된다.
③ 유통활동의 한계생산성이 1보다 클 때 유통효율이 향상된다.
④ 유통작업이 노동집약적으로 이루어질 때 유통효율이 향상된다.

정답 및 해설 ③

유통효율이 높다는 의미는 투입에 비하여 산출이 많다는 것을 말한다.

효율성(E) = $\dfrac{output}{input}$ > 1인 상태이다.

① 투입이 늘어도 산출이 동일하다면 E<1
② 불완전경쟁시장은 가격결정자가 시장기능이 아닌 다른 수단을 통하여 가격을 왜곡시키므로 비효율적일 수 있다.
③ 한계생산성 : 단위당 투입에 대응한 단위당 산출량, 이것이 1보다 크다면 효율적이다
④ 자본집약적 작업이 규모의 경제를 실현한다.(노동력을 기계가 대체할 때)

10. 과점시장의 특징에 대한 설명으로 맞는 것은?

① 한 시장에 소수의 판매자로 구성되어 있기 때문에 판매자의 가격정책은 상호 의존성이 없다.
② 한 시장에 소수의 판매자가 존재하는 경우로서 생산물이 동질적일 수도 있고 이질적일 수도 있다.
③ 한 기업은 시장 전체에 비해 상대적으로 그리 크지 않기 때문에 시장 전체의 판매량을 크게 변화시키지 못한다.
④ 과점시장의 수요곡선은 시장 전체의 수요곡선이 된다.

정답 및 해설 ②

① 과점시장의 경우 대부분 과점기업이 독자적인 의사결정을 하며, 그러한 의사결정시 다른 기업의 반응을 고려한다는 특징을 가진다.
② 휴대폰, 자동차시장이 과점시장의 예이다.
③ 2~3개 기업이 시장 전체 판매량을 차지한다.
④ 완전경쟁시장의 수요곡선이 시장 전체의 수요곡선이 된다.

11. 유통마진에 대한 설명 중 관계가 먼 것은?

① 상품의 유통과정에서 수행되는 모든 경제활동에 수반되는 일체의 비용이다.
② 일반적으로 유통마진은 유통비용과 유통이윤으로 구성된다.
③ 유통비용에는 물류비, 인건비 등이 포함되나 감모비는 포함되지 않는다.
④ 상품의 유통마진은 소비자 지불가격과 생산자 수취가격의 차이이다.

정답 및 해설 ③

직접비용 : 수송비, 포장비, 하역비, 저장비, 가공비 등
간접비용 : 인건비, 점포임대료, 자본이자, 통신비, 제세공과금, 감가상각비 등

12. 농산물 시장의 가격효율을 증대시키기 위해서는 완전경쟁적 시장형성이 되도록 유도해야 한다. 그러나 완전경쟁적시장 형성이 미흡할 경우 가격효율을 증대시킬 수 있는 수단으로 볼 수 없는 것은?

① 이동, 저장, 분배 등 물적 유통비용 절감
② 소비지 도매시장 건설
③ 유통정보 기능 강화
④ 표준화와 등급화 실시

정답 및 해설 ①
② 접근성 ③ 완전한 정보제공 ④ 거래의 투명성

13. 공급독점시장(monopoly market)에 대한 설명으로 옳은 것은?

① 공급곡선이 존재하지 않는다.
② 한계수입(한계수익)곡선은 수요곡선 위에 위치한다.
③ 최적산출량은 한계비용곡선과 수요곡선이 만나는 점에서 결정된다.
④ 소수의 기업이 전략적 행위를 통해 이윤극대화를 추구한다.

정답 및 해설 ①
① 독점기업은 가격결정자이다. 즉, 주어진 가격에 생산량을 얼마나 결정할 것인가의 문제는 무의미하다.
   독점기업은 가격과 공급수량을 수요곡선상에서 결정한다.
② 독점기업의 이윤극대화 조건
   - 완전 경쟁 시장의 기업 : P = MR(한계수입) = MC(한계비용)
   - 독점 기업 : P > MR = MC
   독점기업은 한계수입과 한계비용이 가격과 일치하는 점보다 더 위에 가격을 위치시킨다.
③ 완전경쟁시장에서
④ 소수의 기업이 존재한다면 과점시장이다.

14. 고구마 kg당 소비자가격은 1,500원이고, 유통마진율은 30%일 때 농가수취가격은 얼마인가?

① 450원
② 850원
③ 1,050원
④ 1,150원

정답 및 해설 ③

유통마진율 = $\dfrac{\text{소비자지불가격} - \text{농가수취가격}(X)}{\text{소비자지불가격}}$ = $\dfrac{1,500 - X}{1,500} \times 100 = 30$

MEMO

제 5 장
농산물 마케팅

농산물 마케팅
기출예상문제 연구
마케팅 집중문제

MEMO

농산물 품질관리사 대비

제 5장 | 농산물 마케팅

01 마케팅 일반

❶ 마케팅 일반

(1) 마케팅의 의의

1) 생산자가 상품 또는 서비스(용역)를 소비자에게 유통시키는 데 관련된 모든 체계적 경영활동을 말하며, 매매 자체만을 가리키는 판매보다 훨씬 넓은 의미를 지니고 있다.
2) 마케팅은 수요를 관리하는 과학이다.
3) 마케팅이란 생산자로부터 소비자나 산업사용자에게로 상품과 용역이 이동되는 과정에 포함된 모든 경제활동을 의미한다.
4) 마케팅이란 조직이나 개인이 자신의 목적을 달성시키기 위하여 교환을 창출하고 유지할 수 있도록 시장을 정의하고 관리하는 과정이다.
5) 마케팅이란 기업이 고객을 위하여 가치를 창출하고 고객관계를 구축하여 고객들로부터 그 대가를 얻는 과정으로 정의될 수 있다.

(2) 마케팅의 기능

1) 제품관계 : 신제품의 개발, 개량, 포장, 디자인 등
2) 시장거래관계 : 시장조사, 수요예측, 판매경로의 설정, 가격정책 등
3) 판매관계 : 판매원 인사, 동기부여, 판매활동 등
4) 판매촉진관계 : 광고, 선전, 판촉, 관계유지 등

> **참 고**
>
> - 마케팅 조사와 판매예측
>   1) 마케팅 조사는 마케팅 관리자가 의사결정에 도움이 되는 정보를 얻기 위한 것이다.
>   2) 마케팅 조사는 정확한 판매예측을 위해서 판매예측 전에 시행한다.

> **5회 기출문제**
>
> 마케팅부서에 의해 통제되는 마케팅 환경요인에 속하지 않는 것은?
>
> ① 표적시장의 선정
> ② 소비자의 인식조사
> ③ 사업영역의 결정
> ④ 마케팅믹스의 구성
>
> ➡ ③

> **7회 기출문제**
>
> 농산물 마케팅 환경분석에 대한 설명으로 옳지 않은 것은?
>
> ① 강점과 약점, 기회와 위협 요인을 분석하는 SWOT분석이 자주 이용된다.
> ② 미시적 환경요인은 유통업자 스스로의 마케팅 노력에 의해 변경이나 개선이 불가능하다.
> ③ 미시적 환경요인에는 고객, 경쟁업자, 중간상인, 원료 공급업자 등이 포함된다.
> ④ 거시적 환경요인에는 인구통계학적 환경, 경제적 환경, 자연적 환경, 사회적·문화적 환경 등이 포함된다.
>
> ➡ ②

5) 조정 : 마케팅 각 관련 활동의 종합적 조정을 통한 시너지 효과 창출

(3) 마케팅 조사

1) 의의

마케팅 리서치란 마케팅에서 발생하는 여러 가지 문제의 해결을 위해 과학적 방법을 응용한 것으로 조사 대상을 구매자·판매자·소비자로 분류하고 그들의 태도·기호·습관·선호도·구매력 등을 조사한다. 또 상품의 유통경로, 가격책정, 상품의 디자인 등도 고려된다.

2) 종류

① 광고조사 : 광고효과의 평가
② 시장분석 : 상품의 판매가능성을 예측
③ 성과분석 : 판매·판매성과·시장점유율·비용·이윤 등의 면에서 목적성취도를 분석
④ 물적유통조사 : 유통경로에 따른 제조업자의 효율성을 증대시키기 위한
⑤ 상품조사 : 상품 사용자의 필요성에서부터 상품포장 디자인 검토

3) 절차

㉠ 예비조사-㉡ 문제설정-㉢ 조사계획 수립-㉣ 자료수집 및 정리-㉤ 결과해석-㉥ 결과보고

(4) 마케팅 환경

마케팅환경은 환경과 목표고객 사이에서 마케팅 목표실현을 위해 수행되는 관리활동에 영향을 미치는 여러 행위주체와 영향요인을 말한다.

1) 미시적 환경 : 마케팅활동에 직접 참여하고 있는 각 주체를 말한다. 기업, 원료공급자, 고객, 공공, 경쟁기업, 중간상 등

① 기업내부환경

마케팅관리자가 마케팅계획을 수립하려면 기업내부의 여타 부서를 고려하여야 한다. 이처럼 마케팅계획의 수립에 영

향을 미치고 있는 기업내부의 상호 관련된 부서를 기업내부 환경이라 한다. 기업이 성공하기 위해서는 경쟁자에 비해서 보다 큰 고객가치와 고객만족을 제공할 수 있는 능력을 가지고 있어야 한다.

② 공급업자

기업이 제품이나 서비스를 생산하는 데 필요한 자원을 조달해 주는 개인이나 기업을 말하며, 중간상, 물류기업, 마케팅 서비스 기관, 금융기관 등이 해당된다.

③ 공공

공공기업이란 기업이 자신의 목적을 달성할 수 있는 능력에 실제적 혹은 잠재적 영향을 미치는 모든 집단으로 금융기관, 언론매체, 정부, 시민단체 등을 말한다.

2) 거시적 환경 : 사회, 경제, 자연, 기술, 정치, 문화적 환경 등

① 자연적 환경

기업의 투입물로서 필요로 하거나 마케팅활동에 영향을 받는 자연자원을 말하며, 원자재의 부족, 에너지 비용의 상승, 환경오염 증가, 자연환경의 보전과 공해방지를 위한 정부의 규제와 간섭 증대 등과 같은 자연환경의 변화추세에 대응해야 한다.

② 사회적 환경

인구의 규모, 밀도, 종교, 지역성, 연령별 구조, 성별구조, 인종별 구조, 직업별 구조 등

③ 경제적 환경

소비자의 구매력과 소비구조에 영향을 미치는 모든 요인을 말하며, 국민소득 증가율, 소비구조의 변화, 가계수지 동향 등이 있다.

④ 기술적 환경

기술혁신 등 새로운 제품 등을 창조하는 데 영향을 미치는 모든 영향력을 말한다.

⑤ 정치적 환경

특정사회의 조직이나 개인에게 영향을 미치거나 이들의 활동에 제한을 가하는 법률, 정부기관, 압력집단 등을 말한다.

⑥ 문화적 환경
특정 사회의 기본적 가치관, 인식, 선호성, 행동 등에 영향을 미치는 모든 제도나 영향력을 말한다.

(5) 마케팅 관리
1) 의의 : 이윤, 매출성장, 시장점유율 등 조직목표를 효과적으로 달성하기 위하여 고객과의 유익한 교환관계를 개발하고 유지하기 위한 프로그램을 계획, 실행, 통제, 보고하는 경영관리 활동이다.
2) 마케팅관리의 목표
① 매출극대화
② 이윤극대화
③ 지속적 성장

❷ 마케팅 조사 방법론

(1) 마케팅 조사(시장조사)의 개념 [출처 : goldfarm, www.hunet.co.kr]
1) 의의
시장 조사란 과거와 현재상황을 조사, 분석하여 미래를 예측함으로써 시장전략 수립의 지침을 제공하는 미래지향적 활동으로써, 마케팅 의사 결정을 위해 다양한 자료를 체계적으로 획득하고 분석하는 과정을 말한다. 즉 기업이 추구하는 목적 달성을 위한 수단인 전략이나 정책을 수립하는데 필요한 시장 정보를 얻기 위해 각종 자료를 수집, 분석하는 일련의 과정을 말한다.
시장조사를 구체적으로 나누어보면 목표시장, 경쟁상황, 기업환경에 대한 자료를 수집하고 분석하는 작업이고, 이런 과정을 통해서 나온 정보는 기업의 전략적인 의사결정에 도움을 주게 된다.
2) 시장조사의 목적과 활용
① 기초자료의 수집 : 시장 성격의 분석 자료로 활용

6회 기출문제

농산물마케팅에서 거시적 환경요인에 해당하는 것은?

① 금융회사
② 가처분소득
③ 농산물 물류시설
④ 유통조직 관리자

➡ ②

4회 기출문제

농산물마케팅 환경을 분석할 때 직접적으로 고려해야 할 요인에 해당되지 않는 것은?

① 소비자의 농산물 기호변화 등 소비구조의 변화
② 경쟁자의 생산량, 가격정책 등 경쟁환경의 변화
③ 국내외 정치상황, 지역분쟁 등 정치적 요인의 변화
④ 농산물 유통기구, 유통경로 등 시장구조의 변화

➡ ③

관련 기출문제

다음은 마케팅전략 수립을 위한 상황분석이다. ( )안의 용어로 옳은 것은?

기업 내부여건으로 ( )과(와) ( ), 기업 외부요인으로 ( )과(와) ( )을(를) 분석한다.

① 기회 - 강점 - 약점 - 위협
② 강점 - 기회 - 위협 - 약점
③ 강점 - 약점 - 기회 - 위협
④ 기회 - 위협 - 강점 - 약점

➡ ③

② 판매 가능한 수요를 예측
③ 계획사업의 경제성 분석
④ 정보수집

3) 시장조사의 이점
① 구매력(Purchasing Power)과 구매습관(Buying Habit)을 알려준다.
② 목표시장의 자금규모와 경제적 속성 등을 밝혀준다.
③ 환경적인 요인에 대한 시장정보는 생산성과 사업운영에 영향을 미치는 경제적 및 정치적 환경, 제도 등을 알려준다.
④ 현재 및 미래고객과의 커뮤니케이션을 제공한다. 즉, 확실한 시장조사를 하게 되면, 고객들과 직접 대화할 수 있는 효과적이고 목적 지향적인 마케팅 전략을 세울 수 있다.
⑤ 시장조사는 사업아이템의 리스크를 최소화 시켜주고, 사업아이템이 지닌 제반문제가 무엇인지 알려주고 그 문제를 구체화시켜준다.
⑥ 시장조사는 유사한 사업에 대한 벤치마킹을 할 수 있도록 도와주며, 사업 프로세스의 추적 및 사업의 성공가능성을 평가할 수 있도록 해 준다.

4) 시장조사의 단점
① 대체로 응답자의 마음 심층까지 파고 들어갈 수 없으므로, 얻어진 정보가 피상적일 수 있다.
② 주어진 요소 간의 관계를 분석하는 과정에서 오류를 범하기 쉽다 (다양한 요소들의 관계를 고찰할 때 모든 것을 단순화시킬 수도 없고 통제할 수도 없기 때문에 복잡하거나 중요하지만 드러나지 않는 다른 변수를 찾지 못할 수 있다.)
③ 대체로 한번(at single moment in time)에 끝나게 되므로 계속적인 추적 관찰을 통한 자료 수집이 불가능하다.
④ 많은 정보의 수집에 비례해서 비용과 노력이 적게 드는 것이지만, 예상외로 많은 비용과 노력이 들 수도 있다.
⑤ 많은 시간과 인원을 투입해야 하는 경우도 발생한다.

⑥ 조사자의 능력, 경험, 기술 등이 문제가 된다.
5) 시장을 조사하는 측정 요소
① 성장 잠재력(시장 매출액/ 수명주기)
② 조기진입 가능성(진입순서/ 상품과 마케팅 우위)
③ 규모의 경제(누적 매출량/ 학습)
④ 경쟁적 매력도(잠재시장의 점유율/ 경쟁의 정도)
⑤ 투자(비용/ 기술/ 인력에의 투자)
⑥ 수익(이익/ ROI)
⑦ 위험(안정성/ 손실확률)

(2) 시장조사 단계

문제제기 → 조사설계 → 자료수집 → 자료분석 → 보고

1) 문제제기
    조사를 통해 해결해야 할 문제 자체와 그 문제들이 야기된 배경에 대한 분석이 병행되어야 한다.
2) 시장조사 설계
    ① 조사하는 목적이 무엇인지, 현재 봉착한 문제가 무엇인지, 현재 시점에서 세울 수 있는 가설은 어떠한지 등에 대한 검토
    ② 이용될 조사 방법을 제시하고, 조사 시 따라야 할 전반적인 틀을 설정하며, 자료 수집절차와 자료분석 기법을 선택
    ③ 예산을 편성하고 조사일정을 작성하고, 소요될 인원, 시간 및 비용 고려
    ④ 시장조사 설계를 평가하고 여러 대안 중 필요한 정보를 제공할 수 있는 방법 채택
3) 자료 수집
    ① 1차 자료 : 자신이 직접 수집하는 자료(직접 질문, 전화, 설문조사, 면접 등)
    ② 2차 자료 : 각종 문헌, 신문이나 잡지, 인터넷 검색엔진 이용
4) 자료의 분석, 해석 및 전략보완과 수정 후 보고

(3) 시장 조사 방법의 유형

1) 조사대상의 크기에 따라
   ① 전수조사 : 목표로 하는 조사 대상 모두를 대상으로 실시하는 방법
   ② 표본조사 : 목표 조사 대상 중에서 대표성을 가지는 일부 대상만을 선정하여 실시하는 방법
2) 시간적 구분에 따라 : 역사조사, 사례조사, 예측조사, 실태조사
3) 자료수집방법에 따라 : 정량적(quantitative) 조사방법, 정성적(qualitative) 조사방법
4) 조사 설계의 목적에 따라
   ① 탐색(exploration)을 위한 조사연구 : 자유응답식 면접방법을 사용하여 문제의 소재를 발견하는데 주안점을 두므로, 차후에 보다 체계적인 연구를 위한 탐사적 또는 예비적 연구의 성격
   ② 기술(description)을 위한 조사연구 : 어떤 현상을 정확히 측정하려는 것으로서 신문독자조사, 방송시청조사 등으로 조사연구들의 기초적 연구
   ③ 인과관계의 설명(causal explanation)을 위한 조사연구 : 어떤 주어진 현상에 관련된 변인들 사이의 인과관계를 규명해서 밝히려는 연구로
   ④ 가설검증(hypothesis testing)을 위한 조사연구 : 어떤 계획된 프로그램의 과정과 결과를 검토 또는 평가하기 위한 것
   ⑤ 예측(prediction)을 위한 조사연구 : 어떤 미래의 사상(event)이나 상황에 대한 예측을 위한 것으로 선거결과를 예측하기 위한 여론조사가 대표적임
   ⑥ 지표개발(developing indicator)을 위한 조사연구 : 사회지표의 개발을 위한 TV의 시청률, 광고비의 증가추세를 조사해서 그것을 나타내는 어떤 지표를 개발하는 것

(4) 시장조사의 기법

1) 관찰법

조사대상이 되는 사물이나 현상을 조직적으로 파악하는 방법이다. 관찰법은 직접 관찰을 통해 정보를 수집하기 때문에 정확한 정보를 수집할 수 있다는 장점을 지니나, 정보수집 과정에 많은 시간과 비용이 소요되며, 관찰 대상자가 관찰을 의식해 평소와 다른 반응을 보이거나 불안을 느끼게 되는 등의 단점을 지닌다.

① 자연적 관찰법 : 인위적인 통제 없이 자연적인 상태에서 관찰
  ㉠ 일화법(逸話法:anecdotal method)
  ㉡ 수시면접
  ㉢ 참가관찰
② 실험적 관찰법 : 치밀한 계획과 설계하에 조건상황을 만들고 관찰

2) 서베이조사법

서베이조사법은 설문지를 이용하여 조사대상자들로부터 자료를 수집하는 방법으로
① 대인면접법(Personal Interview)
② 전화면접법(Telephone Interview)
③ 우편조사법(Mail Survey)

3) 표적집단면접법

면접진행자가 소수(6~12인)의 응답자들을 한 장소에 모이게 한 후, 자연스러운 분위기 속에서 조사목적과 관련된 대화를 유도하고 응답자들이 의견을 표시하는 과정을 통해서 자료를 수집하는 조사방법을 말한다.

■ **심층면접법 과 집단면접법**
심층면접법 : 1명의 응답자와 일대일 면접을 통해 소비자의 심리를 파악하는 조사법
집단면접법 : 4-8인 정도의 피조사자를 한곳에 모아 일정한 문제를 중심으로 자유로운 토론을 행하게 하고 피조사자의 태도나 의견에서 문제점을 파악하려는 것이다.

4) CLT(Central Location Test)조사

응답자를 일정한 장소에 모이게 한 후 다양한 시제품, 광고

커피 등을 제시하고 소비자반응을 조사하여 이를 제품개발이나 광고에 활용하는 방법을 말한다.

5) HUT(Home Usage Test)조사

CLT조사와 유사하나, 응답자가 실제상황하에서 제품을 장기간 사용하여 보게 한 후, 소비자반응을 조사하는 방법으로, 가정유치(Home Placement Test)라고도 한다.

6) 패널조사

동일표본의 응답자에게 일정기간 동안 반복적으로 자료를 수집하여 특정구매나 소비행동의 변화를 추적하는 마케팅 조사방법을 말한다. 고정된 조사대상의 전체를 패널이라 한다. 본래는 시장조사에서 소비자의 소비행동과 소비태도의 변화 과정을 분석하기 위해서 이용되었는데, 최근에는 여론의 형성과정과 변동과정의 연구에 이용되기도 하고, 직업이동의 궤적(軌跡)을 밝혀내기 위해서 이용되는 등 응용범위가 넓다.

7) 시험시장조사

시제품이 완성되고, 상표, 포장, 광고와 같은 마케팅변수들에 대한 의사결정이 어느 정도 이루어진 상태에서 전국적인 출시에 앞서 일부지역에 먼저 제품을 출시하여 소비자들의 반응을 검토하는 시장조사기법을 말한다.

8) 델파이법

사회과학의 조사방법 중 정리된 자료가 별로 없고 통계모형을 통한 분석을 하기 어려울 때 관련 전문가들을 모아 의견을 구하고 종합적인 방향을 전망해 보는 기법으로 미래 과학기술 방향을 예측하거나 신제품 수요예측을 위한 사회과학 분야의 대표적인 분석방법 중 하나이다. 동일한 전문가 집단에게 수차례 설문조사를 실시하여 집단의 의견을 종합하고 정리하는 연구 기법이다. 예측기법이며 주관(主觀)의 종합에 의한 판정이다.

9) 고객의견조사법

잠재고객들에게 실제제품이나 제품개념기술서 혹은 광고 등을 보여주고 구매의사를 물어보는 방법을 말한다.

10) 실험조사

7회 기출문제

동일표본의 응답자에게 일정기간동안 반복적으로 자료를 수집하여 특정구매나 소비행동의 변화를 추적하는 마케팅 조사법은?

① 소비자 패널조사법
② 심층 집단면접법
③ 초점집단조사
④ 실험조사법

▶ ①

5회 기출문제

신제품에 대한 광고시안을 몇 개의 소비자 집단에 보여주고 그 중에서 소비자의 선호정도 및 기억정도가 가장 높은 광고를 선정하고자 할 때 적합한 마케팅 조사방법은?

① 관찰법(observational research)
② 서베이조사(survey research)
③ 표적집단면접법(focus group interview)
④ 실험조사(experimental research)

▶ ④

4회 기출문제

직접 시장시험을 통해서 신제품 수요를 예측하는 마케팅조사 기법으로 적절한 것은?

① 델파이법
② 고객의견조사법
③ 모의시장시험법
④ 회귀분석법

▶ ③

> **4회 기출문제**
>
> **소비자의 농산물 구매행동에 대한 설명으로 알맞지 않은 것은?**
>
> ① 과일, 채소 등을 구입할 때 소비자는 경험이나 습관에 의해 쉽게 구매결정을 내리는 저관여 구매행동을 한다.
> ② 친환경농산물과 같이 소비자의 관심이 큰 상품은 신중하게 의사결정을 내리는 고관여 구매행동을 한다.
> ③ 제품관련도가 낮은 농산물의 경우는 브랜드 간 차이가 크더라도 소비자가 브랜드 전환(brand switching)을 시도하는 경우가 드물다.
> ④ 저관여 상품의 판매를 확대하려면 친숙도를 높여야 하고, 고관여 상품은 다양한 상품정보를 제공해야 한다.
>
> ▶ ③

신제품에 대한 광고시안을 몇 개의 소비자 집단에 보여주고 그 중에서 소비자의 선호정도 및 기억정도가 가장 높은 광고를 선정하고자 할 때 적합한 마케팅조사방법이다.

11) 모의시장시험법

신제품의 수요예측이나 기존제품을 새로운 유통경로나 지역에 진출하는 경우 적절한 마케팅조사방법이다.

12) 회기분석법

과거의 상황이 미래에도 비슷하게 되풀이 된다는 가정 하에 불확실한 미래의 의사 결정에 과거의 확실한 데이터를 이용하는 기법을 말한다.

13) S.W.O.T 분석법

S.W.O.T는 내부환경분석(나의 상황:경쟁자와 비교)으로 S(Strength, 강점)와 W(Weakness, 약점)와 외부환경분석(나를 제외한 모든 것)으로 O(Opportunities, 기회)와 T(Threats, 위협)의 약자로 남과 나에 대해서 알 수 있는 분석법이다.

구분	강점(Strength)	약점(Weakness)
기회 (Opportunity)	① SO전략(강점·기회전략) 시장의 기회를 활용하기 위해 강점을 사용하는 전략을 선택	③ WO전략(약점·기회전략) 약점을 극복함으로써 시장의 기회를 활용하는 전략을 선택
위협 (Threat)	② ST전략(강점·위협전략) 시장의 위협을 회피하기 위해 강점을 사용하는 전략을 선택	④ WT전략(약점·위협전략) 시장의 위협을 회피하고 약점을 최소화하는 전략을 선택

③ 소비자 시장과 소비자 구매행동

(1) 소비자의 의의

사업자가 공급하는 상품 및 서비스(service)를 소비생활(消費生活)을 위하여 구입(購入)·사용(使用)·이용(利用)하는 자를 말하며, 사업자(事業者)에 대립하는 개념이다.
1) 국민의 소비생활에 관계되는 측면을 취급하는 개념이며,
2) 소비자는 사업자에 대립되는 개념이고,
3) 소비자는 소비생활을 영위하는 자라는 개념이다.

(2) 소비자의 구분

가계소비자	자신이나 가족구성원을 위해 소비할 목적으로 소매상이나 농산물생산자로부터 구입하는 소비자
기관소비자	호텔, 식당 등 대량소비기관으로 구매량이 다량이고 도매상이나 산지에서 구입하는 소비자
산업소비자	농산품을 제조·가공하기 위하여 원료로서 구매하는 소비자

(3) 소비자의 구매행동

상품 또는 생산재, 중간재 등을 구입하는 구매자의 의사결정행동. 구매행동은 최종소비재 수용자의 소비행동과 함께 넓은 의미의 소비자 행동의 한 부류가 된다. 여기서 소비자 행동이란 소비주체가 스스로의 생활을 형성·유지·발전시키기 위해 필요로 하는 재화, 서비스 등의 생활자원을 화폐와 신용 등의 소비자 지출로써 획득할 때의 배분 또는 선택양식을 의미한다. 구매행동은 개개의 구체적인 의사결정행동이다.

1) 관여도

소비자가 특정상황에서 특정대상에 대하여 지각된 개인적인 중요성이나 관심도의 수준을 뜻한다.

① 고관여 : 제품을 선택할 때 제품정보를 충분히 탐색, 평가하고 그 제품에 대하여 보다 많은 노력을 기울이는 것

② 저관여 : 상품(상표)선택시 제품정보처리에 수동적이며 주의도가 낮은 것

2) 관여도의 결정요인과 유인

① 개인적 요인 : 개인이 어떤 제품에 대해 지속적인 관심을 가지는 것

② 제품적 요인 : 제품이 자신의 자아를 나타내 주는 것으로서 인식하는 것

③ 상황적 요인 : 제품 선택시 자신이 처한 상황에 따라 구매행동을 달리하는 것

3) 소비자의 행동유형

	고관여 제품	저관여 제품
브랜드 차이가 큼	체계적 의사결정	다양성 추구
브랜드 차이가 작음	인지부조화 구매행동	습관적 구매행동

① 체계적 의사결정 : 소비자가 능동적 학습자로써 구매전 문제를 인식하고 구매상황에 대한 관여도가 높다.
② 인지부조화 구매행동 : 제품은 자신에게 중요하지만 제품들간에 차별성이 적어 부조화가 크지 않은 경우
③ 다양성 추구 : 기존의 제품이나 상표에 불만족하지 않더라도 여러 가지 이유로 상표나 제품을 바꿔가며 구매하는 경우. 상표의 지각차이는 있으나 관여도가 낮다.
④ 습관적 구매행동(타성) : 모든 상표에 대하여 비슷한 인식을 하고 특정한 정보처리과정이 불필요한 구매행동 소비자들이 구매에 높은 관여를 보이고 각 상표간 뚜렷한 차이점이 있는 제품을 구매할 경우

(3) 소비자의 구매행동에 영향을 미치는 주요 요인

사회적 요인	사회계층, 준거집단, 가족, 라이프스타일 등
문화적 요인	생활양식, 국적, 종교, 인종, 지역 등
개인적 요인	연령, 생활주기, 직업, 경제적 상황, 인성 등
심리적 요인	욕구, 동기, 태도, 학습, 개성 등

(4) 소비자의 구매동기

구매동기란 소비자로 하여금 특정 상품의 구매를 결정하게 하는 것을 말하며 제품동기와 애고동기(기업동기)로 나눈다.

1) 제품동기(Product motives)

소비자가 개인적 욕망을 충족시키기 위하여 특정 제품을 구매하게 되는 동기로서 농산물구매의 경우에 있어서는 합

리성, 편의성, 농산물의 균일성, 가격의 저렴성 등을 들 수가 있다.

2) 애고동기 (愛顧動機, patronage motives : 기업동기)

소비자가 제품을 구매 시 어느 기업제품을 선택하느냐의 동기로서 제품동기처럼 감정적 애고동기와 합리적 애고동기로 나눌 수 있다. 구매요인은 판매점의 명성과 신용, 가격, 품질, 편리한 위치, 서비스, 광범위한 상품의 구비 등이다.

(5) 소비자의 구매관습

구매관습이란 소비자가 어떠한 구매방법, 장소 및 시기와 관련하여 개인적인 고정된 행동 내지 의식형태로서의 구매행위를 말한다.

1) 충동구매 : 소비자가 사전계획이나 준비 없이 상품을 보고 즉각적인 결심에 의해 구매하는 행위이다.
2) 회상구매 : 소비자가 진열상품을 보는 순간 집에 재고가 없다거나 소량이라고 연상하였을 때 일어나는 구매이다.
3) 암시구매 : 진열상품을 보고 이에 대한 필요성을 구체화되었을 경우에 나타나는 구매이다.
4) 일용구매 : 소비자가 어떤 상품 구매에 있어서 최소의 노력으로 가장 편리한 지점에서 하는 구매이다.
5) 선정구매 : 소비자가 구매노력을 최소화하기 보다는 상품을 구매할 의도로 품질, 형상 및 가격 등의 조건에 대하여 여러 점포에서 구입대상 상품을 서로 비교·검토하여 가장 유리한 조건으로 구매하는 것이다.

(6) 소비자의 구매의사 결정과정

1) 문제인식 : 자신이 처한 상태와 바람직한 상태의 차이로부터 필요를 인식하게 된다. 필요인식이 구매동기가 되고 구매하고자 하는 의지로 발전하게 된다.

> **7회 기출문제**
>
> 소비자의 구매행위에 영향을 미치는 심리적 요인이 아닌 것은?
>
> ① 욕구
> ② 동기
> ③ 성별
> ④ 개성
>
> ▶ ③

• 매슬로우의 5단계 욕구

1단계	생리적 욕구	의식주 생활에 관한 욕구 즉, 본능적인 욕구를 말한다.
2단계	안전의 욕구	사람들이 신체적 그리고 정서적으로 안전을 추구하는 것을 말한다.
3단계	애정의 욕구	어떤 단체에 소속되어 소속감을 느끼고 주위사람들에게 사랑받고 있음을 느끼고자 하는 욕구이다.
4단계	존경의 욕구	타인에게 인정받고자 하는 욕구이다
5단계	자아실현의 욕구	가장 높은 단계의 욕구로서 자기만족을 느끼는 단계이다.

2) 정보탐색

① 내적탐색 : 과거에 습득했던 제품의 정보를 탐색

② 외적탐색 : 저장된 정보가 부족한 경우 외부에서 추가적인 정보를 탐색

* 정보탐색의 의지는 제품에 대한 관여도의 차이에 따라 달라진다.

3) 대안평가

① 보상적 대안평가 : 각 상표에 있어서 어떤 속성의 약점을 다른 속성의 장점에 의해 보완 평가하는 것. 다양한 평가기준을 적용 여러 상표를 종합적으로 비교, 평가하는 것으로 고관여 상품선택에서 나타난다.

② 비보상적 대안평가 : 각 상표에 있어서 어떤 속성의 약정을 따른 속성의 장점으로 보상해 평가하지 않는 것으로 저관여 상품선택에서 나타난다.

4) 구매 : 구매의도가 클로징에 도달하는 것이다. 실제 구매과정에서 결정이 바뀔 수도 있다.

5) 구매 후 평가 : 제품 구매 후 소비자는 만족 또는 불만족을 느끼게 된다. 인식과 행동의 결과 일치하지 않은 구매 후 부조화(인지부조화) 상태가 올 수도 있다.

❹ 상권과 시장진입 전략

(1) 상권의 유형

상권이란 상업지구 또는 상점이 고객을 유인할 수 있는 지역으로 표현된다. 이것은 그 상업시설에 있어 잠재적 구매자인 소비자가 살고 있는 지리적 지역의 넓이를 의미한다. 상권의 크기는 그 상업시설이 취급하는 상품의 종류, 구비한 상품의 종류, 가격, 배송, 기타 서비스, 입지조건, 교통편 등에 의해 규정된다.

1) 규모에 의한 분류
   ① 지역상권(총상권)
      대도시 규모로 분류하며 특정지역 전체가 가지는 상권으로 도시의 행정구역 개념과 거의 일치한다.
   ② 지구상권
      상업이 집중된 상권으로서 특정입지(백화점, 유명전문점, 음식점 등)에 속하는 상업집적이 이루어지는 상권이다. 하나의 지역상권 내에는 여러 개의 지구상권이 있다.
   ③ 지점상권
      점포상권을 의미하며 특정입지의 점포가 갖는 상권의 범위를 말한다.
      예) 국민은행 사거리, 롯데리아 사거리 등
   ④ 개별점포 상권
      지역상권과 지구상권 내의 개별점포들이 가지는 상권으로 1, 2차 상권에 속하지 않는 나머지 고객을 흡수할 수 있는 상권이다.

2) 고객 흡입률에 따른 분류
   ① 1차 상권
      점포고객의 60~70%를 포괄하는 상권범위로 도보로 10~30분 정도 소요되는 반경 2~3km지역이며 마케팅 전략 수립 시 가장 중요한 주요 상권이다.
   ② 2차 상권
      점포고객의 15~20%를 포함하는 상권으로 1차 상권 외곽에 위치하여 고객 분산도가 매우 높으며, 1차 상권에 비해

지역적으로 넓게 분산되어 있다.
③ 3차 상권(한계상권)
1·2차 상권에 속해 있지 않은 고객을 포함하는 지역으로 점포고객의 5~10%를 점유하며, 고객의 분포가 매우 넓다.

■ 시장점유율(Market share)과 일상점유율(Life share)
특정 제품이 해당 업종 시장에서 판매되는 전체 물량중 차지하는 비율로서 사업성과를 측정하는 척도로 사용된다. 일상점유율은 제일기획에서 개발된 용어인데 특정 제품이 고객의 일상생활에서 얼마나 활용되고 있는가를 의미하는 척도이다.

(2) 기업의 시장 진입 전략

1) 시장침투전략

기존제품을 기존시장 내에서 보다 많이 판매하여 성장을 추구하는 전략이다. 제품 가격을 내리거나 광고나 및 판촉을 증가시키거나 또는 소매상의 점포 수를 늘리는 등의 방법을 통해 기존 고객의 제품 사용률 또는 사용량을 늘리거나(즉, 사용 빈도를 늘리거나<= 한번 샴푸할 것을 세번한다거나>, 1회 사용량을 증가시키거나, 품질을 개선하거나, 새로운 용도를 개발함으로써), 제품의 비사용자를 사용자로 전환시키거나 심지어 경쟁 상표 구매 고객을 유인하는 방법 등을 통해 시장 침투 전략을 달성할 수 있다.

2) 제품개발전략

기존고객들에게 새로운 제품을 개발·판매함으로써 성장을 추구하는 전략으로 제품특징을 추가(휴대폰에 인터넷이나 데이터통신기능을 추가)하거나, 제품계열을 확장(식품회사가 고추장, 된장, 쌈장, 불고기양념 등으로 확장) 또는 차세대 제품의 개발(기존 TV 시장에 PDP, LCD, LED TV개발이나 필름이 필요 없는 디지털카메라 개발 등)이 있다.

3) 시장개발전략

기존 제품을 새로운 시장에 판매함으로써 성장을 추구하는 전략으로 지리적으로 시장의 범위를 확대(맥도날드, 코카콜라 등이 세계적으로 사업영역을 확대)하거나, 새로운 세분

시장에 진출(유아용품전문회사가 성인용품 시장으로 사업영역을 확대)하는 것 등이 예이다.

02 마케팅 전략

- 마케팅 전략의 3차원
  1) 시장점유 마케팅 전략 - 공급자(생산자)중심
     ① STP전략
        STP란 시장세분화(segmentation), 표적시장(target), 차별화(Positioning)를 표시하는 약자이며, 이 STP전략은 시장점유마케팅 방법 중 하나이다.
     ② 4P MIX 전략
        4P MIX 전략이란 제품(Product), 가격(Price), 유통경로(Place), 홍보(Promotion)의 제 측면에 있어서 차별화하는 전략을 말한다.

  - 4P [Product, Price, Place, Promotion] MIX
    - 상품(Product)
      상품·서비스·포장·디자인·브랜드·품질 등의 요소를 포함한다. 결국 Product는 제품의 차별화를 기할 것인가, 서비스의 차별화를 기할 것인가, 아니면 둘 다 기할 것인가를 따져 보는 것이다.
    - 가격(Price)
      제품의 가격이다. 통상 고객이 느끼는 가치(Value)에 비해 Price는 낮게, 생산비용인 Cost보다는 높게 매겨야 한다. 즉, V(가치)〉P(가격)〉C(비용)라 할 수 있다. 한편, 기업이 설정하는 가격은 이윤 극대화, 판매 극대화, 경쟁자 진입 규제 등 시장 전략에 따라서 달라질 수도 있다.
    - 경로(Place)
      기업이 재화나 서비스를 판매하거나 유통시키는 장소를 가리킨다. 제품이 고객에게 노출되는 장소라는 물리적 개념이기도 하면서 동시에 유통경로와 관리 등을 아우르는 공간적 개념까지도 포함한다.

- 촉진(Promotion)

  광고, PR, 다이렉트 마케팅, 판매촉진 등 고객과의 커뮤니케이션을 의미한다. 고객과 이뤄지는 다양한 소통의 방식을 말하며, 기업이 사회적 책임을 앞세워 사회와의 연계성을 강화하는 것도 그 일환이라 할 수 있다.

2) 고객점유 마케팅 전략 - 수요자(소비자)중심

전통적인 시장접근방식이 공급자 중심이었다는 반성으로부터 소비자를 중심으로 하는 마케팅 페러다임이 고안되기 시작했다. 소비자의 지향점, 소비자의 구매패턴, 소비자의 소비심리에 이르기까지 소비자와의 접점을 창출하려는 고객지향중심의 전략이다.

- AIDA 원칙

  소비자의 구매심리과정(購買心理過程)을 요약한 것이다. Attention, Interest, Desire, Action의 앞글자로 이뤄져 있다. "주의를 끌고, 흥미를 느끼게 하고, 욕구를 일게 한 후 결국은 사게 만든다"는 의미이다. 이 원칙과 함께 AIDMA와 AIDCA 도 널리 주장되고 있는데 M은 기억(memory), C는 확신(conviction)을 뜻한다.

3) 관계 마케팅 전략 - 공급자와 수요자의 상호작용

관계마케팅(connection marketing, relationship marketing)이란 종전의 생산자 또는 소비자 중심의 한쪽 편중에서 벗어나 생산자(판매자)와 소비자(구매자)의 지속적인 관계를 통해 상호 이익을 극대화할 수 있도록 하는 관점의 마케팅 전략으로 기업과 고객 간 인간적인 관계에 중점을 두고 있다. 개별적 거래 이기의 극대화보다는 고객과의 호혜관계를 극대화하여 고객과 지속적인 우호관계를 형성한다면 이익은 저절로 수반된다는 마케팅 전략이다.

03 STP 전략

STP마케팅이란 마케팅 전략과 계획수립시 소비자행동에 대한 이해에 근거하여 시장을 세분화(Segmentation)하고, 이에 따른 표적시장의 선정(Targeting), 그리고 표적시장에 적절하게 제품을 포지셔닝(Positioning)하는 일련의 활동을 말하는 것으로 이러한 각 단계의 활동의 첫 글자를 따서 부르는 말이다.

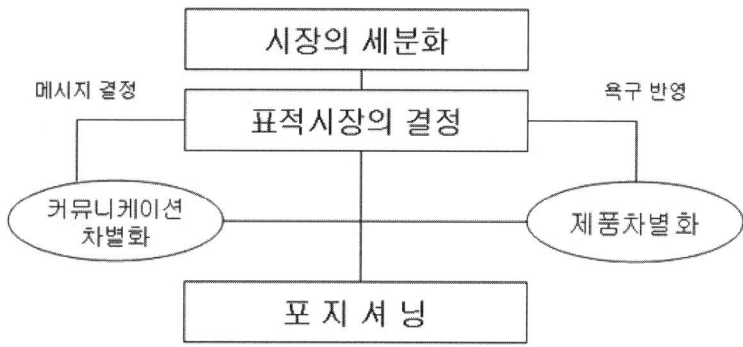

(1) 시장세분화 (segmentation)

1) 시장세분화의 개념 등

① 시장세분화의 개념

시장세분화란 다양한 욕구와 서로 다른 구매능력을 가진 소비자를 욕구가 유사하고 동질적 집단으로 세분하여 세분화된 고객의 욕구를 보다 정확하게 충족시키는 알맞은 제품을 공급하는 것을 말한다.

② 시장 세분화를 하는 목적

㉠ 시장기회를 탐색하기 위하여

㉡ 소비자의 욕구를 정확하게 충족시키기 위하여

㉢ 변화하는 시장수요에 능동적으로 대처하기 위하여

㉣ 자사와 경쟁사의 강약점을 효과적으로 평가하기 위하여

③ 시장세분화의 이유

㉠ 소비자의 욕구가 다양
㉡ 기업경영자원은 한계
㉢ 경쟁자의 존재

2) 시장세분화 마케팅전략
　① 시장집중전략
　　시장세분화에 따른 각 세분시장의 수요크기, 성장성, 수익성을 예측하고 그 중에서 가장 유리한 시장을 표적으로 하고 마케팅전략을 집중해 나가는 전략이다. 주로 자원이 한정되어 있는 중소기업에서 채택되는 경우가 많다.
　② 종합주의전략
　　세분된 각각의 모든 시장을 시장표적으로 하여 각 시장표적 고객이 정확하게 만족할만한 제품을 설계, 개발하고, 다시 각 시장표적에 맞춘 전략을 실행하는 것이다. 이는 주로 대기업에서 채택되는 형태이다.

3) 효율적인 세분화 조건
　① 측정가능성 : 세분시장의 규모와 구매력을 측정할 수 있는 정도
　② 접근가능성 : 세분시장에 접근할 수 있고 그 시장에서 활동할 수 있는 정도
　③ 실질성 : 세분시장의 규모가 충분히 크고 이익이 발생할 가능성이 큰 정도
　④ 행동가능성 : 세분시장을 유인하고 그 시장에서 효과적인 영업활동을 할 수 있는 정도
　⑤ 유효정당성 : 세분화된 시장 사이에 특징·탄력성이 있어야 한다.
　⑥ 신뢰성 : 각 세분화시장은 일정기간 일관성 있는 특징을 가지고 있어야한다.

4) 시장세분화의 이점
　① 시장세분화를 통하여 마케팅기회를 정확히 탐지할 수 있다.
　② 제품 및 마케팅활동을 목표시장 요구에 적합하도록 조정할 수 있다.
　③ 시장세분화 반응도에 근거하여 마케팅자원을 보다 효율

적으로 배분할 수 있다.
④ 소비자의 다양한 욕구를 충족시켜 매출액 증대를 꾀할 수 있다.

5) 시장세분화 기준
① 지리적 세분화 : 국가, 지방, 도, 도시, 군, 주거지, 기후, 입지조건 등
② 사회, 경제학적 세분화 : 연령, 성별, 직업, 소득, 교육, 종교, 인종 등
③ 사회심리학적 세분화 : 라이프스타일, 개성, 태도 등
④ 행동분석적 세분화(구매동기) : 추구하는 편익, 사용량, 상표충성도 등

(2) 표적시장(target)

1) 표적시장의 개념

표적시장이란 일종의 시장영업범위라고 볼 수 있다. 세분화된 시장에서 자신의 상품과 일치되는 수요집단을 확인하거나 기업 혹은 상품의 특성에 일치하는 일부분의 시장(고객층)에 목표를 둔 마케팅전략을 전개시킨다.

■ 표적시장 선택의 평가기준
1. 수요측면 : 시장규모, 성장잠재력, 예상 수익률, 안정성, 가격탄력성, 구매자파워 등
2. 경쟁측면 : 경쟁자의 수, 점유율 분포, 대체상품의 위협, 공급자 파워 등

---

2) 표적시장 선택의 전략

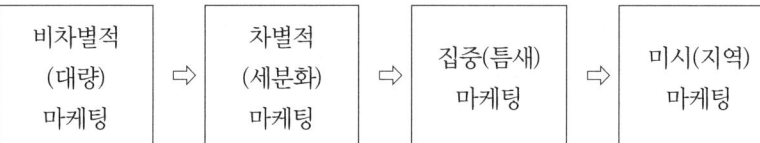

넓은 표적시장 〈---------------------〉 좁은 표적시장

① 비차별적 마케팅(Mass Marketing)

8회 기출문제

마케팅믹스 중 가격관리에 관한 설명으로 옳지 않은 것은? 8회

① 업체들은 혁신 소비자층에 대해 초기저가전략을 사용한다.
② 업체간 경쟁이 치열할수록 개별업체는 가격을 독자적으로 결정하기 어렵다.
③ 일반적으로 소비자는 농산물의 품질이 가격과 직접적인 관련이 있다고 본다.
④ 가격관리는 마케팅믹스 중 수익을 창출하는 유일한 요소이다.

▶ ①

6회 기출문제

시장세분화기준 중에서 "행동적 기준"의 유형과 마케팅전략의 예시가 잘못 연결된 것은?

행동적 기준	마케팅전략
① 사용량	- 독신 생활자를 위한 낱개 포장
② 사용상황	- 제철 농산물의 판촉
③ 추구효익	- 건강 기능성 식품개발
④ 브랜드 충성도	- 유명 특산물의 지역브랜드 연계

▶ ②

7회 기출문제

마케팅 믹스 요소 중 촉진의 기능과 관련이 없는 것은?

① 기업의 새로운 상품에 대하여 정보를 제공한다.
② 소비자의 구매와 관련된 행동의 변화를 유도한다.
③ 소비자의 브랜드에 대한 이미지를 제고시킨다.
④ 소비자가 원하는 가격으로 제품을 생산한다.

▶ ④

1회 기출문제

기업의 입장에서는 마케팅 믹스의 4P 이지만 고객의 입장에서는 4C가 된다. 다음 중 4P와 4C를 올바르게 대응한 것은?

마케터관점(4P)　　　고객관점(4C)
① 상품(Products) - 편리성(Convenience)
② 가격(Price) - 고객가치(Customer value)
③ 유통(Place) - 고객측 비용(Cost to the Customer)
④ 촉진(Promotion) - 의사소통(Communication)

▶ ④

관련기술문제

친환경농산물의 그린마케팅에서 시장의 그린화와 상품의 그린화가 모두 미진한 경우에는 시장침투 전략이 유리하다. 이에 해당되는 품목으로 가장 적당한 것은?

① 쇠고기
② 토마토
③ 쌀
④ 상추

▶ ①

ⓐ 세분시장 간의 차이를 무시하고 하나의 제품으로 전체 시장을 공략
ⓑ 소비자들의 차이보다는 공통점에 집중하며 대량유통과 대량광고 방식을 취한다.
ⓒ 소비자들의 욕구 차이가 크지 않을 때 유용하다.
ⓓ 단일 마케팅믹스를 사용하므로 비용절감의 효과가 있다.(장점)
ⓔ 소비자 욕구의 다양화에 대한 대처가 취약하고 소비자를 빼앗길 위험이 있다.(단점)

② 차별적 마케팅(Growth Marketing)
ⓐ 여러개의 표적시장을 선정하고 각각의 표적시장에 맞는 전략을 구사한다.
ⓑ 제품과 마케팅믹스의 다양성을 추구할 수 있다.
ⓒ 각 시장마다 다른 제품개발, 관리, 마케팅조사 비용이 발생한다.(단점)
ⓓ 각 시장마다 다른 고객의 욕구를 충족시키기 위하여 다양한 제품계열, 다양한 유통경로, 다양한 광고매체를 통하여 판매하기 때문에 총매출액이 증대될 수 있다.(장점)

③ 집중적 마케팅(Niche Marketing)
ⓐ 기업의 자원이 제한되어 있는 경우 하나 혹은 소수의 작은 시장에서 높은 시장점유율을 누리기 위한 전략
ⓑ 특정시장에 대한 독점적 위치 획득 가능
ⓒ 한정된 자원으로 기업 마케팅전략을 집중하여 낮은 비용(생산, 유통, 촉진 면에서 전문화로 운영상의 경제성)으로 높은 수익률을 올릴 수 있다.(장점)
ⓓ 시장의 기호변화나 강력한 경쟁사의 등장으로 위기에 빠질 수 있다.(단점)

② 단점:한 기업의 성장성을 특정세분시장에만 의존하는 전략이기 때문에 위험성이 뒤따른다.

(3) 시장위치 선정(Positioning : 차별화전략)

1) 포지셔닝 전략의 이해
① 포지셔닝의 개념

㉠ 시장위치선정(positioning)

소비자의 마음 속에 자사제품이나 기업을 표적시장·경쟁·기업능력과 관련하여 가장 유리한 위치에 있도록 노력하는 과정으로 소비자들의 마음 속에 자사제품의 바람직한 위치를 형성하기 위하여 제품효익을 개발하고 커뮤니케이션하는 활동을 말한다.

㉡ 시장위치(position)

제품이 소비자들에 의해 지각되고 있는 모습을 말한다

② 포지셔닝 전략

㉠ 소비자 포지셔닝 전략

소비자가 원하는 바를 준거점으로 하여 자사제품의 포지션을 개발하려는 전략

㉡ 경쟁적 포지셔닝 전략

경쟁자의 포지션을 준거점으로 하여 자사제품의 포지션을 개발하려는 전략

㉢ 리포지셔닝(repositioning) 전략

소비자들이 원하는 바나 경쟁자의 포지션이 변화함에 따라 기존 제품의 포지션을 바람직한 포지션으로 새롭게 전환시키는 전략

③ 커뮤니케이션 방법에 따른 소비자 포지셔닝 전략의 유형

㉠ 구체적 포지셔닝

소비자가 원하는 바에 대하여 구체적인 제품효익을 근거로 제시

㉡ 일반적 포지셔닝

애매하고 모호한 제품효익을 근거로 제시

㉢ 정보 포지셔닝

정보제공을 통해 직접적으로 접근

㉣ 심상 포지셔닝

심상(imagery)이나 상징성(symbolism)을 통해 간접적으로 접근

④ 경쟁적 포지셔닝 전략

경쟁자를 지명하는 비교광고를 통해 수행되는데 시장선도자를 준거점으로 하고 직접적인 도전을 통해 자신의 상표를 포지셔닝하려는 수단으로 이용

5회 기출문제

시장을 세분화하고 표적시장을 선정한 다음 시장을 공략하기 위해 구사하는 마케팅전략에 대한 설명으로 틀린 것은?

① 보유한 자원이 매우 제한적일 경우 집중 마케팅전략을 구사하는 것이 적합하다.
② 제품의 품질이 균일한 경우 무차별적 마케팅이 적합하다.
③ 제품구색이 복잡한 경우 차별적 마케팅이나 집중마케팅전략이 적합하다.
④ 소규모시장에서 신제품을 출시하는 경우 무차별적 마케팅전략보다 차별적 마케팅전략이 적합하다.

▶ ④

7회 기출문제

표적시장의 선정과 마케팅 전략의 선택에 대한 설명으로 옳지 않은 것은?

① 집중적 마케팅 전략은 동일한 마케팅 믹스로 접근 가능한 1~2개의 세분시장을 표적으로 한다.
② 집중적 마케팅 전략은 제품을 생산하고 판매촉진을 하는데 필요한 자원이 제한적일 때 효율적이다.
③ 차별적 마케팅 전략은 다양한 마케팅 믹스를 바탕으로 다양한 세분시장을 표적으로 한다.
④ 차별적 마케팅 전략은 총 매출액이나 수익을 증대시킬 뿐만 아니라 마케팅 비용도 절감한다.

▶ ④

6회 기출문제

친환경농산물의 STP(Segmentation-Targeting-Positioning) 전략이 아닌 것은?

① 친환경농산물의 가격을 낮출 수 있는 유통과정 효율화 및 구매편의성 제고가 필요하다.

제5장 농산물 마케팅 | **169**

② 친환경농산물의 소비확대를 위해 안전성에 대한 신뢰도를 높여야 한다.
③ 친환경농산물의 생산확대를 위해 생산기술개발이 필요하다.
④ 친환경농산물의 판매확대를 위해 학교급식과 연계하여 대량소비처를 확보할 필요가 있다.

▶ ③

8회 기출문제

표적시장선택을 위한 전략의 사례로 적절하지 않은 것은? 8회

① 가내수공업으로 두부를 소량생산하는 A 업체는 틈새 마케팅이 적절하다.
② 한 종류의 햄을 대량생산하는 B 업체는 비차별적 마케팅이 필요하다.
③ 서로 다른 한국과 미국 시장에 각각 진출하려고 하는 C 업체는 차별적 마케팅이 적절하다.
④ 개별고객의 욕구와 선호에 부응하는 상품을 생산하는 D 업체는 집중적 마케팅이 효과적이다.

▶ ④

2) 포지셔닝 전략의 5단계
① 소비자 분석 단계
   소비자 분석으로 소비자 욕구와 기존제품에 대한 불만족 원인을 파악한다.
② 경쟁자 확인단계
   경쟁자 확인으로 제품의 경쟁 상대를 파악한다. 이때 표적시장을 어떻게 설정하느냐에 따라 경쟁자가 달라진다.
③ 경쟁제품의 포지션 분석단계
   경쟁제품의 포지션 분석으로 경쟁제품이 소비자들에게 어떻게 인식되고 평가받는지 파악한다.
④ 자사제품의 포지션 결정단계
   자사제품의 포지션 개발로 경쟁제품에 비해 소비자 욕구를 더 잘 충족시킬 수 있는 자사제품의 포지션을 결정한다.
⑤ 포지셔닝 확인 및 리포지셔닝 단계
   포지셔닝의 확인 및 리포지셔닝으로 포지셔닝 전략이 실행된 후 자사제품이 목표한 위치에 포지셔닝되었는지 확인한다. 이때 매출성과로도 전략효과를 알 수 있으나 전문적인 조사를 통해 소비자와 시장에 관한 분석을 해야 한다. 또한 시간이 경과함에 따라 경쟁환경과 소비자 욕구가 변화하였을 경우에는 목표 포지션을 재설정하여 리포지셔닝을 한다.

04 마케팅 믹스

(1) 마케팅 믹스의 개념

마케팅 믹스(marketing mix)란 기업이 표적시장에 도달하여 목적을 달성하기 위하여 마케팅의 구성요소를 조합하는 것을 말한다.

(2) 마케팅 믹스의 구성요소

① 유통경로(place) : 유통경로 선택, 유통계획 수립 등
② 상품전략(products) : 차별화전략, 포장, 상표, 디자인, 서비스 등
③ 가격전략(price) : 시가전략, 고가전력, 저가전략 등
④ 촉진전략(promotion) : 광고, 홍보, 전시, 시식회 등

(3) 4P와 4C

4P(기업관점)		4C(고객관점)
유통경로(Place)	⇔	편리성 (Convenience)
상품전략(Products)	⇔	고객가치 (Customer value)
가격전략(Price)	⇔	고객측 비용(Cost to the Customer)
촉진전략(Promotion)	⇔	의사소통(Communication)

1) 유통경로
   사업대상지역의 선정, 즉 입지선정
2) 상품계획
   상품계획 시 고려할 사항으로서는 품질, 설계, 입지조건, 상표 등이 있으며, 상품개발전략으로는 공업화와 규격표준화, 상품의 차별화, 시장의 세분화, 상품의 다양화, 상품의 고급화 등을 들 수 있다.
3) 가격전략(매가정책)
   ① 가격수준정책(시가, 저가 또는 고가정책 등)
   ② 가격신축정책, 단일가격정책 또는 신축가격정책 등
   ③ 할인 및 할부정책 등
4) 커뮤니케이션(communication : 의사소통) 전략
   ① 홍보 : 주로 보도기관에 뉴스소재를 제공하는 활동(Publicity : 퍼블리시티) 등을 포함하는 넓은 개념
   ② 광고 : 상품과 서비스에 대한 수요를 자극하고 기업에 대한 호의를 창출하기 위한 커뮤니케이션
   ③ 인적 판매 : 고객 및 예상고객의 구입을 유도하기 위해 직접 접촉할 때 판매원의 고도의 유연성이 요구되는 개인적인 여러 가지 노력

7회 기출문제

제조업자가 직접 소비자를 대상으로 실시하는 판매촉진수단만을 나열한 것은?

① 리베이트(Rebates), 보상판매(Trade-ins)
② 사은품(Premium), 구매공제(Buying allowances)
③ 판매원 훈련, 콘테스트(Contests)
④ 사은품(Premium), 진열공제(Display allowances)

➡ ①

6회 기출문제

마케팅전략에서 촉진의 기능이 아닌 것은?

① 운영비용의 절감
② 상품정보의 전달
③ 상표에 대한 기억유지
④ 구매행동 강화를 위한 설득

➡ ①

④ 판매촉진 : 광고, 홍보 및 인적판매를 제외한 단기적인 유인으로서의 모든 촉진활동을 의미한다.

(4) 판매촉진

1) 좁은 의미의 판매촉진
   광고, 홍보 및 인적판매와 같은 범주에 포함되지 않는 모든 촉진활동
2) 판매촉진수단
   ① 가격할인
   ② 쿠폰사용
   ③ 환불(rebates)
   ④ 경연, 경주, 게임 등에서 상품제공
   ⑤ 경품(프리미엄) 제공
   ⑥ 견본(샘플) 제공
   ⑦ 선물 제공

■ **리베이트(rebates)**

판매자가 지불액의 일부를 구입자에게 환불하는 행위. 상품을 구입하거나 서비스를 이용한 소비자가 표시가격을 완전히 지불한 후, 그 지불액의 일부를 돌려주는 소급 상환제도이다. 판매 촉진이나 거래 장려 등의 목적을 갖고 있다. 리베이트율은 상거래의 관습에서 적절하다고 인정되는 한도를 벗어나면 안 된다.

오늘날에는 고가품 판매나 대량 판매 등에서 가격을 할인하는 목적으로 주로 사용된다. 구매욕구를 자극한다는 점에서 정상적인 거래행위로 볼 수 있다.

■ **소매믹스 전략**

소매믹스란 소비자와의 접점에서 구현 가능한 다양한 소매전략을 적정비용과 적정수단의 관점에서 혼합 배분하는 것을 말한다.

소매믹스전략 중 가장 중요한 요인은 표적고객의 욕구에 부응하는 상품화 계획인 머천다이징이다. 머천다이징이란 상품화 계획 또는 상품기획이라고도 하며 적절한 상품이나 장소·시기·수량·가격으로 판매하기 위한 계획활동이다. 이는 기업의 상품개발전략과도 관련이 있지만 소비자의 수요에 적당한 상품을 준비, 진열, 홍보하는 소매단계 전략에도 중요하다.

05 포장과 상표화

(1) 포장

1) 포장의 정의
   물품을 수송·보관함에 있어서 가치 및 상태를 보호하기 위하여 적절한 재료나 용기 등을 물품에 시장(施裝)하는 기술 및 상태

2) 포장의 구분
   ① 겉포장(外裝) : 농산물 또는 속포장한 농산물의 수송을 주목적으로 한 포장
   ② 속포장(內裝) : 소비자가 구매하기 편리하도록 겉포장 속에 들어 있는 포장
   ③ 낱포장(個裝) : 물품을 직접 싸기 위한 포장으로서 단순히 제품의 보호라는 기술적인 요구만을 충족시키는 것이 아니고, 상점에 진열되어 구매자의 구매의욕을 자극하는 세련된 디자인이라는 시각적인 목적도 지닌다.

3) 포장의 중요성
   ① 소비자는 같은 가격이라면 외관이 수려하게 포장된 제품을 선호한다.
   ② 혁신적인 포장은 포장을 통해서 제품차별화를 유도할 수 있고 경쟁우위의 기회를 확보할 수 있다.
   ③ 잘 포장된 상품은 순간광고의 기능을 수행할 수 있다.
   ④ 유통의 효율을 증대시킬 수 있으며 유통주체의 수익을 증가시키기도 한다.

4) 포장의 기능
   ① 포장은 가격을 전달하는데 사용된다.
   ② 포장은 내용물 원형을 보존한다.
   ③ 중대 규모 포장은 더 많은 소비를 촉진시킨다.
   ④ 포장은 상표, 내용물을 명시하여 제품을 광고하고 촉진 수단으로 이용된다.
   ⑤ 포장은 판매부서의 노동력을 감소시켜 비용을 크게 감소

7회 기출문제

농산물 포장에 대한 설명으로 옳지 않은 것은?

① 농산물의 손상 및 파손으로부터 보호한다.
② 농산물의 수송, 저장, 전시 등을 용이하게 한다.
③ 유통비용 중 포장비용이 계속 줄어드는 추세이다.
④ 소비자의 안전 및 환경을 고려해야 한다.

➡ ③

5회 기출문제

최근 제품 포장의 중요성이 더욱 증대되고 있는 이유를 설명한 것으로 틀린 것은?

① 농산물의 포장이 단순화, 대형화되는 추세에 있기 때문이다.
② 소비자는 같은 가격이라면 외관이 수려하게 포장된 제품을 선호하기 때문이다.
③ 혁신적인 포장은 제품 차별화를 통해 경쟁우위 확보의 기회를 제공하기 때문이다.
④ 셀프서비스제로 운영되고 있는 많은 소매점에서 상품의 포장은 순간 광고의 기능을 수행하기 때문이다.

➡ ①

시킨다.
5) 포장의 원칙
   ① 제품의 보호
   ② 경제성
   ③ 제품인식 : 색깔, 모양, 크기를 포함한 디자인 관점을 통해 제품의 명시를 쉽게 하도록 설계하여 인식이 촉진될 수 있도록 해야 한다.
   ④ 취급특성 : 취급의 편리성, 저장의 유용성
   ⑤ 내용 일치 : 광고와 현물의 일치
6) 포장의 정보
   ① 가격과 양 : 제품의 내용물과 상표이외에 포장에서 가장 중요한 정보이다. 단위당 가격은 다른 제품과 비교하는 데에 있어서 소비자에게 있어서 매우 유용하다.
   ② 폐기일 : 유통기간과 그 제품이 시장에서 제거되어야 할 일자이다
      ㉠ 포장일자 : 이것은 그 품목이 포장된 때를 나타낸다.
      ㉡ 사용유효기간 : 소비 혹은 사용을 위한 최종일을 나타낸다.
      ㉢ 판매유효기일 : 이것은 소매업자들이 진열대로부터 제품을 재 이동해야 할 때를 가리킨다. 유효기간이 지난 상품일지라도 여전히 정상적인 가정저장 수명을 지닌다는 것을 유의해야 한다.
   ③ 사용설명
   ④ 품질보증
   ⑤ 영양성분
   ⑥ 환경효과 : 포장재의 재사용과 관련 미생물로 분해하거나, 재사용, 재생할 수 있는 포장을 표시하는 것

(2) 상표화
   1) 상표의 정의
      사업자가 자기가 취급하는 상품을 타인의 상품과 식별하기 위하여 상품에 사용하는 표지
      즉, 상품을 업으로서 생산·제조·가공·증명 또는 판매하는 자

가 그 상품을 타업자의 상품과 식별하기 위하여 사용하는 기호·문자·도형 또는 이들을 결합한 것을 말한다
① 상표명(brand name)

상표 중에서 말로 표현할 수 있는 부분을 말하며 문자, 숫자 혹은 단어로 구성된다.
② 상표마크(brand mark)

상표 중에서 심벌·디자인·색상 등과 같이 눈으로는 알아볼 수는 있으나 발음할 수 없는 부분을 말한다.
③ 등록상표(trade mark)

이는 법적 보호에 의해 독점적으로 사용할 수 있도록 허가된 상표를 말하며 고유상표는 특허청에 등록하게 하는데 이때 등록상표는 통상 ®로 표시한다.

2) 상표명의 특징
① 상표명은 그 제품이 주는 이점을 표현할 수 있어야 한다.
② 상표명은 실제적이고, 분명하고, 기억하기 쉬워야 한다.
③ 상표명은 제품이나 기업의 이미지와 일치해야 한다.
④ 상표명은 법적으로 보호를 받을 수 있어야 한다.

3) 상표의 기능
① 상품식별기능
② 출처표시기능(제조, 가공, 증명, 판매업자와 관계 등)
③ 품질보증기능
④ 광고 선전기능

4) 상표충성도(brand loyalty, brand royalty, 商標忠實度)
① 상표충성도의 의의

특정의 상표를 애용하고 선호하는 소비자의 심리를 말한다. 즉, 고객이 사용 목적에 따라 특정의 상표를 선호하고 이를 반복하여 구매하게 되는 소비자 선호(consumer preference)를 말한다.

■ **상표충성도의 일관적 성격**(J. Jacoby and D.B. Kyer)
㉠ 상표충성도는 하나 또는 그 이상의 상표충성도를 가진다.
㉡ 상표충성도는 구매자의 의사결정주체에 있다.
제품을 구매하려고 할 때 의사결정자는 여하히 상표를 통해서 제

10회 기출문제

브랜드 충성도에 관한 설명이 아닌 것은?

① 브랜드 충성도는 편견이 작용한다.
② 제조업자의 브랜드 파워가 강할수록 브랜드 충성도가 높다.
③ 소비자가 특정상표에 대해 일관되게 선호하는 경향을 말한다.
④ 브랜드 충성도는 상표고집, 상표인식, 상표출원의 3가지 유형이 있다.

▶ ④

6회 기출문제

농산물브랜드에 대한 설명으로 옳지 않은 것은?

① 시장에 정착시키는 과정에서 시간이 많이 소요된다.
② 다수의 다른 경쟁상품과의 식별을 가능하게 하고 그 책임소재를 분명히 한다.
③ 소비자에게 제공하는 가치를 증가시키거나 감소시킬 수 있다.
④ 공동브랜드를 통해 다품목 소량생산이라는 맞춤식 경쟁력을 보유할 수 있다.

▶ ④

품을 구매하든지 구매하지 않든지를 결정한다.
ⓒ 상표충성도는 일정기간 동안에 표출된다.
즉, 상표충성도는 단시일 내에 형성되는 것이 아니고 일정기간이 지나면서부터 충성도로 나타나게 된다.
ⓔ 상표충성도는 편견이 작용한다.
상표충성도의 형성에 있어서 편견이 개재되어 구매행동으로 나타난다면 합리적인 구매행동이 어려워진다.
ⓜ 상표충성도는 행동적 반응이 존재한다.
이는 어떤 사람이 자기는 이 상표를 좋아한다고 반복적으로 언급하면서도 실제의 행동에 있어서는 충성도가 높은 다른 제품을 구매하는 것을 말한다. 이 경우 상표충성도가 명백히 나타난다고 할 수 있다.
ⓗ 상표충성도는 심리적인 의사결정과정에서 형성된다.
이 경우는 상표충성도에 내재되어 있는 심리적인 과정들을 외부적으로 나타난 결과만으로 평가한다는 것은 부당하다는 것이다.

② 브랜드 파워 또는 브랜드 자산
  ㉠ 차별성을 유지하고 경쟁우위를 유지해 가기 위해서는 브랜드의 힘을 강화해야 한다.
  ㉡ 브랜드 파워(Brand Power : 상표력)의 강화란 그 브랜드만의 가치, 다시 말하면 브랜드 자산(Brand Equity : 상표 자산)을 확립하는 일이다.(김중배·김승욱, 국제마케팅)
  ㉢ 브랜드와 기업 이미지는 융합적 성격을 가진다. 브랜드와 그것에 동반하는 이미지가 기업에 있어서 지속적인 경쟁우위를 얻기 위해 더욱더 중요한 경쟁의 도구가 되고 있다. 이것은 다른 도구와 비교하여 타사에 의해 쉽게 모방되고 추월당할 위험성이 낮기 때문이다.
  ㉣ 브랜드 자산의 확립은 커다란 경쟁전략상의 무기가 될 뿐만 아니라 결과적으로 이익의 유지·향상에 연결되므로 이를 위하여 계속적이고 일관성 있는 광고활동이 불가결하다.

5) 상표화의 문제점
  상표화는 비용과 시간이 필요하다. 상표화 과정을 통해 기

존 상표와의 경쟁관계가 성립되고 고정된 상표화 이미지를 개선하고 교체하는 것은 쉽지가 않다. 따라서 상표를 관리하고 경쟁우위를 지키도록 하는 지속적 마케팅이 필요하다.

6) 농산물 브랜드화의 요건(출처 : 월간 유통저널)
① 기억하기 쉽고, 알아보기 쉽고, 쉽게 소리 낼 수 있어야 한다.(예:꿈&들, 참고을, 맑은청)
② 농산물의 장점과 고품질 표시, 타 농산물 대비 선명하게 구별되는 참신하고 독특한 이름이어야 한다.(예:얼음골 사과, 황금들녘, 임금님표)
③ 제품에 제공해 주는 편익을 암시해야 한다.(예:과일낙원, 첫 눈에 반한, 하늘내린)
④ 외국어로 쉽게 번역(국제화에 대응)될 수 있어야 한다. (예:포크벨리)
⑤ 써 놓았을 때도 보기 좋아야 한다.(예:동구밖 과수원길)
⑥ 등록과 법적 보호를 받을 수 있는 이름이어야 한다.
⑦ 친근한 느낌을 주어야 한다.(예:우리동내)
⑧ 생산지역이나 생산자, 생산방법, 품종 등(예:횡성 한우, 음성 고추, 기장 미역)
⑨ 확장성이 좋아야 한다. 동일한 브랜드 컨셉을 다양한 상품에 적용할 수 있다면 이미 형성된 브랜드를 이용하고 브랜드 개발비를 절약할 수 있는 장점을 갖게 된다.

06 가격전략

(1) 가격의 개념

1) 재화의 가치를 화폐 단위로 표시한 것.
2) 교환으로서의 가격의 개념
일상생활적인 뜻의 가격은 상품 1단위를 구입할 때 지불하는 화폐의 수량으로 표시하는 것이 보통이지만, 넓은 뜻의 가격은 상품간의 교환비율을 뜻한다.

① 절대가격 : 화폐단위로 표시되는 일상생활적인 뜻의 가격

② 상대가격 : 상품간의 교환비율을 나타내는 넓은 뜻의 가격

3) 임금 또는 이자에 의한 보수를 받고 고용 또는 임대되는 노동이나 자본의 값

(2) 가격결정자(가격모색자)와 가격순응자

1) 가격(결정자)모색자 : 자기 제품에 대한 시장가격을 통제하고 조정할 수 있는 판매자(가공업자, 도매상, 농기구 제조업자 등)

2) 가격순응자
   ① 주어진 시장가격에 종속되어 있는 자(농산물 생산자)
   ② 농산물 생산자의 가격순응자 탈피노력
      ㉠ 산지유통조직의 결성
      ㉡ 협동조합의 개입
      ㉢ 영농 전문화, 규모화
      ㉣ 생산자가 유통활동에 직접 참여(직거래 등)

(3) 가격결정

1) 가격결정의 개념
   이윤을 목적으로 하는 가격형성의 원리. 가격형성이라고도 한다.
   ① 경제학의 가격이론경제 : 한계수입과 한계비용이 같을 때 최대이윤이 달성되고 기업은 이 지점에서 가격을 결정한다.
   ② 실질적인 가격결정(full-cost principle) : 실제의 기업은 가격을 평균적 비용(원가)에다가 일정한 이윤(마크업)을 더하여 가격을 설정한다는 주장이다.
   ③ 마케팅이론의 가격 결정 : 가격은 재화 그 자체의 가치로 구성되는 것이 아니라, 여기에 서비스·조언(助言)·발송·신용공여(信用供與)·애프터 케어 등이 부가된 것으로

본다.

(3) 가격결정의 방법

1) 원가기준가격결정법

 제품원가를 기준으로 하여 가격을 결정하는 방법이다.

 ① 원가가산가격결정법(원가 + 비율가산액)

  제품의 단위원가에 일정비율의 금액을 가산하여 가격을 결정하는 방법이다.

 ② 목표가격결정법(총원가 + 목표이익률가산금액)

  예측된 표준생산량을 전제로 한 총원가에 대하여 목표이익률을 실현시켜 줄 수 있도록 가격을 결정하는 방법이다.

2) 수요기준가격결정법

 수요에 대한 통제력을 가지는 경우 등에 있어서 수요의 강도를 기준으로 하여 가격을 결정하는 방법이다.

 ① 원가차별법

  특정제품의 고객별·시기별 등으로 수요의 탄력성을 기준으로 하여 둘 혹은 그 이상의 가격을 결정하여 제시하는 방법이다.

 ② 명성가격결정법

  소비자가 가격에 의해서 품질을 평가하는 경향이 특히 강하여 비교적 고급품질이 선호되는 상품에 설정되는 가격. 상품의 명성에 상응하는 정도로 가격을 설정해야 하기 때문에, 품질보다 다소 높은 가격을 설정하는 것이 보통이다. 가격을 너무 높게 혹은 너무 낮게 설정해도 판매량이 증가되지 않는다.

 ③ 단수가격결정방법(odd price)

  상품에 판매가격에 구태여 단수를 붙이는 것으로 매가에 대한 고객의 수용도를 높이고자 하는 것이다. 예로 10,000원의 매가 대신에 9,989원으로 한다면 그 차이는 겨우 11원이지만 절대가격보다 싸다는 감을 소비자가 갖기 쉬우므로 일종의 심리적 가치설정(psychological pricing)이며 단수에는 짝수보다도 홀수를 쓰는 수가 많다.

3) 경쟁기준가격결정법

경쟁업자가 결정한 가격을 기준으로 해서 가격을 결정하는 방법이다.
① 경쟁수준 가격결정법
　우세한 관습적 가격에 따른다.(라면, 담배, 짜장면 등)
② 경쟁수준 이하 가격결정법
　가격에 민감한 소비자층을 흡수하기 위해 사용하는 방법이다.(침투가격)
③ 경쟁수준 이상 가격결정법
　고소득층을 흡수하기 위해 사용하는 방법이다.(고가품, 사치품 등)

(4) 가격전략

1) 가격전략의 개념(두산백과)

　기업이 존속하고 발전하기 위하여는 반드시 그 기업이 취급하거나 생산하는 상품을 판매하여 이윤을 얻어야 한다. 그러므로 기업은 이윤을 얻을 수 있는 범위 안에서 적당한 가격을 선택하여야 한다. 이 선택을 어떻게 할 것인지가 기업의 가격정책이다. 기업은 특히 신제품을 개발한 경우나 생산이나 수요의 조건이 크게 변동한 경우에는 여기에 적응하기 위한 가격결정, 곧 가격전략이 필요하다. 기업의 가격정책은 제품의 한계이윤율과 제품의 품질·서비스·광고·판매촉진·원재료의 구입에도 영향을 끼치는 것으로 중요한 의미를 갖는다.

① 저가격정책 : 수요의 가격탄력성이 크고, 대량생산으로 생산비용이 절감될 수 있는 경우에 유리하다.
② 고가격정책 : 수요의 가격탄력성이 작고, 소량다품종생산인 경우의 가격결정에 유리하다.
③ 할인가격정책 : 특정상품에 대하여 제조원가보다 낮은 가격을 매겨서 '싸다'는 인상을 고객에게 심어주어 고객의 구매동기를 자극하고, 제품라인의 총매출액 증대를 꾀하는 경우에 사용한다.

2) 가격정책(전략)의 유형

① 단일가격정책과 탄력가격정책
  ㉠ 단일가격정책 : 동일한 양의 제품을 동일한 조건으로 구매하는 모든 고객에게 동일한 가격으로 판매하는 가격정책을 말한다.
  ㉡ 탄력가격정책 : 동종·동량의 제품일지라도 고객에 따라 상이한 가격으로 판매하는 가격정책을 말한다.(학생가격, 단체할인, 조조할인 등)
② 단일제품가격정책과 계열가격정책
  ㉠ 단일제품가격정책 : 각 품목별로 따로따로 검토하여 가격을 결정하는 정책을 말한다.
  ㉡ 계열가격정책 : 한 기업의 제품이 단일품목이 아니고 많은 제품계열을 포함하는 경우에 규격·품질·기능·스타일 등이 다른 각 제품계열마다 가격을 결정하는 정책을 말한다.
③ 상층흡수가격정책과 침투가격정책
  ㉠ 상층흡수가격정책 : 신제품을 시장에 도입하는 초기에 있어서 먼저 고가격을 설정함으로써 가격에 대하여 민감한 반응을 보이지 않는 고소득층을 흡수하고, 그 뒤 연속적으로 가격을 인하시킴으로써 저소득층도 흡수하고자 하는 가격정책을 말한다.
  ㉡ 침투가격정책 : 신제품을 도입하는 초기에 저가격을 설정함으로써 신속하게 시장에 침투하여 시장을 확보하고자 하는 가격정책을 말한다.
3) 생산지점가격정책과 인도지점가격정책
  ① 생산지점가격정책 : 판매자가 모든 구매자에 대하여 균일한 공장도가격을 적용하는 정책을 말한다.
  ② 인도지점가격정책 : 공장도가격에 계산상의 운임을 가산한 금액을 판매가격으로 하는 정책을 말한다.
4) 재판매가격유지정책
  제조업자가 자신의 제품이 소매되는 가격을 통제하기 위하여 권장소비자가격이나 희망소비자가격을 중간상인들에게 제시하고 이를 근거로 하여 할인과 공제를 적용한다.

10회기출문제

'명품 멜론 2개들이 한 상자에 30만 원'과 같이 고가품임을 암시하는 심리적 가격전략에 해당하는 것은?

① 원가 가산가격
② 과점가격
③ 개수가격
④ 수요자 지향적 가격

▶ ③

참 고

- **저가격정책**
  - 수요의 가격탄력성이 크고 대량 생산

- **고가격정책**
  - 수요의 가격탄력성이 작고 소량 다품종 생산

■ **약탈가격과 끼워팔기 가격**

① 약탈가격 : 경쟁자를 시장에서 추방하기 위해서 경쟁자가 감당할 수 없는 제품 가격을 설정하는 것
② 끼워팔기 가격 : 두 가지 다른 상품을 함께 묶어서 파는 것(프린터+자사토너)

3) 가격전략의 유형과 구분
   ① 심리적 가격전략
      ㉠ 단수가격 : 단위가격을 10,000원 등이 아닌 9,900원 등으로 설정해서 소비자들이 심리적으로 저렴하다고 하는 인식을 심는 방법으로서 소매점에서 많이 사용하는 방식이다.
      ㉡ 관습(우세)가격 : 소비자들이 관습적으로 느끼는 가격으로서 소비자들은 이러한 가격수준을 당연하게 생각하는 경향이 있다. 껌이나 라면 등과 같이 흔하고 대량으로 소비되는 상품의 경우에 많이 적용되며 만약 이 관습가격보다 가격을 인상하는 경우 오히려 매출이 감소하고 가격을 설혹 낮게 설정하더라도 매출은 크게 증가하지 않는 경향을 나타낸다.
      ㉢ 명성가격 : 가격이 높을수록 품질이 좋고 제품가격과 자신의 명성이 비례한다고 느끼게되는 고급제품의 경우에 주로 적용한다.
      ㉣ 개수가격 : 고급품질 이미지를 통해 구매를 자극하기 위해 한 개당 얼마라는 식의 개수가격을 설정하는 방식이다.
   ② 기타의 가격전략유형 구분
      ㉠ 고가전략 : 신상품 도입 시 원가와 상관없이 가격을 높게 설정하여 구매력이 있는 일부 고소득 소비자층에게 판매하는 방식이다.
      ㉡ 저가전략 : 처음 판매할 때부터 낮은 가격으로 단기간에 다수의 소비자에게 알려 대량판매를 통해 이익을 올리는 방식이다.
      ㉢ 유인(미끼)가격전략 : 소비자를 유인할 때 사용하는 방

식으로 특정 제품의 가격을 낮게 책정하여 소비자들이 그 제품을 구매하도록 유인하고 한편 다른 제품가격이 저렴하다는 인상을 심어주어 다른 제품의 판매까지 유도하는 방식이다.

㉢ 특별가격전략 : 일정기간 동안 제품을 할인해서 판매하는 세일(sale)을 말하며 단기적으로 매출증대와 재고를 감소시키는 효과가 있으나 가격혼도, 구매연기, 품질의심 등의 역효과 등을 고려해야 한다.

㉣ 구매조건가격전략 : 현금 또는 신용카드 등 결제수단에 따라 가격을 다르게 책정하는 경우를 말한다.

㉤ 구매수량가격전략 : 구매하는 수량에 따라 가격을 다르게 책정하는 방법으로 구입수량이 많을수록 단위당 가격을 낮게 책정하는 경우를 말한다.

㉥ 구매종류가격전략 : 최종소비자, 도매상, 소매상 등 제품 구매자가 누구냐에 따라 가격을 달리 책정하는 방식이다.

㉦ 계절가격전략 : 계절에 따라 수요가 크게 달라지는 제품의 경우에 사용하는 방식으로 성수기에는 비싸게, 비수기에는 싸게 판매하는 방식이다.

㉧ 탄력가격전략 : 단일가격전략과 비교되는 것으로 시장상황에 맞춰 가격에 변화를 주는 방식이다.

㉨ 침투가격전략 : 최초 시장 진입시 저가로 책정했다가 인지도가 올라감에 따라 고가로 전환하는 방식이 일반적이다.

(5) 제품라이프사이클(Product Life Cycle : 상품수명주기)

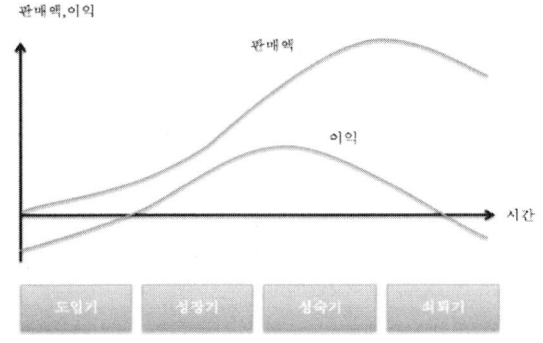

5회 기출문제

제품수명주기(product life cycle)의 각 단계에 대한 설명으로 틀린 것은?

① 도입기 : 신제품의 인지도를 높이기 위해 상대적으로 높은 광고비와 판매촉진비가 투입되어야 한다.
② 성장기 : 혁신소비자 및 조기수용자의 호의적인 구전(口傳)이 시장확대에 매우 중요한 역할을 한다.
③ 성숙기 : 높은 매출을 실현하게 되며, 제품의 스타일을 개선함으로써 매출을 확대할 수 있다.
④ 쇠퇴기 : 제품의 판매량이 증가하지만 판매증가율은 감소한다.

▶ ④

6회 기출문제

제품수명주기(product life cycle)에서 성숙기에 나타나는 특징은?

① 광고활동의 축소
② 시장수용도의 급증
③ 홍보비용의 과다 발생
④ 신제품의 개발

▶ ④

10회 기출문제

제품수명주기(PLC)상 성장기에 해당되는 것은?

① 매출액 급상승
② 상품단위별 이익 최고조 도달
③ 비용통제 및 광고활동 축소
④ 적극적 신제품 홍보

▶ ①

관련 기출문제

다음에 제시된 사례에 해당하는 제품 수명주기단계(A ~ D)는?

딸기잼을 생산·유통하고 있는 K 영농조합법인은 경쟁업체들의 유사상품출시에 대응하여 연구소에 기능성 잼의 개발을 의뢰하였다.

① A ② B ③ C ④ D

➡ ③

〈출처:http://blog.daum.net/darkbloody〉

1) 도입기
   ① 특징
      ㉠ 일반적으로 상당기간 지속되며 완만하거나 평탄한 성장률
      ㉡ 이익은 최저 또는 마이너스
      ㉢ 유통과 촉진에 매출액의 대부분 할당(인지도증진, 시용유도, 유통판촉 등)
   ② 경쟁과 전략
      ㉠ 경쟁사 소수 또는 없음
      ㉡ 생산제품은 대개 범용스타일
      ㉢ 대개의 경우 고소득층을 겨냥한 고기능성, 고디자인성을 추구해 마진율을 높임
      ㉣ 생산원가, 유통비용, 촉진비용 등의 원인으로 고 마진율 채택

2) 성장기
   ① 특징
      ㉠ 본격적으로 판매가 증가하는 단계
      ㉡ 혁신자나 조기수용자들의 적극적 재구매 단계
      ㉢ 바이럴 마케팅 [viral marketing] 의 효과가 본격적으로 발휘되는 단계
      ㉣ 손익분기점을 탈피하여 본격적으로 이익이 증대되는 단계
      ㉤ 촉진의 효과가 대단위 생산량에 의해 분산되면서 제조원가가 하락하고 이익이 급속히 증가하는 단계
   ② 경쟁과 전략
      ㉠ 경쟁사의 활동이 본격화 되고 유통이 활발히 움직임
      ㉡ 대다수 시장에 제품공급이 이뤄짐
      ㉢ 각 세분시장에서 치열한 공방전
      ㉣ 제품의 품질개선, 새로운 제품 특성 및 제품라인을 추가
      ㉤ 새로운 세분시장 침투 및 유통경로 구축
      ㉥ 광고내용의 변경 (제품인지 -> 사용량 확대 & 브랜드 구축)

ⓐ 소비자유인 및 시장확대를 위해 가격인하
ⓑ 기업은 시장점유율 확대를 위한 투자와 단기순이익 증가를 위한 자금비축 중에 하나를 선택해야 하는 단계

3) 성숙기
① 특징
㉠ 소비자가 인지하는 대다수 제품은 수명주기상 성숙기에 위치
㉡ 성장율(매출) 곡선이 둔화되기 시작하는 시점
㉢ 성장성숙기 -> 안정성숙기 -> 쇠퇴성숙기로 구분할 수 있다.
㉣ 보통 장기간 지속되는 특징 (완만한 곡선으로)
㉤ 마케팅관리도 대부분 성숙기에 집중
㉥ 소수의 대기업 및 틈새기업이 시장을 지배
② 경쟁과 전략
㉠ 추가적인 경쟁사 진입은 거의 없고 기존 경쟁사 중에서 경쟁우위를 확보하지 못한 기업은 하나씩 퇴출
㉡ 과잉설비의 가동율을 유지하기 위해 생산은 지속
㉢ 유통경로의 포화상태로 치열한 경쟁이 장기간 지속
㉣ 단순히 지키는데 급급해서는 안됨, 최선의 방어는 공격
㉤ 여유 있는 기업은 이때 연구개발비를 과감히 투자
㉥ 마케팅믹스의 과감한 수정이 필요한 시기

4) 쇠퇴기
① 특징
㉠ 기술변화, 소비자 기호변화, 경쟁의 격화로 인한 기업의 피로도 증가
㉡ 성장곡선은(증가율)은 (-)로 떨어짐
㉢ 대체해야 할 신제품 출시시점의 지연 등으로 여러 가지 불이익 동반
㉣ 고객요구수용, 가격조정, 재고조정 등으로 인한 비생산적 업무시간 및 정력 소모
② 경쟁과 전략
㉠ 경쟁사가 하나씩 시장을 빠져나감
㉡ 더 이상의 촉진전략은 거의 없음
㉢ 시장에 출시되는 제품의 수 감소

ㄹ 유지할 것인지 철수할 것인지 판단 필요

> 참 고
>
> ● 계몽광고
> 1) 당해 제품에 대한 일반 대중의 오해를 없애고 그 중요성을 인식시키거나 농산물의 지식을 제공하고자 하는 광고
> 2) 개인기업이 광고하기보다는 동업자단체가 중심이 된다.

07 농산물 광고

(1) 농산물 광고의 개념

농산물 광고란 광고주의 의도에 따라 고객의 농산물 구입의사결정을 도와주는 정보전달 및 설득과정으로서 농산물에 대한 새로운 수요를 창출하고 유통혁신을 자극하는 수단이다. 농산물 광고는 동시에 다수의 소비대중에게 상품 또는 서비스 등의 존재를 알려 판매를 촉진하는 일종의 설득 커뮤니케이션 활동이다. 광고주에게는 사회적 책임이 뒤따르기 때문에 광고주명은 명시되어야 한다.

(2) 광고의 분류

1) 목적에 따른 분류
   ① 기업광고
   　일반인들에게 기업의 호의적인 이미지를 부각시키고 업체이름을 기억시키기 위해 하는 광고이며, 기업광고와 제품광고가 같이 소개되는 수도 있다.
   ② 제품광고
   　대상 제품의 거래를 촉진하기 위하여 내는 광고를 말한다.
   ③ 계몽광고
   　계몽광고란 농산물과 농산물유통기업에 대한 일반 대중의 오해를 없애고 그 중요성을 인식시키거나 농산물의 지식을 제공하고자 내는 광고이다. 동업자 단체가 중심이 되기도 하고 농산물과 관련을 갖는 타업종과 공동으로 광고하는 수도 있다.
2) 매체에 따른 분류
   ① 신문광고 : 신문지상에 게재되는 광고

- 신문광고의 특징
  - ㉠ 신문의 발행부수가 매우 많기 때문에 널리 일반에게 호소할 수 있다
  - ㉡ 신문광고의 비용은 그 발행부수에 비해 매우 싸다
  - ㉢ 신문광고는 신속하고 발행부수가 많기 때문에 광고의 호시기를 용이하게 포착할 수 있다
  - ㉣ 신문이 가지는 사회적 신용이 광고면에 대한 신용으로 전이된다.
  - ㉤ 되풀이 광고함으로써 인상이 누적되어 강력하고도 선명해진다.

② 다이렉트메일(DM : direct mail)광고

광고대상자에게 엽서 등을 우송하는 직접광고를 말한다. 불특정 다수인에게 광고하는 것과는 달리 광고주가 희망하는 대상을 선택하여 광고를 할 수 있다는 장점이 있다. 반면에 상대방의 명부 작성과 관리 그리고 우송에 따른 비용이 많이 드는 단점이 있다.

③ 업계출판물 광고

농산물전문지나 동업자협회의 정기간행물을 이용하는 경우이다.

④ 교통광고

교통광고란 전철, 버스 등의 차내·외광고 또는 역 구내의 간판광고, 기업이 운용하는 차체 외면에 기업이름을 써 붙여 알리는 광고 등을 말한다.

⑤ TV·라디오 광고

TV·라디오 광고는 많은 고객에게 순간적으로 알릴 수 있으며, 또 신뢰성이 크다는 장점이 있다. 반면에 다른 매체에 비해 광고비 부담이 상대적으로 크므로 기업광고의 매체로 활용되는 경우가 많다.

⑥ 노벨티(novelty) 광고

광고 효과를 높이기 위해 광고주가 고객에게 증정하는 선물. 열쇠고리·캘린더·수첩·메모지·볼펜·라이터 등의 실용소품이 주로 이용된다. 광고매체로는 일반 고객이 항상 이용할 수 있고, 친숙하기 쉬우며, 사용회수가 많고, 내구성이 있으며, 우송하기 쉽고, 단가가 싸서 많은 사람에게 배포

할 수 있으며, 다른 광고와 연결 가능하고 타인에게 보여주고 싶게 되며, 실용성·오락성이 있는 것으로 선정된다.

⑦ 퍼블리시티(publicity)

퍼블리시티란 기업 등이 자신에 관한 유익한 정보 등을 공정한 제3자의 보도기관에게 제공하여 신문기사나 TV, 뉴스 등으로 전달되도록 하여 고객들이 저항감 없이 받아들이게 하는 광고전략의 일종으로서 홍보라고 볼 수가 있다.

⑧ 점두광고

점포의 간판이나 색상 등에 의하여 광고의 효과를 극대화하는 방법이다. 지하철역의 입구나 가망고객의 이동이 많은 장소를 선정하여 임시사업장을 설치한 후 각종의 상담을 받으며 판촉활동을 전개하는 경우도 이에 해당한다.

⑨ IT광고

인터넷을 이용한 광고로서 홈페이지를 구축하거나 포털사이트를 이용해서 자체 홍보, 접수 및 상담을 유도하는 실시간 홍보방법이다.

3) 애드믹스(ad mix)(네이버 백과)

① 애드믹스의 개념

광고비를 선정해서 여러가지 광고활동을 적절하게 편성하는 것이다. 광고활동을 최적의 양과 질로 통합하려는 것으로, 광고를 마케팅 믹스와의 관련으로부터 광고활동 자체의 문제로 삼아, 광고 캠페인을 최고의 능률로 전개시키려는 것이다.

② 광고의 통합화

㉠ 광고비로부터의 통합화

최적 광고비를 산정하여 통합 광고력을 전개하려고 할 때, 산정기준으로서 마케팅 활동과의 관련으로부터 한계합계비용곡선을 추정하고, 한계광고비를 결정하는 방법이다.

㉡ 광고매체 선택으로부터의 통합화

매체 선택에 있어서 미디어 믹스(media mix)와의 관련 하에 매체의 통합화를 꾀하는 것. 광고효과, 매체접촉 등의 조사결과를 가지고 광고노출, 광고빈도를 고려하여, 인쇄매체(신문·잡지 광고 등)와 전파매체(텔레비전·

라디오 광고 등)가 적절히 조합되어 있는가, 또 신문·잡지 광고, 텔레비전·라디오 광고, 옥외 교통광고, 영화 슬라이드 광고, DM·POP 광고 등이 광고 캠페인 전체의 입장에서 볼 때 통합력을 발휘하도록 상호 결부되고 보완되어 있는가라는 점에서 통합력을 꾀하고, 도달효과(reach & frequency)로부터 광고의 심리적 효과(미지(未知) 지명(知名) 이해 구입의도 등)나 기억률, 망각률을 검토하여 그 통합화를 꾀하는 방법이 있다.

ⓒ 광고표현으로부터의 통합화

'듣는다', '보고 듣는다' 등과 같은 광고매체의 특성을 고려하여 충격효과가 가장 큰 광고표현을 연구할 필요가 있다. 요컨대 가장 적절한 표현효과를 얻기 위해서는 누적적인 광고표현에 의한 이미지화를 꾀하거나, 이용하는 각 매체 모두에 일관된 캠페인 마크를 사용하며 탤런트를 고정시키는 것이 필요하고, 또한 캐릭터와 엔터테인먼트의 통합에 이미지의 전개가 필요하게 된다.

③ 마케팅 전략의 여러 유형(출처 : doodooman.net)

급변하는 시장에서 다양한 마케팅 전략들이 생성, 변화, 발전하고 있다. 농산물유통 역시 시장경제의 본질을 벗어날 수 없기에 일반 경제이론에서 전개되는 마케팅 전략에 대하여 살펴보기로 한다.

- 대의명분 마케팅(Cause Related Marketing)

  기업이나 상표(브랜드)를 자선이나 대의명분과 연관지어 이익을 도모한다는 전략적 위치설정의 도구. 예컨대 상품과 서비스 판매를 수재민 구호사업과 연계시키는 것이 있다.

- 임페리얼 마케팅

  가격 파괴와 정반대의 개념으로 높은 가격과 좋은 품질로써 소비자를 공략하는 판매 기법입니다. 이 전략은 최근 주류업계에서 고급소주 개발 등에 활용되었으며 다른 업종으로 빠르게 확산되고 있다.

- 퍼미션 마케팅

  고객에게 동의를 받은 마케팅 행위를 말한다. 퍼미션 마케팅은 오프라인 세계에서도 존재하여 오던 것이었지만 인터넷이 등장하면서 본격화되고 있다.

- DM 광고 마케팅 (Direct Mail Advertising)

  우편에 의해서 직접 예상 고객에게 송달되는 광고로 직접광고의 일종. DM 광고의 특성은 광고물을 예상 고객에게 직접 우송하는 점에서 시장의 세분화 전략에 적당하다. 따라서 DM의 가장 중요한 점은 메일 리스트의 작성에 있다.

- DB 마케팅

  고객정보, 산업정보, 기업 내부정보, 시장정보 등 각종 1차 자료들을 수집, 분석해 이를 판매와 직결시키는 기법. 데이터베이스 마케팅은 타 고객과는 차별되는 인적 정보와 구매정보를 활용, 고객의 요구에 따른 차별적인 정보를 제공함으로써 고객의 만족도를 높이고 효과적인 마케팅 효과를 얻을 수 있다.

- 네트워크 마케팅

  네트워크 마케팅이란 기존의 중간 유통단계를 배제하여 유통 마진을 줄이고 관리비, 광고비, 샘플비 등 제 비용을 없애 회사는 싼 값으로 소비자에게 직접 제품을 공급하고 회사 수익의 일부분을 소비자에게 환원하는 시스템. 네트워크 마케팅은 프로세일즈맨이 아니라 보통 사람이 하는 사업으로 대부분의 판매는 끊임없이 소비자를 찾아 판매를 하여야 하고 매월 새로 실적을 쌓아야 한다. 피라미드와 근본적으로 다른 점은 회원을 아무리 많이 가입시켜도 소용없고 그 회원들이 그 제품을 애용해야 한다는 것이다.

- 고객 로열티 마케팅

  고객 데이터베이스를 기반으로 보상 프로그램과 퍼스널

마케팅 프로그램을 통합적으로 수행하여 장기적으로 고객 로열티를 구축하고 기업 수익성의 극대화를 추구하는 마케팅 방식을 의미한다.

- 공동상표마케팅

  공동 상포 마케팅은 장기간의 소비 침체로 고심하고 있는 일본 기업들이 타개책의 일환으로 도입한 신동 마케팅 전략. 대표적인 사례가 토요타자동차와 마쓰시타전기 외에 맥주회사와 생활용품회사 등 다양한 업종의 유수 기업들이 참여하여 만든 윌(will)이라는 공동 상표. 공동 상표는 더 적은 비용으로 더 많은 판매를 달성하고 자사 제품의 브랜드 가치를 획기적으로 높일 수 있는 방법을 찾던 기업들 간에 이심전심으로 뜻이 통하여 새로운 전략적 제휴 방법으로 등장하게 된 것이다. 국내의 경우에는 주로 중소기업의 활로를 모색하는 차원에서 지역적 기반이 같고 유사한 업종의 영세업체들 사이에 공동 상표가 활발히 도입되고 있다.

- 관계 마케팅

  고객 등 이해관계자와 강한 유대관계를 형성, 이를 유지해 가며 발전시키는 마케팅 활동을 말한다. 고객 만족 극대화를 위한 경영 이념으로 최근 관심을 끌고 있는 개념. 말하자면 기존 마케팅의 판매 위주의 거래 지향적 개념에서 탈피하여 장기적으로 고객과 경제, 사회, 기술적 유대 관계를 강화함으로써 '나에 대한 고객의 의존도를 제고시키는 것이다. 개별적 거래의 이익 극대화보다는 고객과의 호혜 관계를 극대화하여 고객과 우호 관계를 구축하면 이익은 절로 수반된다고 보고 있으며 최근에 많은 관심을 끌고 있는 CRM과 관계가 있다.

- 구전 마케팅 (Word of Mouth Marketing)

  구전마케팅은 소비자 또는 그 관련인의 입에서 입으로 전달되는 제품, 서비스. 기업 이미지 등에 대한 말에 의한 마케팅을 말한다. 사람들이 알게 모르게 이야기하는

7회 기출문제

선별된 잠재 구매자에게 광고물을 발송하여 제품구매를 유도하는 판매방식은?

① 텔레마케팅(Telemarketing)
② 다이렉트 메일 마케팅(Direct mail marketing)
③ 다단계 마케팅(Multi-level marketing)
④ 인터넷 마케팅(Internet marketing)

➡ ②

10회 기출문제

고객정보를 수집하고 분석하여 고객 이탈방지와 신규 고객확보 등에 활용하는 마케팅 기법은?

① POS(Point of Sales)
② SCM(Supply Chain Management)
③ CRM(Consumer Relationship Management)
④ CS(Consumer Satisfaction)

➡ ③

입을 광고의 매체로 삼는 것이다. 구전 마케팅의 기본 원칙은 전체 10%에 달하는 특정인의 공략이며, 90%의 다수소비자는 10%의 특정인에 의해 영향을 받게 되므로 기업들은 10%의 특정인의 전달자를 공략한다. 특정인에게 무료 샘플을 보내거나 기업들이 무료 체험, 시공, 시음과 같이 소비자로 하여금 상품을 실제 써보고 품질, 성능을 파악해보게 하는 체험형 판촉도 구전 마케팅 효과를 노린 것이다.

- 귀족 마케팅 (Noblesse Marketing)

VIP 고객을 대상으로 차별화 된 서비스를 제공하는 것을 말한다. e-귀족 마케팅이라고도 한다. 온라인 상에서의 귀족 마케팅은 철저한 신분 확인을 통해 선발한 특정 계측의 회원을 대상으로 고급 완인, 패션, 자동차 등 상류계측을 위한 정보와 귀족 커뮤니티, 사이버 별장 등의 인터넷 멤버십 서비스와 오프라인의 사교 공간 등을 제공한다. 귀족 마케팅은 의류업체들이 같은 상표라도 블랙라벨이라고 하여 디자인과 소재를 고급화하여 고가에 판매했던 것에서 비롯되었다. 일부에서는 신분 상승의 욕구를 자극하고 계층 간의 차별화를 조장하고 있다고 비판하기도 하지만 그럼에도 불구하고 젊은 층을 대상으로 한 〈영 노블리안 클럽〉, 〈노블리안 닷컴〉, 〈아이노블레스 닷컴〉 등 명품 전문 쇼핑몰이 성황리에 운영되고 있다.

- 그린 마케팅

고객의 욕구나 수요 충족 뿐만 아니라 환경보전, 생태계 균형 등을 중시하는 마케팅 전략. 소비자보호운동에 입각하여 공해를 유발하지 않는 상품을 제조하고 판매함으로써 삶의 질을 높이려는 새로운 기업 활동을 의미한다. 전통적인 산업 시대에는 자연 환경의 훼손이 가시적이지 않았으나, 최근 들어 사회적, 경제적, 생태적 비용이 증가하면서 생산업체가 자연 환경 훼손에 대한 부담을 지게 되는 입법이 확대되고 있다.

- 기상 마케팅

  기상 변화에 대한 정보를 활용해 사업계획을 조정하는 마케팅 전략. 기상 마케팅은 정보 기술을 활용한 서비스 마케팅으로 미리 예측된 기상변화 정보를 제공받아 이를 사업 계획에 반영하는 것이다. 기상 정보 서비스 업체들은 국가 기상청으로부터 위성사진, 기상 데이터 등 자료를 건네받고 가공 분석한 뒤 필요로 하는 업체들에 제공한다. 각 업체들은 기상 정보를 이용해 손실에 미리 대비하거나 재고량, 판매량 조절 등 여러 가지 경영 계획을 결정한다. 활용업체도 맥주, 음료, 빙과 등 식료품업체에서부터 의류, 냉 난방기, 항공, 해운업체 등에 이르기까지 그 폭이 점차 확대되고 있다. 국내에서는 1997년 7월 일기예보 사업자 제도가 시행된 이후 기상 정보 서비스 업체들이 속속 등장하여 다양한 기상 정보를 제공하고 있다.

- 누드 마케팅

  제품의 속을 볼 수 있도록 투명하게 디자인함으로써 소비자들의 신뢰와 호기심을 높이는 판매전략을 말한다. 누드 제품은 포화 상태인 가전제품 시장에서 기존의 틀을 깨는 파격적인 디자인으로 제품에 대한 소비자들의 구매 욕구를 높이고 있다. 국내뿐만 아니라 일본 등 외국에서도 누드 마케팅이 확산되고 있는데, 청소년층을 대상으로 한 휴대용 전화기, 컴퓨터 제품 등에서 그 예를 찾아볼 수 있다.

- 니치 마케팅

  빈틈을 공략하는 것. 틈새시장이라고도 한다.

- POS (Point of Sales 판매의 시점)

  POS는 금전등록기와 컴퓨터 단말기의 기능을 결합한 시스템으로 매상 금액을 정산해 줄 뿐 아니라 동시에 소매 경영에 필요한 각종 정보와 자료를 수집, 처리해 주는 시스템으로 판매 시점관리 시스템이라고 한다.

POS 시스템은 POS 터미널과 스토어 컨트롤러, 호스트 컴퓨터 등으로 구성되어 있으며, 상품코드(bar code) 자동판독장치인 바코드리더가 부착되어 이TEk. 이를테면 상품 포장지에 고유마크(바코드)를 인쇄하거나 부착시켜 판독기(스캐너)를 통과하면 해당 상품의 각종 정보가 읽혀지는 것이다. 담배광고가 많다. 편의점에서 많이 볼 수 있다.

- 다이렉트 마케팅

  생산자->도매상->소매상의 순서를 따르지 않고 직접 고객으로부터 주문을 받아 판매하는 것을 다이렉트 마케팅이라고 한다. 전형적 마케팅이 소비자에 대한 대량 광고를 통해 소비자의 소비 욕구를 자극하여 구입으로 연결시키는 과정을 거치는 데 비해 다이렉트 마케팅은 소비자와의 보다 긴밀한 광고 매체 접촉을 이용하여 소비자와 직거래를 실현하는 마케팅 경로를 의미한다.

- 표적 마케팅

  소비자의 인구 통계적 속성과 라이프 스타일에 관한 정보를 활용, 소비자 욕구를 최대한 충족시키는 마케팅 전략이다. 이를 위해 소비자들을 가장 작은 단위로 나눈 다음 계층별로 소비자 특성에 관한 데이터를 수집해 마케팅 계획을 세운다. 주로 대형기업들에서 활용되는데 최근 대우자동차의 〈매그너스〉 골든 키 챌린지와 중형차 비교 클리닉 등을 예로 들 수 있다. 대우자동차는 표적 마케팅을 통해 잇단 악재에도 불구하고 5월부터 판매 증가세를 유지하고 있다.

- 데이터베이스 마케팅

  데이터베이스 마케팅이란 고객에 관한 데이터베이스를 구축, 필요한 고객에게 필요한 제품을 직접 판매하는 것으로, 원 투 원(one-to-one) 마케팅이라고 한다. 다시 말해서 어느 고객이 무엇을 얼마나 자주 구매했는지, 어느 매장에서 어떤 유형의 제품을 구매했는지, 언

제 재구매, 대체 구매를 할 것인지 등과 같은 데이터를 가지고 고객의 성향을 분석, 향후 필요한 마케팅 전략을 수립하는 것이다.

- 디마케팅 (Demarketing)
  디마케팅이란 기업들이 자사의 상품 판매를 의도적으로 줄이려는 마케팅 활동. 이윤 대화가 기업의 목표라는 점에 비추어보면 얼른 이해하기 어려운 면도 있으나 소비자들의 건강 및 환경 보호 등 기업의 사회적 책임을 강조함으로써 오히려 기업의 이미지를 긍정적으로 바꾸는 효과를 기대하거나, 또는 해당 제품이 시장에서 독과점이라는 비난을 받을 위험이 있을 때 사용되는 마케팅 전략이다. 담배 식품 의약품 등의 포장이나 광고에 적정량 이상을 사용하면 건강을 해칠 수 있다는 경고 문구를 삽입하는 경우이다.

- 디지털 마케팅(Digital Marketing)
  기존 마케팅 활동에서 장해 요인으로 작용했던 시간, 공간의 장벽이 허물어지고 기업과 고객이 상호 연결되어 가치를 만들어 가는 통합형 네트워크 마케팅을 말한다. 구체적으로 디지털 쿠폰, 팩스, 셀룰러폰, 인터넷, e-메일 등 디지털 기술을 응용한 제품이 이용되는 모든 상업적 활동이 이에 속한다. 이에 비해 인터넷 마케팅은 인터넷을 기반으로 하는 상업적 활동을 가리키는 것으로 디지털 마케팅보다 협의의 의미로 사용된다.

- 릴레이션십 마케팅
  고객의 기호가 다양해지고 신상품의 개발은 경쟁 기업의 즉각적인 유사 상품 개발로 이어져 이익이 오래가지 못하며, 광고를 통한 판촉활동 또한 막대한 비용이 이익과 직결되지 않기 때문에 전통적인 마케팅 수단인 4P(제품, 판촉, 가격, 유통) 만으로는 충분한 힘을 발휘하기가 어렵게 되었다. 이러한 전통적인 마케팅 수단의 한계를 극복하고 변화하는 시장 환경의 위협을 판매신장, 이익증진의 기회로 바꾸고자 하는 것이 릴레이션십 마케팅이다. 릴레이션십 마케팅은 사회 전체의 효익과 복지를 증진시킨다는 기본 테두리 안에서 자사의 판매 신장과 이익 증진에 도움이 된다면 무엇이든 협조자로 만든다는 것이 기본 입장이다.

- 마이크로 마케팅

소비자의 인구통계적 속성과 라이프 스타일에 관한 정보를 활용, 소비자의 욕구를 최대한 충족시키는 마케팅 전략. 이를 위해 시장을 가장 작은 상권 단위로 나눈 다음, 시장별로 소비자 특성에 관한 데이터를 수집해 마케팅 계획을 세운다. 주로 많은 매장을 가지고 영업하는 대형 유통업체, 은행, 보험회사 등에서 활용할 수 있다.

- 바이러스 마케팅

컴퓨터를 통해 자료를 다운로드받을 때 컴퓨터에 바이러스가 침투되듯이 자동적으로 홍보 내용 또는 문구가 따라 나오게 하는 마케팅 기법으로 미국의 무료 전자우편인 〈핫메일(hotmail)〉이 처음으로 시도해 큰 성공을 거둔 이후 보편화되었다. 핫메일은 무료 전자우편 서비스를 시작하면서 빠른 시간 내에 여러 사람들에게 핫메일의 존재를 알리기 위해 전자우편을 주고받을 때는 반드시 편지 말미에 '무료 전자우편 서비스 핫메일'이라는 홍보 문구를 붙이도록 하였다. 사이트 광고를 주변 사람들에게 재 전송해 줄 경우 경품이나 현금을 주는 것도 바이러스 마케팅의 일종이다.

- 복합 마케팅

복합(hybrid marketing)

복합 마케팅 시스템이란 선도수요 창출, 판매수요 검토, 예비 판매, 판매 마무리, 판매 후 서비스, 거래선 관리 등 각 수요 창출 과정과 소비자 규모마다 마케팅의 경로와 방법을 달리해 시장 점유율 및 수익성을 극대화하는 효과적인 마케팅이다.

- 부동산 마케팅
 부동산과 부동산업에 대한 태도나 행동을 형성, 유지, 변형하기 위하여 수행하는 활동을 말한다.

- 비차별적 마케팅
 소비자들의 욕구에서 공통적인 부분에 초점을 맞추는 것으로 하나의 제품이나 서비스를 가지고 세분화되지 않은 전체 시장을 대상으로 비즈니스를 하는 것을 말한다. 필요한 정보를 찾기 위해 사용하는 〈야후〉나 〈알타비스타〉와 같은 검색엔진이나 디렉토리 등이 대표적인 예이다.

- 사업 장소 마케팅 (Business site Marketing)
 사업 장소 마케팅은 공장이나 점포, 사무실, 창고 및 회의실과 같은 사업장이나 장소를 개발하여 팔거나 혹은 임대해 주는 것을 포함하고 있다. 대규로 개발업자들은 기업의 토지에 대한 기본적인 욕구를 조사하고, 산업시설의 주차장과 쇼핑센터 및 새로운 사무실, 건물 등과 같은 부동산 문제를 해결하여 준다.

- 사이버 마케팅
 사이버 딜링이라고도 불리는 사이버 마케팅은 사이버 공간을 이용한 마케팅 활동. 사이버 마케팅을 활용할 수 있는 분야는 오락, 정보, 유통, 광고, 전송, 교육, 전자출판 등으로 무궁무진합니다. 현재 국내에서 추진 중인 사이버 마케팅은 데이콤에 의한 〈인터파크〉를 시작으로 주로 백화점을 중심으로 구축되어 있다. 특히 사이버 마케팅은 고객들의 거래 패턴, 구매습관, 제품선호도 등이 정보화되기 때문에 보다 맞춤고객지향서비스가 가능해진다.

- 선점 마케팅
 고객이 선호하거나 기대하는 모델을 사전적으로 파악하여 이를 제품이나 서비스를 통해 홍보하는 마케팅을 말한다. 주로 고객의 온라인 소비 습관을 분석하여 대처하는 방법을 사용한다.

- 소시얼 마케팅

  소시얼 마케팅은 기업이 자기의 이익을 추구하기 전에 사회 전체의 이익을 손상시키지 않도록 하고 구매자의 이익뿐만 아니라 사회 전체의 이익을 고려해야 한다는 사고방식에 기초를 두고 있다. 기업이 사회 전체의 이익을 손상시키지 않도록 배려하는 것이 중요하다는 사실을 강조한 사고방식이다.

- 스포츠 마케팅

  경기 시작 전부터 끝날 때까지 관련된 모든 업무를 대행하는 사업, 또는 여러 가지 프로모션 활동을 통해 팀 선수의 부가가치를 높이고 상품화를 도모하는 활동을 말한다. 주된 업무 내용은 라이센싱 사업, 연감 사진집 등의 출판 업무, 팀 선수의 매니지먼트 업무, 그리고 이벤트 매니지먼트 업무 등이다.

- 시간마케팅

  가격이나 품질 뿐만 아니라 고객의 시간을 아껴 줌으로써 판매촉진에 기여한다는 전략. 예를 들면 백화점에서 계산대를 늘려 고객의 대기 시간을 단축시켜 준다든지 30분 이내에 신사복을 수선해주는 서비스 등이 시간 마케팅이다. 은행도 현금자동지급기가 고장나거나 대출신청 후 24시간 내에 처리되지 않을 때 직장에 객장에 비치된 '옐로우카드'를 제시하면 수표발행수수료, 송금수수료 등을 면제해 주기도 한다.

- 시스템 마케팅

  판매 활동을 조직적으로 하는 것을 말한다. 시장 환경이 복잡해지고 제품 종류가 많아지며 또 그 수명이 짧다는 조건 하에서 효율적인 판매를 하기 위해 판매를 지원하는 다양한 전략의 전개를 조직적으로 추진해야

한다. 그렇게 하기 위해 필요한 정보의 신속한 처리가 요청되고, 그것이 판매 활동에 활용되는 것이다.

- 시험 마케팅
  하나 이상의 시장을 선정하여 신제품과 마케팅 프로그램을 도입하고, 얼마나 성과가 좋은가를 검토하여 필요한 부분을 수정하는 것이다.

- 심바이오틱 마케팅기법 (Symbiotic Marketing)
  대기업이 자사의 막강한 영업 조직을 통해 판로가 취약한 영세 업체들의 제품을 자사 상표를 붙여 판매하는 새로운 마케팅 기법이다.

- 애프터 마케팅
  고객 만족 마케팅의 수준을 넘어, 다시 말해서 고객이 제품을 구입하도록 만드는 과정을 넘어 그 후까지 고객의 심리를 관리하고 고객에게 제품에 대한 확신을 심어주는 〈완전한 고객 중심 마케팅〉이라고 할 수 있다. 그래서 애프터 마케팅의 당면 목표는 또 다른 구매를 촉발시키는 것이 아니라 고객에게 제대로 된 제품을 구매했음을 확신시켜 주는 데 있으며 이러한 고객의 확신은 장기적으로 이익을 가져다주는 요소가 된다. 특히 구매한 제품이나 서비스의 품질에 대한 고객의 기대가 현실적인 수준을 넘지 않도록 조절함으로써 만족도 얻을 수 있도록 도와주어야 한다는 것이 애프터 마케팅의 요체이다.

- 앰부시 마케팅
  앰부시 마케팅은 스폰서의 권리가 없는 자가 마치 자신이 스폰서인 것처럼 가장해 마케팅 활동을 펼치는 것이다.

- 에어리어 마케팅
  전국을 동일한 성질의 하나의 시장으로 보고 전개하는

마케팅 수법에 대응되는 개념으로 각 지역의 특성을 파악하여 그에 맞는 치밀한 마케팅 수법을 통틀어 일컫는 말이다. 고도성장, 대량 소비시대에서 점차 안정성장, 소비 다양화 시대로 이행되어감에 따라 새로운 마케팅 수법으로 등장했으나 개념 규정도 아직 뚜렷하지 않으며 구체적인 방법론도 확립되지는 않았다. 메이커나 유통업계에서 이러한 발상에 차츰 관심을 모으고 있다.

- 원투원 마케팅

고객에 관한 데이터베이스를 구축, 필요한 고객에게 필요한 제품을 직접 판매하는 것이다. 개별 고객의 데이터베이스 분석을 통해 서비스와 제품을 고객의 필요에 맞게 제공해 고객을 유치하고 장기적으로는 경쟁력을 확보하기 위한 마케팅으로서 1 대 1 마케팅 또는 개별 마케팅이라고도 한다. 원 투 원 마케팅은 개별 고객의 성별, 나이, 소득 등 통계 정보와 고객의 취미, 레저 등에 관한 정보 및 구매패턴을 데이터베이스화하여 고객에게 가장 적절한 상품, 정보, 광고를 제공하는 것이 핵심이다.

- 인다이렉트 마케팅

상품 유통에 있어서 메이커가 소비자와의 사이에 판매업자를 개입시켜 메이커->판매업자-> 소비자라는 전형적인 마케팅 경로를 채택할 때 이것을 인다이렉트 마케팅이라 한다. 이것에 대하여 중간에 판매업자를 개입시키지 않고 자사 상품의 마케팅 경로 전반의 관리를 메이커 스스로 행하는 마케팅 활동을 다이렉트 마케팅이라 한다.

- 인더스트리얼 마케팅

생산재에 관한 마케팅. 그 대상은 기업체로서 소비재인 경우와 같이 고객의 감정을 자극하여 구매의욕을 부채질한다기보다 경제성, 합리성을 갖춘 신제품을 개발하여 고객의 이성에 호소함으로써 판매를 촉진한다.

- 인디케이터 마케팅

  소비자의 편의를 높이기 위하여 제품 사용 시기나 상태를 알려주는 상품개발. 예를 들면 오줌을 싸면 색깔이 변하는 기저귀, 맥주를 마시는 최적 온도를 알려주는 특수마크 등이 인디케이터 마케팅을 이용한 것이다.

- 인터넷 마케팅

  개인이나 조직이 인터넷을 이용하여 양방향 의사소통을 바탕으로 마케팅 활동을 하는 것을 말한다. 전통적인 마케팅과 비교할 때 인터넷 마케팅은 불특정 다수가 아닌 1대 1 마케팅을 할 수 있고 비용을 절감할 수 있으며, 실시간으로 고객의 욕구를 파악해 신속하게 대응할 수 있는 장점이 있다.

- 지역 마케팅

  지역 마케팅은 특정한 지역이나 장소에 대한 태도나 행동을 새로이 창출해 내고, 유지 또는 변화시키기 위해 행해지는 제반 활동을 포함한다. 지역 마케팅은 크게 휴가 마케팅과 사업 장소 마케팅의 두 가지로 구분할 수 있다. 최근 들어 우리나라에서도 국가적인 차원, 또는 지방자치단체 차원에서 관광객이나 기업체 시설 유치를 위해 많은 노력을 기울이고 있다.

- 착신 텔레마케팅

  TV, 카탈로그, 우편물 등과 같은 기존의 광고 매체에 의해 이미 제품에 대해 알고 있는 고객이 직접 걸어온 전화를 받음으로써 단순히 주문을 접수하는 것들을 의미한다.

- 컨트리 마케팅

  컨트리 마케팅은 경제적 잠재력은 크지만 개발노하우와 운영능력이 부족한 개발도상국을 상대로 경제 정책 제안과 아이디어를 투입해 고부가가치를 올리는 해외사업 전략의 하나이다.

- 텔레마케팅
텔레마케팅에 대한 정의는 여러 가지가 있다. 텔레마케팅이란 "계획된 전화 통화를 이용하여 예상되는 표적고객으로부터 의무감(obligation)을 유발하여 이익을 얻고자 하는 노력이다"가 있고, 또는 마케팅의 관점에서 보다 간결하게 정의한 것으로서 "텔레마케팅은 보통 비대면 접촉을 사용하는 인적 판매로 특징지어지는 것으로서 잘 계획되고, 조직화되고 관리된 마케팅 프로그램의 일부로서 텔레커뮤니케이션 기술을 사용하는 새로운 마케팅 분과 학문이다"가 있다. 텔레마케팅의 적용 분야는 1) 전화 판매 2) 직접 반응 마케팅 3) 주문 접수 4) 고객에 대한 정보 서비스 5) 시장조사 6) 마케팅 이외의 적용 등이 있다.

- 테스트모니얼 마케팅 (Testimonial Marketing)
마케팅 기법의 일종으로 소비자나 구매자들을 직접 광고나 이벤트에 등장시켜 제품 성능을 테스트하게 한 후 증언이나 진술을 받는 방식으로 이뤄진다. 유명 연예인을 등장시키지 않기 때문에 비용이 적게 들 뿐 아니라 소비자들에게 친근감을 준다.

- 퍼스널 마케팅
고객 한 사람 한 사람의 개별 욕구에 적합한 마케팅 활동을 통해 차별적인 고객 각자의 니즈를 충족시켜줌으로써 만족도를 극대화시키는 기업 활동을 뜻한다. 고객 개개인의 주관이 뚜렷해져 자신의 욕구에 적합하지 않은 서비스는 수용하지 않는 경향이 생겨나자 퍼스널 마케팅의 필요성이 증대되었다.

- 풀 마케팅
광고, 홍보 활동에 고객들을 직접 주인공으로 참여시켜 벌이는 판매 기법을 의미한다. TV나 신문, 잡지 고아고, 쇼윈도 등에 물건을 전시하여 쇼핑을 강요하던 종전의 '푸시(Push)'마케팅에 대치되는 개념. 예를 들면

새로운 제품을 출시하면서 전국을 누비며 모델 선발대회를 개최한다거나 어린이 그림잔치 등을 열어 고객이 제품의 홍보에 적극 참여토록 유도하는 것이다.

- 컬러 마케팅

  색상으로 소비자의 구매욕을 자극하는 마케팅 기법. 컬러 TV와 함께 성장한 감각적인 20-30대 여성층이 늘어나면서 식음료를 비롯한 가구, 자동차, 가전 등 소비재 전 분야에 걸쳐 확산되고 있다. 노랑, 파랑 등 원색의 목재가구, 검정색 냉장고, 색상을 활용한 패션 음료 등 컬러 마케팅 전략이 실제 매출증대에 많은 도움을 주자 업체에서는 상품 기획부터 생산, 사후 관리까지 종합적인 컬러 마케팅에 주력하고 있다. 컬러 마케팅의 효시는 미국 파커사로, 1920년대 당시로는 파격적인 빨간색 만년필을 시장에 내놓아 선풍적인 인기를 끌었다.

- 프로슈머 마케팅

  프로슈머란 앨빈 토플러 등 미래학자들이 예견한 상품 개발 주체에 관한 개념으로 기업의 생산자(producer)와 소비자(consumer)를 합성한 말. 기업들이 신제품을 개발할 때 일반적으로 기획, 생산하여 소비자 욕구를 파악하는 단계에서 고객의 만족을 강조하고 있다. 프로슈머 마케팅 개념은 이 단계를 뛰어넘어 소비자가 직접 상품의 개발을 요구하며 아이디어를 제안하고 기업이 이를 수용해 신제품을 개발하는 것으로 고객 만족을 최대화시키는 전략이다. 국내에서도 컴퓨터, 가구, 의류회사 등에서 공모작품을 적극적으로 수용하고 있다.

- 프리마케팅

  서비스와 제품을 공짜로 제공하는 마케팅방법으로 말한다. 유료 정보를 공짜로 열람하는 대신 화면에 광고를 노출시키거나 인터넷 무료 접속 서비스를 사용하는 대신 개인의 신상정보를 공개하는 등 소극적 프리 마케팅이 주를 이루어왔으나, 최근에는 특정 통신 서비스를

> **3회 기출문제**
>
> 소비자의 상품구매 특성이 건강 및 환경문제에 민감하고 기업의 윤리적 측면을 고려함에 따라 마케팅과제를 삶의 질 향상과 인간지향 및 사회적 책임을 중시하는 데에 두는 마케팅 개념 유형은?
>
> ① 생산지향 개념
> ② 제품지향 개념
> ③ 판매지향 개념
> ④ 사회지향 개념
>
> ▶ ④

몇 년간 사용하겠다고 약속하면 PC를 무료로 제공하는 형태로도 발전하였다. 국내 이동 통신업체가 특정 시간대에 무료 통화를 제공하는 것도 프리 마케팅의 일종이다.

- 플래그십 마케팅

  플래그십 마케팅이란 시장에서 성공을 거둔 특정 상품 브랜드를 중심으로 마케팅 활동을 집중하는 것이다. 이를 통해 다른 관련 상품에도 대표브랜드의 긍정적 이미지를 전파, 매출을 극대화하는 전략. 토털 브랜드 전략과는 상반된 개념이다. 토털 브랜드는 강력한 기업 인지도를 바탕으로 통합된 이미지를 앞세워 제품 매출을 확대하는 것인 반면, 플래그십 마케팅은 주로 초일류 이미지를 가진 회사와 정면 대결을 피하기 위해 구사하는 전략이다. 조선맥주가 〈하이트〉맥주로 사명을 변경한 것이 그 대표적인 예.

- 휴가 마케팅

  휴가 마케팅은 온천이나 휴양지, 특정 도시 등으로 휴가를 떠나는 사람들을 유치하려는 활동을 말한다. 이런 활동은 주로 여행사나 항공사, 호텔, 지방자치단체 등이 수행하고 있다. 오늘날 거의 대부분의 도시나 국가는 일반인들에게 그 지역을 관광지로서 알리는 활동을 하고 있다.

- 하이브리드 마케팅

  하이브리드 마케팅이란 비용을 절감하는 동시에 비교우위를 확보하려는 마케팅 기법을 말한다. 이 방법은 기존 산업부문에 인터넷을 접목하는 방식으로 이용되고 있다. 국내에서는 SK 그룹이 주유소와 이동통신 등의 사용 실적을 종합 관리하면서 포인트 제도를 운영하고 있는데, 이것이 하이브리드 마케팅의 대표적인 예라고 할 수 있다.

- 한국고객만족도(KCSI)

  한국고객만족도는 한국 산업의 각 산업별 상품, 서비스에 대한 고객들의 만족 정도를 나타내는 지수로 한국능률협회컨설팅이 1992년 국내 최초로 측정방법론을 개발, 1992년부터 8회째 시행해오고 있다. 조사는 국내 산업에 영향을 많이 미치는 74개 업종을 선정, 서울 및 6대 광역시에 거주하는 20세 이상 60세 미만의 남녀를 대상으로 일대일 면접을 통해 실시한다.

- MOT 마케팅 (Moment of Truth 진실의 순간)

  일상생활 공간을 파고드는 마케팅 기법을 말합니다. MOT는 'Moment of Truth'의 영문 약자로 굳이 번역하자면 "결정적인 순간 또는 진실의 순간을 포착하라"는 뜻이다. 소비자들이 아침에 일어나서 신문을 보는 순간부터 집을 나와서는 교통수단을 통해, 식당에서 또는 친구를 만나 차를 마시는 곳, 그 어느 곳에서나 제품의 이미지를 심어주는 것이 MOT 마케팅의 핵심 전략이다. MOT 마케팅은 본래 70-80년대 스웨덴 항공사인 〈스칸디나비아 항공〉이 세계 최초로 고안해 큰 성공을 거둔 이후 많은 다국적 기업들이 벤치마킹을 해오고 있다.

- 신유통환경 하에서 필요한 농산물마케팅의 3요소(출처: 월간 유통저널)

항목	내용	전략
1. 품질	·최상급~최하급간 상품단계 구분 ·안전성, 신선도 요구 강화	·품질에 따른 판로 차별화 ·친환경농산물 차별화 ·예냉, 예건 등 수확 후 관리
2. 규격	·정확한 선별(표준등급) ·다양한 규격(소포장, 개방형) ·전처리, 반가공 요구	·표준등급 제정, 운용 ·공동선별(통합선별) ·상품기획(세척, 가공)
3. 물량	·연중 안정공급 ·수요변화에 따른 주문 대응	·주산지간 협력사업 추진 ·사전 물량계획 및 조정 ·단기 저장능력 보유

MEMO

제5장 기출예상문제 연구

1. 농산물 시장을 분리하여 각각 서로 다른 판매가격으로 차등화하는 가격차별화 전략 중 가장 적절한 것은?

① 농산물 시장구조의 경쟁정도를 강화시켜 경제적 효율성을 증진시킨다.
② 수요의 가격탄력성이 비교적 탄력적인 시장에 대해서는 과감히 낮은 가격을 설정한다.
③ 각 농산물 시장의 수요의 가격탄력성 차이를 가급적 줄이도록 노력한다.
④ 새로운 판매주체를 유입시켜 서로 담합한다.

정답 및 해설 ②

가격차별화(price discrimination)란 동일한 상품에 대하여 지리적·시간적으로 서로 다른 시장에서 각기 다른 가격을 매기는 것이다. 동일한 상품에 별개의 가격이 매겨지는 경제적인 이유는 뚜렷이 구별할 수 있는 몇몇 시장에서 수요의 가격탄력성의 크기가 서로 다르기 때문이다. 가격차별이 성립되는 조건은 시장이 명확히 구별되어 있어야 하고, 시장간의 상품의 전매비용(轉賣費用)이 시장간의 가격차보다 클 것 등이다.

2. 동일한 상품에 대해 서로 다른 소비자에게 각각 다른 가격수준을 부과하는 것을 가격차별(Price discrimination)이라고 한다. 이에 대한 설명 중 적절하지 않은 것은?

① 가격탄력성이 동일한 두 개 이상의 시장이 존재하여야 한다.
② 유통주체가 어떤 농산물에 대해 독점적 위치를 확보할 수 있는 여건이 구비될 때 실시한다.
③ 소비자의 선호, 소득, 장소 및 대체재의 유무 등에 따라 서로 다른 가격을 부과한다.
④ 서로 다른 시장에서 매매된 상품이 시장 간에 이동될 수 없어야 한다.

정답 및 해설 ①

① 탄력성이 다른 두 개의 시장이 존재해야 한다.

3. 선별된 잠재 구매자에게 광고물을 발송하여 제품구매를 유도하는 판매방식은?

① 텔레마케팅(Telemarketing)
② 다이렉트 메일 마케팅(Direct mail marketing)
③ 다단계 마케팅(Multi-level marketing)
④ 인터넷 마케팅(Internet marketing)

정답 및 해설 ②

다이렉트 메일 마케팅(Direct mail marketing)이란 상품 등의 광고나 선전을 위해서 특정 고객층 앞으로 직접 우송(서신·카탈로그 등의 인쇄물)하는 마케팅이다.

4. 많은 대상을 단시간에 일제히 조사할 수 있는 질문조사법(survey)에 대한 설명으로 옳은 것은?

① 조사대상자와의 대화를 통해 정보를 수집하는 방법
② 조사대상자의 집단적 토의를 통해 정보를 수집하는 방법
③ 조사대상이 되는 사물이나 현상을 조직적으로 파악하는 방법
④ 일련의 질문사항에 대하여 피조사자가 대답을 기술하도록 하는 방법

정답 및 해설 ④

① 면접법　　② 표적집단면접법　　③ 실험조사법
④ 서베이조사법은 설문지를 이용하여 조사대상자들로부터 자료를 수집하는 방법이다

5. 동일표본의 응답자에게 일정기간동안 반복적으로 자료를 수집하여 특정구매나 소비행동의 변화를 추적하는 마케팅 조사법은?

① 소비자 패널조사법　　② 심층 집단면접법
③ 초점집단조사　　　　④ 실험조사법

정답 및 해설 ①

6. 신제품에 대한 광고시안을 몇 개의 소비자 집단에 보여주고 그 중에서 소비자의 선호 정도 및 기억정도가 가장 높은 광고를 선정하고자 할 때 적합한 마케팅 조사방법은?

① 관찰법(observational research)
② 서베이조사(survey research)
③ 표적집단면접법(focus group interview)
④ 실험조사(experimental research)

정답 및 해설 ④

7. 직접 시장시험을 통해서 신제품 수요를 예측하는 마케팅조사 기법으로 적절한 것은?

① 델파이법
② 고객의견조사법
③ 모의시장시험법
④ 회귀분석법

정답 및 해설 ③

① 전문가 집단의 의견과 판단을 추출하고 종합하기 위하여 동일한 전문가 집단에게 설문조사를 실시하여 집단의 의견을 종합하고 정리하는 연구 기법이다.
④ 회귀분석은 기본적으로 하나 이상의 독립변인(들)(또는 '예측변인'이나 '설명변인'이라고도 함)이 한 단위 변할 때, 종속변인(또는 '결과변인'이나 '피설명변인'이라고도 함)이 얼마나 변할 것인지를 통계적으로 파악하는 방법이다.

8. 마케팅 조사에 대한 설명 중 관계가 먼 것은?

① 시장의 사정이나 소비자의 요구 또는 동업자의 실태 등을 면밀히 파악한다.
② 상품의 공급 상황과 수요예측을 정확하게 파악하기 위한 시장조사이다.
③ 판매목표 설정을 위해 정확한 판매예측을 한 다음 마케팅 조사를 실시한다.
④ 수요예측은 유효수요뿐만 아니라 잠재수요도 파악해야 한다.

정답 및 해설 ③

마케팅 조사의 순서(조사 후 판매목표를 설정하고 판매예측을 한다.)

㉠ 예비조사-㉡ 문제설정-㉢ 조사계획 수립-㉣ 자료수집 및 정리-㉤ 결과해석-㉥ 결과보고

9. 마케팅부서에 의해 통제되는 마케팅 환경요인에 속하지 않는 것은?

① 표적시장의 선정
② 소비자의 인식조사
③ 사업영역의 결정
④ 마케팅믹스의 구성

정답 및 해설 ③

마케팅 환경요인은 미시적, 거시적 환경요인으로 구분된다. 사업영역의 결정은 마케팅부서가 하는 일이 아니라 최고경영자의 의사결정 분야이다. 조사 후 보고를 하여 의사결정에 도움을 주거나 결정된 의사를 기반으로 마케팅을 하는 것이 실무부서의 일이다.

10. 농산물 마케팅 환경분석에 대한 설명으로 옳지 않은 것은?

① 강점과 약점, 기회와 위협 요인을 분석하는 SWOT분석이 자주 이용된다.
② 미시적 환경요인은 유통업자 스스로의 마케팅 노력에 의해 변경이나 개선이 불가능하다.
③ 미시적 환경요인에는 고객, 경쟁업자, 중간상인, 원료 공급업자 등이 포함된다.
④ 거시적 환경요인에는 인구통계학적 환경, 경제적 환경, 자연적 환경, 사회적·문화적 환경 등이 포함된다.

정답 및 해설 ②

SWOT분석이란 기업의 환경분석을 통해 기업 내부적으로 강점(Strength)과 약점(Weakness)을 기업 외부적으로 기회(Opportunity)와 위협(Threat) 요인을 규정하고 이를 토대로 전략을 수립하는 기법이다. 미시적 환경요인은 유통주체(고객, 경쟁업자, 중간상인, 원료 공급업자 등)의 환경을 말한다.

11. 농산물마케팅에서 거시적 환경요인에 해당하는 것은?

① 금융회사
② 가처분소득
③ 농산물 물류시설
④ 유통조직 관리자

정답 및 해설 ②

유통주체에 해당하지 않은 것을 고르면 된다. 가처분 소득은 경제적 환경이다.

12. 농산물마케팅 환경을 분석할 때 직접적으로 고려해야 할 요인에 해당되지 않는 것은?

① 소비자의 농산물 기호변화 등 소비구조의 변화
② 경쟁자의 생산량, 가격정책 등 경쟁환경의 변화
③ 국내외 정치상황, 지역분쟁 등 정치적 요인의 변화
④ 농산물 유통기구, 유통경로 등 시장구조의 변화

정답 및 해설 ③

시장과 관련된 정치적요인의 변화(도매시장에 시장도매인제도를 도입하는 등)는 고려대상이 되지만 지문의 내용은 시장과 관련이 없다.

13. 다음은 마케팅전략 수립을 위한 상황분석이다. ( )안의 용어로 옳은 것은?

기업 내부여건으로 ( )과(와) ( ), 기업 외부요인으로 ( )과(와) ( )을(를) 분석한다.

① 기회 - 강점 - 약점 - 위협
② 강점 - 기회 - 위협 - 약점
③ 강점 - 약점 - 기회 - 위협
④ 기회 - 위협 - 강점 - 약점

정답 및 해설 ③ 10번 해설 참조

14. 소비자들이 특정상품이나 상표를 선택할 때 영향을 미치는 요인에 대해 가장 잘 설명한 것은?

① 사회적 요인으로서 사회계층, 준거집단, 가족, 라이프스타일 등이 포함된다.
② 제도적 요인으로서 직업, 소득, 교육, 소비 스타일 등이 포함된다.

③ 정치적 요인으로서 국내 및 국제적 정치 상황이 포함된다.
④ 법률적 요인으로서 법이 어떻게 바뀌는가에 따라 달라진다.

정답 및 해설 ①

사회적 요인	사회계층, 준거집단, 가족, 라이프스타일 등
문화적 요인	생활양식, 국적, 종교, 인종, 지역 등
개인적 요인	연령, 성별, 생활주기, 직업, 경제적 상황, 인성 등
심리적 요인	욕구, 동기, 태도, 학습, 개성 등

15. 소비자의 구매행위에 영향을 미치는 심리적 요인이 아닌 것은?

① 욕구
② 동기
③ 성별
④ 개성

정답 및 해설 ③

성별 : 개인적 구매 요인

16. 소비자의 농산물 구매행동에 대한 설명으로 알맞지 않은 것은?

① 과일, 채소 등을 구입할 때 소비자는 경험이나 습관에 의해 쉽게 구매결정을 내리는 저관여 구매행동을 한다.
② 친환경농산물과 같이 소비자의관심이 큰 상품은 신중하게 의사결정을 내리는 고관여 구매행동을 한다.
③ 제품관련도가 낮은 농산물의 경우는 브랜드 간 차이가 크더라도 소비자가 브랜드 전환(brand switching)을 시도하는 경우가 드물다.
④ 저관여 상품의 판매를 확대하려면 친숙도를 높여야 하고, 고관여 상품은 다양한 상품 정보를 제공해야 한다.

정답 및 해설 ③

저관여 농산물은 제품에 대한 중요도가 낮고, 값이 싸며, 상표간의 차이가 별로 없고, 잘못 구매해도 위

힘이 별로 없는 제품을 구매할 때 소비자의 의사결정 과정이나 정보처리 과정이 간단하고 신속하게 이루어지는 제품을 말한다. 브랜드 간 차이가 크면 쉽게 브랜드 전환을 한다.

17. 소비자의 상품구매 특성이 건강 및 환경문제에 민감하고 기업의 윤리적 측면을 고려함에 따라 마케팅과제를 삶의 질 향상과 인간지향 및 사회적 책임을 중시하는 데에 두는 마케팅 개념 유형은?

① 생산지향 개념
② 제품지향 개념
③ 판매지향 개념
④ 사회지향 개념

정답 및 해설 ④

18. 소비자가 상품을 구매하는 의사결정 과정을 순서대로 연결한 것은?

① 정보탐색 – 문제인식 – 선택대안의 평가 – 구매
② 정보탐색 – 선택대안의 평가 – 문제인식 – 구매
③ 문제인식 – 선택대안의 평가 – 정보탐색 – 구매
④ 문제인식 – 정보탐색 – 선택대안의 평가 – 구매

정답 및 해설 ④

19. 농산물 소매기구의 마케팅 전략(소매믹스 전략)에 대한 설명 중 가장 알맞은 것은?

① 일반적으로 높은 유통마진을 추구하는 소매점은 고객에 대한 서비스 수준을 높이고 평균재고의 회전율을 낮춘다.
② 소매믹스전략 중 가장 중요한 요인은 표적고객의 욕구에 부응하는 상품화 계획인 머천다이징이다.
③ 상권은 1차, 2차, 3차로 구분되는데 1차 상권은 구매고객의 60% 내외, 2차 상권은 30% 내외가 거주하고 있는 지역을 말한다.
④ 소매점의 단기적 성과의 촉진수단으로서 광고와 PR이 흔히 사용된다.

정답 및 해설 ②

① 평균재고의 회전율을 높인다.
③ 1차(65%), 2차(30%), 3차(5%)
④ 광고와 PR은 기업광고에 해당한다.

20. 마케팅 믹스 요소 중 촉진의 기능과 관련이 없는 것은?

① 기업의 새로운 상품에 대하여 정보를 제공한다.
② 소비자의 구매와 관련된 행동의 변화를 유도한다.
③ 소비자의 브랜드에 대한 이미지를 제고시킨다.
④ 소비자가 원하는 가격으로 제품을 생산한다.

정답 및 해설 ④

4P MIX중 제품(Products)에 해당한다.

21. 기업의 입장에서는 마케팅 믹스의 4P이지만 고객의 입장에서는 4C가 된다. 다음 중 4P와 4C를 올바르게 대응한 것은?

	마케터관점(4P)		고객관점(4C)
①	상품(Products)	–	편리성(Convenience)
②	가격(Price)	–	고객가치(Customer value)
③	유통(Place)	–	고객측 비용(Cost to the Customer)
④	촉진(Promotion)	–	의사소통(Communication)

정답 및 해설 ④

① 상품(Products) – 고객가치(Customer value)
② 가격(Price) – 고객측 비용(Cost to the Customer)
③ 유통(Place) – 편리성(Convenience)
④ 촉진(Promotion) – 의사소통(Communication)

22. 친환경농산물의 그린마케팅에서 시장의 그린화와 상품의 그린화가 모두 미진한 경우에는 시장침투 전략이 유리하다. 이에 해당되는 품목으로 가장 적당한 것은?

① 쇠고기
② 토마토
③ 쌀
④ 상추

정답 및 해설 ①

그린마케팅(Green Marketing)

환경적 역기능을 최소화하면서 소비자가 만족할 만한 수준의 성능과 가격으로 제품을 개발하여 환경적으로 우수한 제품 및 기업 이미지를 창출함으로써 기업의 이익 실현에 기여하는 마케팅을 말한다.

지문의 의도는 제시된 항목 중 그린화가 가장 미흡한 농산물은 무엇인가이다.

23. 표적시장의 선정과 마케팅 전략의 선택에 대한 설명으로 옳지 않은 것은?

① 집중적 마케팅 전략은 동일한 마케팅 믹스로 접근 가능한 1~2개의 세분시장을 표적으로 한다.
② 집중적 마케팅 전략은 제품을 생산하고 판매촉진을 하는데 필요한 자원이 제한적일 때 효율적이다.
③ 차별적 마케팅 전략은 다양한 마케팅 믹스를 바탕으로 다양한 세분시장을 표적으로 한다.
④ 차별적 마케팅 전략은 총 매출액이나 수익을 증대시킬 뿐만 아니라 마케팅 비용도 절감한다.

정답 및 해설 ④

차별적 마케팅은 세분된 시장에 각각 다른 마케팅 전략을 구사하는 것으로서 총 매출액이나 수익을 증대시킬 수 있으나 마케팅 비용은 증가한다.

24. 친환경농산물의 STP(Segmentation-Targeting-Positioning) 전략이 아닌 것은?

① 친환경농산물의 가격을 낮출 수 있는 유통과정 효율화 및 구매편의성 제고가 필요하다.
② 친환경농산물의 소비확대를 위해 안전성에 대한 신뢰도를 높여야 한다.

③ 친환경농산물의 생산확대를 위해 생산기술개발이 필요하다.
④ 친환경농산물의 판매확대를 위해 학교급식과 연계하여 대량소비처를 확보할 필요가 있다.

정답 및 해설 ③

STP전략은 판매를 위한 마케팅 전략이다.

25. 시장을 세분화하고 표적시장을 선정한 다음 시장을 공략하기 위해 구사하는 마케팅전략에 대한 설명으로 틀린 것은?

① 보유한 자원이 매우 제한적일 경우 집중 마케팅전략을 구사하는 것이 적합하다.
② 제품의 품질이 균일한 경우 무차별적 마케팅이 적합하다.
③ 제품구색이 복잡한 경우 차별적 마케팅이나 집중마케팅전략이 적합하다.
④ 소규모시장에서 신제품을 출시하는 경우 무차별적 마케팅전략보다 차별적 마케팅전략이 적합하다.

정답 및 해설 ④

소규모시장은 시장의 세분화가 어렵다. 세분화가 어렵다면 무차별적 마케팅이 효율적이다.

26. 시장 세분화(market segmentation) 전략을 가장 적절히 설명한 것은?

① 제한된 자원으로 전체 시장에 진출하기 보다는 욕구와 선호가 비슷한 소비자 집단으로 나누어 진출하는 전략이다.
② 소비자의 개별적 욕구를 충족하기 보다는 전체를 하나로 보아 비용을 절감하고 관리하는 전략이다.
③ 소비자들 인식하고 있는 취향과 선호에 따라 부분적으로 취하는 소비전략이다.
④ 모든 개인의 취향과 욕구를 충족하고 관리하여 이익의 극대화를 추구하는 전략이다.

정답 및 해설 ①

② 전체를 하나로 본다면 시장을 세분하지 않는 것이다.
③ 소비자들 인식하고 있는 취향과 선호에 따라 전체를 부분적으로 나누는 전략이다.

④ 이익의 극대화를 추구하지만 세분화 후 타게팅(목표시장)을 어떻게 두느냐에 따라 전체를 대상으로 할지 부분을 대상으로 할 지가 결정된다.

27. 시장규모가 너무 작거나 자신의 상표가 시장 내에서 지배상표이기 때문에 시장을 세분화하면 수익성이 적어질 경우, 어떤 마케팅 전략이 적절한가?

① 비차별적 마케팅 전략
② 집중화 마케팅 전략
③ 틈새 마케팅 전략
④ 그린 마케팅 전략

정답 및 해설 ①

28. 개인별 마케팅보다는 더 적은 비용을 지출하면서도 동시에 대량 마케팅보다는 더 많은 고객을 확보할 수 있도록 하기 위하여 시장을 세분화 하려고 한다. 이때 시장을 효과적으로 세분하기 위한 요건으로 볼 수 없는 것은?

① 세분시장 간에는 어느 정도 동질성이 확보되어야 한다.
② 세분시장의 크기와 구매력을 측정할 수 있어야 한다.
③ 세분시장의 잠재고객에게 쉽게 접근할 수 있어야 한다.
④ 세분시장은 상당한 이익이 실현될 수 있는 규모가 되어야 한다.

정답 및 해설 ①
세분시장 간에는 이질성이 존재하여야 한다.

29. 표적시장선택을 위한 전략의 사례로 적절하지 않은 것은?

① 가내수공업으로 두부를 소량생산하는 A 업체는 틈새 마케팅이 적절하다.
② 한 종류의 햄을 대량생산하는 B 업체는 비차별적 마케팅이 필요하다.
③ 서로 다른 한국과 미국 시장에 각각 진출하려고 하는 C 업체는 차별적 마케팅이 적절하다.

④ 개별고객의 욕구와 선호에 부응하는 상품을 생산하는 D 업체는 집중적 마케팅이 효과적이다.

정답 및 해설 ④

상품의 계열이 다양하다는 것은 상품종류별 소비자 시장이 다르다는 것을 의미한다.
이런 기업은 시장을 세분화하여 차별적 마케팅을 시도하는 것이 유리하다.

30. 마케팅믹스 중 가격관리에 관한 설명으로 옳지 않은 것은?

① 업체들은 혁신 소비자층에 대해 초기저가전략을 사용한다.
② 업체간 경쟁이 치열할수록 개별업체는 가격을 독자적으로 결정하기 어렵다.
③ 일반적으로 소비자는 농산물의 품질이 가격과 직접적인 관련이 있다고 본다.
④ 가격관리는 마케팅믹스 중 수익을 창출하는 유일한 요소이다.

정답 및 해설 ①

혁신 소비층은 높은 가격을 부담할 준비가 되어 있으므로 고가전략이 유리하다.

31. 시장세분화기준 중에서 "행동적 기준"의 유형과 마케팅전략의 예시가 잘못 연결된 것은?

행동적 기준		마케팅전략
① 사용량	–	독신 생활자를 위한 낱개 포장
② 사용상황	–	제철 농산물의 판촉
③ 추구효익	–	건강 기능성 식품개발
④ 브랜드 충성도	–	유명 특산물의 지역브랜드 연계

정답 및 해설 ②

사용상황이란 장소나 시간대 등에 따라 소비자 행태를 분석, 제품을 제시하는 것이다.
예) 야구장에서 소비하는 제품 유형

32. 마케팅 믹스(marketing mix) 전략을 적절히 설명한 것은?

① 마케팅 믹스요소는 상품전략, 수송전략, 유통전략, 광고전략으로 나눈다.
② 기업이 표적시장을 선정한 다음에 여러 가지 자사상품을 잘 섞어서 판매하는 전략이다.
③ 기업의 마케팅노하우, 상표, 기업 이미지 등을 경쟁자가 쉽게 모방할 수 없도록 하는 종합적인 전략이다.
④ 기업이 소비자의 욕구와 선호를 효과적으로 충족시키기 위하여 4P를 활용한 마케팅 전략을 말한다.

정답 및 해설 ④
4P는 Product, Price, Place, Promotion을 말한다.
③은 상표화

33. 좁은 의미의 판매 촉진에 관해 가장 잘 설명하고 있는 것은?

① 좁은 의미의 판매촉진에서는 광고와 홍보가 가장 중요한 수단이다.
② 광고, 홍보 및 인적판매와 같은 범주에 포함되지 않은 모든 촉진 활동을 말한다.
③ 가격 할인, 경품, 샘플 제공 등을 사용하지 않는다.
④ 광고, 홍보 및 인적판매와 같은 모든 수단을 기업 이미지 개선과 매출 증가를 위해 사용한다.

정답 및 해설 ②
광고, 홍보 및 인적판매와 같은 수단을 제외한 가격 할인, 경품, 샘플 제공 등의 촉진확동을 말한다.

34. 소비자를 대상으로 한 판매촉진 수단이 아닌 것은?

① 무료 샘플(free sample)   ② 쿠폰(coupon)
③ 경품(premium)   ④ 구매보조금(buying allowances)

정답 및 해설 ④

쿠폰(coupon) : 소매상이 백화점 등의 대규모 판매점에 대항하기 위하여 협동자위수단으로 발전시킨 신용판매방법 또는 여기에 사용되는 표.

경품(premium) : 소비자의 구매의욕을 자극하기 위하여 상품에 부가적으로 제공하는 물품이나 서비스의 일종.

구매보조금(buying allowances) : 제조업자가 특정기간 동안에 자사의 특정제품을 구매하는 중간상에게 구매량 당 일정금액을 할인해 주는 제도

35. 제조업자가 직접 소비자를 대상으로 실시하는 판매촉진수단만을 나열한 것은?

① 리베이트(Rebates), 보상판매(Trade-ins)
② 사은품(Premium), 구매공제(Buying allowances)
③ 판매원 훈련, 콘테스트(Contests)
④ 사은품(Premium), 진열공제(Display allowances)

정답 및 해설 ①

보상판매 : 어떤 제품의 제조업자 또는 판매업자 등이 제품을 판매하면서 자사의 구제품을 가져오는 고객에 한하여 구제품에 대해 일정한 자산가격을 인정해주고 신제품 구입시 일정률 또는 일정액을 할인해주는 판매방법

36. 농산물판매확대를 위한 촉진전략에 대한 설명으로 알맞지 않은 것은?

① 소비자가 농산물의 구매결정을 내리기 이전단계에서는 홍보 및 광고가 판매촉진보다 효과가 높다.
② 지방자치단체가 여름휴양지에서 휴양객에게 지역특산물을 나누어 주는 무료행사는 풀(pull) 전략에 해당한다.
③ RPC(미곡종합처리장)가 대형할인점에 납품하는 쌀가격을 인하하여 판매를 확대하는 것은 푸쉬(push) 전략에 속한다.
④ 공산품과 달리 차별화하기 어려운 농산물의 경우는 일반 대중을 상대로 한 PR(공중관계) 전략의 효과가 미미하다.

정답 및 해설 ④

풀(Pull)전략 : 소비자를 대상으로 제품·브랜드·기업명 등을 광고함으로써 소비자가 지명구매(指名購買)하도록 하려는 메이커의 판매전략을 말한다. 풀 전략에서는 광고, 무료견본, 경품의 제공, 소비자의 조직화 등을 이용한다.

■ 기업광고→소비자 유인→소비자의 판매점 방문

푸쉬(Push)전략 : 푸시전략은 직접적으로 거래하고 있는 판매업자에게 판매촉진활동을 행하여 도매업자나 소매업자를 통해 자기의 제품을 푸시하려는 메이커의 판매전략을 말한다. 푸시전략에는 주로 판매원에 의한 인적판매(대리점 인센티브)를 이용한다

■ 기업의 판매점 지원→판매점 판촉→소비자의 판매점 방문

37. 마케팅전략에서 촉진의 기능이 아닌 것은?

① 운영비용의 절감
② 상품정보의 전달
③ 상표에 대한 기억유지
④ 구매행동 강화를 위한 설득

정답 및 해설 ①

촉진(promotion)은 소비자와의 커뮤니케이션으로 볼 수 있다.
운영비용절감은 기업 내부환경요인이다.

38. 농산물 포장에 대한 설명으로 옳지 않은 것은?

① 농산물의 손상 및 파손으로부터 보호한다.
② 농산물의 수송, 저장, 전시 등을 용이하게 한다.
③ 유통비용 중 포장비용이 계속 줄어드는 추세이다.
④ 소비자의 안전 및 환경을 고려해야 한다.

정답 및 해설 ③

39. 최근 제품 포장의 중요성이 더욱 증대되고 있는 이유를 설명한 것으로 틀린 것은?

① 농산물의 포장이 단순화, 대형화되는 추세에 있기 때문이다.
② 소비자는 같은 가격이라면 외관이 수려하게 포장된 제품을 선호하기 때문이다.
③ 혁신적인 포장은 제품 차별화를 통해 경쟁우위 확보의 기회를 제공하기 때문이다.
④ 셀프서비스제로 운영되고 있는 많은 소매점에서 상품의 포장은 순간 광고의 기능을 수행하기 때문이다.

정답 및 해설 ①

포장개념에 디자인과 편리성, 운송효율성, 소비자유인 등의 요소가 반영되면서 포장이 단순하지는 않다. 포장은 상품진열시 소비자의 소구점을 자극하므로 소형화되는 추세다.

■ 소비자 소구(consumer appeal) : 광고를 통해 소비자 측의 구매욕을 자극시키기 위해 상품이나 서비스의 특성이나 우월성을 호소하여 공감을 구하는 것이다.

40. 농산물 포장의 목적이 주로 취급을 용이하게 하거나 상품을 보호하는 데에 있는 것은?

① 개별포장(primary package)
② 외부포장(secondary package)
③ 내부포장(inner package)
④ 환경친화적 포장(green package)

정답 및 해설 ②

운송과 수송목적의 포장이다.

41. 포장의 원칙에 대한 설명 중 관계가 먼 것은?

① 소비자의 사용에 편리하도록 해야 한다.
② 포장비용에 구애되지 말고 포장은 화려하게 해야 한다.
③ 광고면에 나타낸 호소와 인상을 현물포장과 일치되도록 계획한다.
④ 소비자의 상품구매 관습, 지적수준, 환경 등을 고려하여야 한다.

정답 및 해설 ②

42. 상품 이름 짓기(brand-naming)에 있어 상표명이 가져야 할 특징 중 옳지 않은 것은?

① 상표명은 가급적 쉽고 흔한 명칭으로 하여야 한다.
② 상표명은 그 제품에 주는 이점을 표현할 수 있어야 한다.
③ 상표명은 제품이나 기업의 이미지와 일치하여야 한다.
④ 상표명은 법적 보호를 받을 수 있어야 한다.

정답 및 해설 ①
상표명은 도용이나 유사상품이 등장하지 않도록 특색을 갖추어야 한다.

43. 상표의 기능이 아닌 것은?

① 상징 기능
② 광고 기능
③ 원산지 표시기능
④ 품질보증기능

정답 및 해설 ③

44. 농산물브랜드에 대한 설명으로 옳지 않은 것은?

① 시장에 정착시키는 과정에서 시간이 많이 소요된다.
② 다수의 다른 경쟁상품과의 식별을 가능하게 하고 그 책임소재를 분명히 한다.
③ 소비자에게 제공하는 가치를 증가시키거나 감소시킬 수 있다.
④ 공동브랜드를 통해 다품목 소량생산이라는 맞춤식 경쟁력을 보유할 수 있다.

정답 및 해설 ④
공동브랜드는 다수의 생산자가 연대하여 단일 브랜드를 사용하는 것이다.
단품목 대량생산 제품에 경쟁력이 있다.

45. 농산물브랜드의 기능이 아닌 것은?

① 수급조절기능 ② 상징기능
③ 광고기능 ④ 품질보증기능

정답 및 해설 ①

46. 소비자가 특정 브랜드(상표)에 대해서 일관성 있게 선호하는 행동경향은 무엇인가?

① 브랜드 파워 ② 브랜드 로열티
③ 브랜드 이미지 ④ 브랜드 충성도

정답 및 해설 ②④

상표충성도(brand loyalty)

상표충실도·상표애호도라고도 한다. 제품을 구매할 때 특정한 브랜드를 선호하여 동일한 브랜드를 반복적으로 구매하는 정도를 나타내는 것으로, 브랜드 자산의 핵심적인 구성요소이다. ②④는 동일한 개념이다.

47. 농산물 생산자가 가격순응자라는 것은 농산물 특성상 어떠한 점과 관계가 깊은가?

① 지역적 특화 ② 계절성
③ 수요·가격 변동에 시차가 존재 ④ 생산자의 영세 다수

정답 및 해설 ④

생산자가 조직화되지 않고 분산되 있으면 가격교섭능력이 떨어지고 주어진 시장가격에 순응할 수 밖에 없다.

48. 가격과 품질의 상관성에 의한 소비자 심리에 바탕을 둔 가격전략으로 적당한 것은?

① 단수가격 전략 ② 미끼가격 전략
③ 고가 전략 ④ 특별염가 전략

정답 및 해설 ③

① 단지 가격(숫자)에만 관심이 있다.
② 해당 상품의 품질은 고려치 않고 소비자를 끌어들이기 위한 미끼 상품을 내세워서 방문 고객의 방문을 유도한 후 소비자의 관심을 해당상품으로 돌리도록 하는 전략이다.
③ 가격이 높으면 품질도 우수할 것이라고 믿는 소비자의 심리를 이용한 전략(명성가격)

49. 제품의 단위당 비용에 적정 이익률을 더하여 최종판매가격을 결정하는 방법은?

① 단수가격결정(odd pricing)
② 가산 이익률에 따른 가격 결정(mark-up pricing)
③ 목표투자이익률에 따른 가격 결정(target return pricing)
④ 손익분기점 분석에 의한 가격 결정(break-even analysis pricing)

정답 및 해설 ②

50. 상품가격이 1,000원에 비해 990원이 매우 싸다고 느끼는 소비자 심리를 이용한 가격전략은?

① 단수가격전략
② 유보가격전략
③ 관습가격전략
④ 계수가격전략

정답 및 해설 ①

유보가격 : 경제적 행동에 대한 의사결정을 설명하는 개념으로 경제활동 x의 유보가격은 어떤 경제주체가 x를 실행하는 것과 실행하지 않는 것 사이에 무차별한 가격을 말한다.

51. 심리적 가격전략 중에서 상품의 가격을 높게 책정하여 품질의 고급화와 상품의 차별화를 나타내는 전략은?

① 개수가격 전략
② 명성가격 전략

③ 관습가격 전략 ④ 단수가격 전략

정답 및 해설 ②

52. 가격전략의 유형별 설명으로 옳지 않은 것은?

① 유인가격전략은 특정제품의 가격을 낮게 책정하여 자사의 다른 제품판매까지 유도하는 것이다.
② 특별가격전략은 현금 또는 신용카드 등 결제수단에 따라 가격을 다르게 책정하는 것이다.
③ 저가전략은 단기전에 대량판매를 하기 위해 처음부터 가격을 낮게 책정하는 것이다.
④ 개수가격전략은 구매동기를 자극하기 위해 한 개당 가격을 설정하는 것이다.

정답 및 해설 ②

특별가격전략 : 일정기간 동안 제품을 할인해서 판매하는 세일(sale)
구매조건가격전략 : 현금 또는 신용카드 등 결제수단에 따라 가격을 다르게 책정하는 경우를 말한다.

53. 제품수명주기(product life cycle)의 각 단계에 대한 설명으로 틀린 것은?

① 도입기 : 신제품의 인지도를 높이기 위해 상대적으로 높은 광고비와 판매촉진비가 투입되어야 한다.
② 성장기 : 혁신소비자 및 조기수용자의 호의적인 구전(口傳)이 시장 확대에 매우 중요한 역할을 한다.
③ 성숙기 : 높은 매출을 실현하게 되며, 제품의 스타일을 개선함으로써 매출을 확대할 수 있다.
④ 쇠퇴기 : 제품의 판매량이 증가하지만 판매증가율은 감소한다.

정답 및 해설 ④

제품의 판매량이 감소하며 판매증가율도 감소한다. 유지냐 퇴출이냐를 결정하는 시기다.

54. 제품수명주기(product life cycle)에서 성숙기에 나타나는 특징은?

① 광고활동의 축소
② 시장수용도의 급증
③ 홍보비용의 과다 발생
④ 신제품의 개발

정답 및 해설 ④

① 쇠퇴기
② 성장기
③ 도입기
④ 성숙기는 쇠퇴기 직전 단계이다. 적극적인 마케팅 활동이 필요한 시기이며 쇠퇴기를 대비한 신제품개발 등이 필요한 단계이다.

55. 다음에 제시된 사례에 해당하는 제품수명주기단계(A ~ D)는?

딸기잼을 생산·유통하고 있는 K 영농조합법인은 경쟁업체들의 유사상품출시에 대응하여 연구소에 기능성 잼의 개발을 의뢰하였다.

① A
② B
③ C
④ D

정답 및 해설 ③

56. 다음의 설명은 상품수명주기 중 어디에 해당하는가?

대량생산이 본궤도에 오르고, 원가가 크게 내림에 따라서 상품단위별 이익은 최고조에 달한다.

① 쇠퇴기
② 성숙기
③ 도입기
④ 성장기

정답 및 해설 ②

57. 제품수명주기(PLC)의 단계별 특성과 그에 대응한 농산물 마케팅 전략에 대한 설명으로 맞는 것은?

① 새로운 농산물이 개발보급되는 도입기에는 홍보보다 판매촉진활동이 우선시 된다.
② 농산물의 매출액이 늘어나고 시장이 확대되는 성장기에는 공급을 확대하는 한편 상품 및 가격차별화를 도모한다.
③ 시장이 포화단계에 이르는 성숙기에는 가격탄력성이 크기 때문에 가격을 인하하면 총수익이 큰 폭으로 줄어든다.
④ 해당 농산물에 대한 시장수요가 줄어드는 쇠퇴기에는 광고를 비롯한 판매촉진활동을 과감하게 시행하여야 한다.

정답 및 해설 ②
① 홍보와 판매촉진활동이 동시에 요구된다.
③ 가격의 인하는 총수익의 증가를 가져온다.
④ 시장퇴출을 준비하는 시기이다.

58. 농산물 광고의 역할에 대해 가장 잘 설명하고 있는 것은?

① 농산물 광고는 소비자 가격을 상승시키므로 불필요하다는 것이 정론이다.
② 농산물 광고는 유통업체간의 경쟁을 완화시켜 준다.
③ 농산물 광고는 인적판매 방식에 주로 의존한다.
④ 농산물 광고는 새로운 수요를 창출하고 유통혁신을 자극한다.

정답 및 해설 ④

제5장 마케팅 집중 문제

■■■ 마케팅 집중 문제

1. 다음 설명 중 옳지 않은 것은?

① 전환마케팅은 어떤 제품이나 서비스 등을 싫어하는 사람들에게 그것을 좋아하도록 태도를 바꾸려고 노력하는 것이다.
② 동시마케팅은 제품이나 서비스의 공급능력에 맞추어 수요발생시기를 조정 또는 변경하려는 것이다.
③ 디마케팅(역마케팅)은 하나의 제품이나 서비스에 대한 수요를 일시적으로나 영구적으로 감소시키려는 것이다.
④ 심비오틱마케팅은 특정한 제품이나 서비스에 대한 수요나 관심을 없애려는 것이다.

2. 마케팅활동에서 시간의 중요성을 인식하여 경쟁자보다 경쟁적 이점을 인식하려는 마케팅은?

① 아이디어마케팅　　② 메가마케팅
③ 터보마케팅　　　　④ 관계마케팅

3. 다음은 마케팅 전략에 관한 설명이다. 옳지 않은 것은?

① 개별기능의 개선을 중요시한다.
② 전략은 장기적이며 전개방법이 혁신적이다.
③ 전개의 폭은 통합적이어야 한다.
④ 전략찬스를 발견하기 위한 분석, 전략의 입안, 조직 전체적인 전개를 하는 3차원적이다.

4. 다음은 BCG의 성장-점유 메트릭스에 관한 설명이다. 각각의 연결이 잘못된 것은?

① 별 - 고점유율, 고성장율을 보이는 전략산업단위
② 자금젖소 - 저성장, 고점유율을 보이는 실패한사업
③ 의문표 - 고성장, 저점유율을 보이는 사업
④ 개 - 저성장, 저점유율을 보이는 사업

5. 새로운 시장에 신제품을 출시하여 기존의 제품이나 시장과는 완전히 다른 새로운 사업을 시작하거나 인수하는 전략은?

① 시장침투전략　　　　　　　② 시장개척전략
③ 다각화전략　　　　　　　　④ 제품개발전략

6. 마케팅 목표를 효과적으로 달성하기 위하여 마케팅 활동에서 사용되는 여러 가지 방법을 전체적으로 균형잡히도록 조정·구성하는 활동은?

① 마케팅 믹스　　　　　　　② 에드믹스
③ STP전략　　　　　　　　　④ 내부성장전략

7. 일정한 기준에 따라 몇 개의 동질적인 소비자집단으로 구분하는 전략은?

① 시장표적화　　　　　　　② 시장세분화
③ 시장위치화　　　　　　　④ 시장의 차별화

8. 다음 중 수요자의 소비행태를 보여주는 이론은?

① AIDA　　　　　　　　　　② STP전략
③ 포트폴리오　　　　　　　④ PULL전략

9. 다음은 4P MIX 전략에 관한 설명이다. 차별화전략과 관계되는 것을 고르시오.

① 상품전략(products)　　　　　② 유통경로(place)
③ 판매촉진(promotion)　　　　 ④ 가격전략(price)

10. 기업이 소비자에 대한 광고활동보다는 주로 판매원에 의한 인적 판매를 지원하는 마케팅전략은?

① 4P MIX　　　　　　　　　　② PULL전략
③ PUSH전략　　　　　　　　　 ④ GREEN 마케팅

11. 다음 중 마케팅환경에 관한 설명으로 옳지 않은 것은?

① 마케팅환경은 마케팅관리활동에 영향을 미치는 여러 행위주체와 영향요인을 말한다.
② 기업, 원료공급자, 중간상, 고객 등은 미시적 환경이다.
③ 마케팅환경이 마케팅활동을 제약하는 요인이 되기도 한다.
④ 마케팅환경은 마케팅에 관련된 자료를 수집, 기록, 분석한 거시적 환경이다.

12. 서로 대립되는 범주로 분류하는 마케팅조사의 척도는?

① 명목척도　　　　　　　　　　② 서열척도
③ 간격척도　　　　　　　　　　④ 비율척도

13. 많은 대상을 단시간에 일제히 조사할 수 있고, 그 결과도 비교적 신속하게 계적으로 처리가 가능한 마케팅조사 방법은?

① 관찰조사법　　　　　　　　　② 델파이기법
③ 실험조사법　　　　　　　　　④ 질문조사법

14. 고객의 관점에서 편리성(convenience)에 해당하는 것이 4P에서는 어느 것인가?

제5장 마케팅 집중문제 | **231**

① 유통경로　　　　　　　　② 상품전략
③ 가격전략　　　　　　　　④ 촉진전략

15. 시장세분화의 필요성이 없는 마케팅은?

① 비차별적 마케팅　　　　② 차별적 마케팅
③ 집중적 마케팅　　　　　④ 고객점유 마케팅

16. 효율적인 세분화의 조건으로 옳지 않은 것은?

① 측정가능성　　　　　　② 접근가능성
③ 완전성　　　　　　　　④ 개별성

17. 소규모시장에 신제품을 출시하는 경우 효율적인 마케팅전략은?

① 비차별적 마케팅　　　　② 차별적 마케팅
③ 시장세분화 전략　　　　④ 소량마케팅

18. 소비자의 마음속에 자사의 제품을 유리하게 위치시키는 전략은?

① 시장세분화　　　　　　② 표적시장 전략
③ 포지셔닝　　　　　　　④ 관계마케팅

19. 진열상품을 보고 이에 대한 필요성을 구체화하여 나타나는 구매행태는?

① 충동구매　　　　　　　② 회상구매
③ 암시구매　　　　　　　④ 선정구매

20. 소비자 행동에 영향을 미치는 개인적 심리상태의 정도, 동기부여 수준, 흥미의 정도, 개인적 중요성의 정도를 반영하는 개념은?

① 마케팅환경　　　　　　　② 마케팅조사
③ 관여도　　　　　　　　　④ 마케팅정보

21. 온라인 상에서 사람들의 입소문을 이용한 마케팅전략은?

① 프렌차이즈 마케팅　　　② 고객점유마케팅
③ 바이럴 마케팅　　　　　④ 관계마케팅

22. 마케팅 믹스를 5P라고 할 때 추가되는 한 가지는?

① paper　　　　　　　　　② people
③ produce　　　　　　　　④ pen

23. 수평적 관계의 다수의 사람들에 의한 판매활동을 무슨 마케팅이라 하는가?

① 네트워크 마케팅
② MLM(MULTI LEVEL MARKETING)
③ 다단계 마케팅
④ 마케팅 믹스

24. 수요-민감도가 큰 경우의 가격결정 방법은?

① 시장점유율이 목적이라면 저가정책을 취한다.
② 경쟁사의 가격을 따라간다.
③ 관행적인 가격을 따라간다.
④ 명성가격을 취한다.

25. 모든 고객에게 동일한 가격을 제시하는 제시하는 방식은?

① 단일 제품가격　　　　　　　② 단일가격
③ 원가기초가격　　　　　　　④ 단수가격

		정답 및 해설
1	④	④의 설명은 카운터마케팅의 설명이다.
2	③	아이디어마케팅 : 아이디어나 명분, 습관따위를 목표집단들이 수용할 수 있는 프로그램을 기획하고 실행하며 통제하는 마케팅 메가마케팅 : 4P뿐만 아니라 영향력, 대중관계, 포장까지도 주요 마케팅전략도구로 취급하는 마케팅 관계마케팅 : 고객과 접촉하는 모든 과정이 마케팅이라고 인식하고 고객과의 계속적인 관계를 중시하는 마케팅
3	①	마케팅 전략은 마케팅 목표를 달성하기 위한 다양한 마케팅 활동을 통합하는 가장 적합한 방법을 찾아 실천하는 일을 말한다. 따라서 개별기능의 개선만을 노리는 전술과는 다르다.
4	②	BCG 성장-메트릭스의 그래프는 수직축이 시장성장율(시장의 매력척도), 수평축은 상대적 시장점유율(기업의 강점 척도)로 구성되어 있다. 별-고점유율, 고성장율을 보이는 전략사업으로 성장을 유지하기 위하여 많은 투자가 필요하다. 자금젖소-저성장, 고점유율을 보이는 성공한 사업으로 기업의 자금을 지원하며, 다른 투자재원을 지원해 주는 잔략사업단위이다. 의문표-고성장, 저점유율을 보이는 사업단위로서 시장점유율을 증가시키기 위해 많은 자금이 소요되는 사업이다. 개-저성장, 저점유율을 보이는 사업으로 자체를 유지하기 위한 충분한 자금은 있지만 상당한 현금창출을 할 전망이 없는 사업이다.
5	③	시장침투전략 – 기존시장에 기존의 제품으로 기존고객들을 상대로 판매전략을 수립 시장개척전략 – 새로운 시장에 기존제품으로 시장개척의 가능성을 고려한 전략 제품개발전략 – 기존시장에 신제품을 출시하여 수정된 제품을 공급하는 전략
6	①	
7	②	STP 전략에 관한 설명이다.
8	①	나머지는 기업중심의 전략이다.
9	①	상품전략은 소비자가 가치있게 생각하는 상품을 개발하는 것으로 다른 기업의 상품과 차별화를 추구한다.
10	③	
11	④	마케팅조사에 관한 설명이다.
12	①	명목척도의 예 – 농촌형과 도시형 서열척도의 예 – 어떤 물질을 무게의 순으로 배열

		간격척도의 예 – 크기 등의 차이를 수량적으로 비교할 수 있도록 표지가 수량화 된 것
		비율척도의 예 – 간격척도에 절대영점(기준점)을 고정시켜 그 비율을 알 수 있도록 한것
13	④	관찰조사법 – 대상이 되는 사물이나 현상을 조직적으로 파악하는 방법(자연적 관찰법, 실험적 관찰법)
		델파이기법 – 전문가의 경험적 지식을 통한 문제해결 및 미래예측기법
		실험조사법 – 집단을 선별하고 그들에게 서로 다른 자극을 제시하고 관련된 요인들을 통제한 후 집단간의 반응의 차이를 점검하는 조사방법
14	①	
15	①	
16	④	개별성이 아니라 종합성이다.
17	①	시장규모가 너무 적거나 자신의 상표가 시장 내에서 지배적 상표일 때 채택되는 전략이다.
18	③	
19	④	선정구매란 상품의 품질, 형상 및 가격 등의 조건에 대하여 여러 점포에서 구입대상 상품을 비교, 검토하여 가장 유리한 조건으로 구매하는 것
20	③	
21	③	바이럴마케팅이란 온라인 상에서 제품을 구매해서 사용해본 경험자들의 댓글 또는 후기 등을 게시판이나 카페, 블로그 등에 올리도록 하여 또 다른 고객들의 신뢰와 흥미를 이끌어 낸 후 구매에 나서도록 하는 마케팅기법이다.
22	②	
23	②	네트워크마케팅은 수많은 사람들이 그물처럼 엮어진 판매조직 유형이다.
24	①	
25	②	

제 6 장
농산물 무역

MEMO

제 6 장 | 농산물 무역

① 무역의 개념

1) 무역은 국민경제간의 상품교환으로서 단순한 상품의 교환과 같이 보이는 무역(visible trade)뿐만 아니라 기술 및 용역과 같이 보이지 않는 무역(invisible trade) 및 자본의 이동까지도 포함한다.
2) 무역이란 특정 상품의 효용가치(效用價値)가 적은 곳에서 효용가치가 높은 곳으로 이양(移讓)시킴으로써 재화의 효용 및 경제가치를 증가시킨다.
3) 무역은 국가간 거래이기 때문에 결제수단이나 통관절차 등의 문제가 발생한다.

② 무역이론

(1) 고전적 무역이론

1) 절대생산비설(A. Smith)
   ① 각국은 절대우위(다른 국가보다 더 낮은 실질생산비를 투입하여 생산할 수 있는 상태)에 있는 제품을 생산하여 이를 수출하고, 그렇지 않은 제품을 수입하면 이득을 얻게 된다는 것.
   ② 무역의 조건 : 노동의 동질성(同質性), 완전고용, 생산수단의 산업간 자유이동 등
   ③ 이론적 취약점
   생산비상 절대우위의 것이 없는 나라와 모두 절대우위에 놓여 있는 나라 사이의 무역이론을 설명하기에는 어렵다.
2) 비교생산비설(D. Ricardo)

① 어떤 나라가 다른 나라에 비해 만든 생산물의 생산이 절대열위에 있다 하더라도 그 절대열위의 정도가 낮은 〈비교우위〉에 있는 산업부문에 특화 생산하여 이를 수출하고 이와 교환으로 절대열위의 정도가 큰 〈비교열위〉에 있는 생산물을 외국으로부터 수입한다면 각국은 모두 무역이익을 얻을 수 있다는 것.
② 이 이론은 나라마다 각기 다른 생산함수를 전제하고 수요조건의 상이와 생산요소의 부존조건에 영향을 받지 않는 것으로 되어있다.
③ 이론적 취약점
　㉠ 두 재화의 교환비율이 어떻게 결정되는가에 대한 명확한 해명 불가능
　㉡ 이 이론은 나라마다 각기 다른 생산함수를 전제하고 수요조건의 상이와 생산요소의 부존조건에 영향을 받지 않는 것으로 되어있다.
　㉢ 일반적으로 생산물을 생산하는 데에 있어서는 노동이외에도 자본·토지 등의 결합이 있어야 하나, 리카도는 노동만이 생산요소이며 노동만이 부(富)를 창조한다고 가정하고 있다.
　㉣ 무역이 발생하면 당사국 모두가 한 재화의 생산에 완전특화한다고 가정하나 현실적으로는 부분특화가 일반적이다.

(2) 근대적 무역이론

1) 헥셔·올린 정리 (Heckscher-Ohlin)
① 비교우위의 원인을 각국에 있어서의 생산요소의 부존량 차이에서 설명
② 생산요소의 상대가격이 국제간에 균등화하는 경향이 있다는 이론
③ 전제조건
　㉠ 제1명제 : 요소부존이론 -> 비교생산비의 결정요인
　　각국은 그나라에 비교적 풍부하게 존재하는 생산요소를 보다 집약적으로 사용하는 재화의 생산에 비교우위를

가진다는 것이다.

요소부존량의 차이는 절대적 부존량의 차이가 아니라 상대적 부존량의 차이를 말한다.

ⓒ 제2명제 : 요소가격균등화정리

요소부존상태의 차이에 의해 국가간의 비교생산비차가 발생되고, 이에 따라 무역이 성립하면 생산요소가 국제간에 이동하지 않더라도 제품무역에 의하여 생산요소의 상대가격이 국제간에 결국은 균등화 하는 경향이 있다는 것. 노동풍부국(노동가격▽자본가격△) , 자본풍부국(노동가격△자본가격▽)

2) 레온티에프의 역설

① 1947년 미국은 노동집약적 상품을 수출하고 자본집약적 상품을 수입했다고 하는 계산결과를 발표하였다.

② 미국과 같이 상대적으로 자본이 풍부한 나라에서는 노동집약적 상품을 수입하고 자본집약적 상품을 수출한다고 생각되고 있었으나 그것과 반대되는 결과가 나타난 것이다.

③ 이것은 종래 무역이론에서 받아들여지고 있는 헥셔-오린 정리와 모순되므로, 레온티에프 역설이라고 부르고 있다.

④ 이러한 역설의 배경으로 미국의 노동생산성이 다른 국가에 비하여 3배 이상이라는 사실을 주장하며 헥셔.올린정리와 타협을 시도하고 있다.

(3) 현대적 무역이론

1) 수요이론

① 공산품간의 무역에 있어서 무역당사국의 수요패턴이 유사할수록 그 무역규모는 확대된다는 이론.

② 1인당 국민소득(GNP)의 수준이 유사할수록 두 국가간의 수요구조는 유사해지고, 그 수요구조가 유사해질수록 무역량은 많아진다는 것이다.

■ S. B. Linder의 대표적 수요이론
1. 제조업 부문에 한 나라의 비교우위는 그 나라의 '대표적 수요'에 의해 결정된다고 보는 이론이다.
2. 즉, 자국 내에서 상대적으로 수요가 많은 생산물은 많이 생산되어 '규모의 경제'로 인하여 당해 생산물에 대한 제조업 부문이 비교우위를 가진다고 보는 것이다.
3. 대표적 수요는 그 나라의 1인당 국민소득수준에 의해 결정된다고 본다.
4. 각국은 자국 내 수요가 상대적으로 많은 생산물을 많이 생산하기 때문에 당해 생산물 생산에 비교우위가 있어 곧 이를 수출을 하게 된다고 본다.

2) 연구개발요소이론

국가간 기술부존의 차이가 신제품의 시장점유율을 결정함으로써, 무역은 국가간 기술격차에 기초한다.

3) 기술격차이론

① 각국간 생산기술상의 격차가 무역발생의 원인이 되고 무역패턴의 결정에 지배적 작용을 한다는 이론
② 기술혁신국이 수출이익을 얻을 수 있는 이유는 기술모방국의 반응시차가 길기 때문이다.
③ 반응시차와 수요시차간의 차이가 크면 클수록 기술혁신국의 이익은 커진다.

4) 산업내무역이론

과거 무역이론의 제한적 가정에서 탈피하여 보다 현실에 접근하여 상품교역에 수반되는 운송비, 저장비, 규모의 경제, 제품차별화 등을 인정한다면 이종산업간의 무역 뿐만 아니라 동종산업간의 무역도 발생한다는 이론이다.

5) 신무역이론(Paul Robin Krugman)

산업조직이론과 국제무역이론을 결합하여 산업의 특성이 국제무역패턴을 일으킨다고 설명한다.

■ 신무역이론의 2가지 원리
① 규모경제의 원리

현대의 대부분 상품은 대량생산을 통하여 생산비용을 낮추고 있고 어느 나라에서든지 별다른 차이가 없다.
② 독점적 경쟁원리
그럼에도 같은 종류 상품의 국제교역이 이루어지는 이유는 소비자의 다양한 기호가 수요를 지배하기 때문에 대량생산자가 같은 상품이라 할지라도 다른 대량생산자와 경쟁하기 위하여 다른 디자인과 브랜드의 상품을 생산하기 때문이다.

③ 농산물 무역자유화의 영향

1) 농산물의 가격을 낮출 수 있다. 그러나 장기적인 가격하락의 효과를 장담하기는 어렵다.
2) 농업경제의 구조조정(농업인력의 유출 등)을 가져올 것이다.
3) 고부가가치 전문화된 상품생산의 영농형태를 가져올 것이다.
4) 주곡중심의 영농에서 특작식물 중심의 생산구조를 띨 것이다.
5) 노동집약적 영농구조를 자본집약적 영농구조로 변화시킬 것이다.

④ 한미자유무역협정(FTA, Free Trade Agreement)

1) 2007년 6월 30일 협상타결
2) 상품(공산품/임·수산물) 분야에서는 수입액 기준으로 94%에 해당하는 품목의 관세를 3년 내에 철폐하기로 합의하였고, 농산물 분야에서는 쌀, 오렌지(수확기), 식용대두, 식용감자, 분유, 천연꿀 등 한국 측의 민감 품목에 대해 양허 제외, 현행 관세 유지, 농산물 세이프가드(safeguard) 등 다양한 방식으로 민감성을 반영하였다.

제6장 농산물 무역 | 243

3) 서비스·투자 분야에서는 기존 개방 내용의 법적 안정성을 확보하고, 한국이 자체적으로 수립한 바 있는 사업서비스(법률, 회계, 세무) 개방 계획을 재확인하는 등 개방을 통한 경쟁력 강화가 가능한 분야에 대해서는 단계적인 개방을 하기로 합의하였다.

4) 한·미 자유무역협정 주요 타결 내용

분야	주요 내용
상품 무역	· 공산품 시장접근 개선(자동차, 디지털 텔레비전, 기계류 등) · 양측 관세 3년 내 철폐 94% 수준 · 미국 물품취급 수수료 철폐(4,700만 달러 부담 면제 효과)

농업	· '쌀' 양허 제외
	· 농산물 세이프가드(safeguard) 도입 등 민감성을 최대한 반영
	  - 현행관세 유지: 오렌지(수확기), 분유, 천연꿀, 감자, 대두[HS(Harmonized System) 10단위 15개]
	  - 쇠고기: 15년 철폐 + 세이프가드
	  - 기타: 관세할당(TRQ, Tariff Rate Quotas), 계절관세, 세 번 분리

섬유	· 미국 섬유 관세 철폐(즉시 철폐 61% 확보) · 원사기준 예외 확보 · 원산지 예외 쿼터(TPL, Tariff Preference Levels) 근거 마련 · 우회방지 세관협력 강화 · 섬유 세이프가드 반영

자동차	· 자동차에 대한 미국 관세 철폐
	  - 승용차: 즉시 철폐(3,000cc 이하), 3년 (3,000cc 이상)
	  - 자동차 부품: 즉시 철폐
	  - 타이어: 5년 철폐
	  - 픽업(pick-up)트럭: 10년 철폐
	· 세제개편 및 표준현안 해결
	· 자동차 관련 분쟁해결절차 강화

의약품	· 의약품 분야 상호인정 협의 메커니즘 마련 · 독립적 이의신청절차 마련 · 윤리적 영업 관행 촉진 · 의약품·의료기기위원회 설치

무역 구제	· 반덤핑 관련 한국 측 요구사항 반영
	  - 조사 개시 전 사전통지 및 협의
	  - 가격·물량 합의에 의한 조사 정지
	  - 무역구제 협력위원회 설치
	· 다자 세이프가드 선택적 적용배제 확보
	· 양자 세이프가드 도입

개성공단	· 개성공단 관련, 역외가공지역 지정을 통한 특혜관세 부여 메커니즘 마련 　- 한반도 역외가공지역 위원회 설치 및 일정 기준 하에 역외가공지역 지정
원산지 / 통관	· 통관절차 신속화 방안 반영 　- 수입화물 신속 반출제, 특송화물 절차 간소화, 원산지 사전 판정제 등 · 우회수입방지 장치 제도화 　- 현지실사제도, 특혜관세 배제조치 등 · 자유무역협정 특혜관세 적용을 위한 원산지 판정기준 명확화
기술장벽 (TBT)	· 표준/기술규정 제정 및 개정 과정에 상대국 참여 허용 · 시험·인증기관 지정 시 내국민 대우 제공 · 무역에 대한 기술장벽(TBT, Technical Barriers to Trade) 위원회 설치
위생검역 (SPS)	· 위생검역(SPS, Sanitary and Phytosanitary) 위원회 설치 · 위생검역 기술협력 강화
투자	· 투자자-국가간 소송제(ISD, Investor-State Dispute) 도입 · 간접수용범위 축소 　- 건강, 환경, 안전, 부동산정책, 조세 등은 간접수용에서 원칙적 제외
서비스	· 교육·의료 및 사회서비스의 포괄 유보 · 법률·회계서비스 개방 계획 반영 · 방송서비스 제한적 개방 　- 방송채널사용사업자(보도, 종합편성, 홈쇼핑 제외)에 대한 간접투자 제한철폐, 만화·영화 쿼터 완화, 1개국 쿼터 완화 등 　- 단, 방송·통신 융합서비스에 대한 규제권한은 포괄유보, 더빙은 불허용 · 일정 조건 하에 기간통신에 대한 간접투자 100% 허용 　- 단, KT/SKT 제외, 2년 유예 · 스크린쿼터(Screen Quotas) 현행 동결(73일) · 전문직 자격 상호인정 협의체계 마련
금융	· 일시적 세이프가드 도입 · 국책금융기관 예외 인정 · 제한적 범위 내 국경간 공급서비스 허용 · 신금융서비스 허용(일정 요건하)
통신	· 기술선택의 자율성 반영(정부의 정당한 정책권한 확보) · 통신분야의 공정한 경쟁원칙 수립
전자 상거래	· 온라인(on line) 전송물 무관세 지속 · 오프라인(off line) 디지털 제품 무관세 · 소비자 보호 및 협력조항
경쟁	· 동의명령제 도입

	· 재벌관련조항 삭제 · 독점·공기업 의무조항 · 소비자보호 관련 협력
지적재산권	· 저작권 보호기간 연장(70년): 발효 후 2년 유예기간 확보 · 심사지연 시 특허존속기간 연장: 출원 후 4년, 심사청구 후 3년 · 지적재산권 비위반제소는 불허용 · 법정 손해배상제도 도입 · 상표 사용권 등록요건 폐지 · 의약품 시판허가·특허 연계 일정수준 허용
정부조달	· 중앙정부 양허하한선 인하(20만 달러 → 10만 달러) · 지방정부/공기업 양허배제 · 입찰·낙찰 시 자국 내 조달실적 요건을 배제 · 학교급식 및 중소기업 예외조항 반영
노동/환경	· 노동·환경 관련 국제기준 및 자국 법의 효과적 집행 · 공중의견제출제도(환경은 대중참여 확대) 도입 · 일반 분쟁해결절차 적용 · 노동·환경 협의 메커니즘
투명성/총칙	· 입법예고기간 연장(20일→40일) · 효율적 분쟁해결절차 마련 · 한국어·영어 동등 정본

5) 한·미 자유무역협정의 기대효과

한·미 자유무역협정(FTA, Free Trade Agreement)은 한국 기업의 미국 시장 진출 입지를 크게 개선하고, 한국 경제 시스템의 선진화를 촉진하며, 대외신인도 제고를 통한 외국인 투자 유치 증대에도 크게 기여함으로써, 한국 경제 전반에 걸쳐 새로운 성장 동력을 제공할 것으로 기대되고 있다.

제 7 장
농산물 유통의 법과 제도

MEMO

농산물 품질관리사 대비

제 7장 | 농산물 유통의 법과 제도

① 농산물우수관리제도

"농산물우수관리"란 농산물(축산물은 제외한다.)의 안전성을 확보하고 농업환경을 보전하기 위하여 농산물의 생산, 수확 후 관리(농산물의 저장·세척·건조·선별·절단·조제·포장 등을 포함한다) 및 유통의 각 단계에서 작물이 재배되는 농경지 및 농업용수 등의 농업환경과 농산물에 잔류할 수 있는 농약, 중금속, 잔류성 유기오염물질 또는 유해생물 등의 위해요소를 적절하게 관리하는 것을 말한다.

② 이력추적관리제

"이력추적관리"란 농수산물(축산물은 제외한다. 이하 이 호에서 같다)의 안전성 등에 문제가 발생할 경우 해당 농수산물을 추적하여 원인을 규명하고 필요한 조치를 할 수 있도록 농수산물의 생산단계부터 판매단계까지 각 단계별로 정보를 기록·관리하는 것을 말한다.

③ 지리적표시

"지리적표시"란 농수산물 또는 제13호에 따른 농수산가공품의 명성·품질, 그 밖의 특징이 본질적으로 특정 지역의 지리적 특성에 기인하는 경우 해당 농수산물 또는 농수산가공품이 그 특정 지역에서 생산·제조 및 가공되었음을 나타내는 표시를 말한다.

> **10회 기출문제**
>
> 농산물 도매시장 유통주체가 아닌 것은?
>
> ① 시장도매인 ② 도매물류센터
> ③ 중도매인   ④ 도매시장법인
>
> ▶ ②

④ 친환경 농산물 표시 인증

소비자에게 보다 안전한 친환경 농산물을 전문 인증 기관이 검사하여 이를 인증, 표시해 주는 제도. 친환경 농산물이란 각종 화학비료, 사료 첨가제를 최소량만 사용하거나 사용하지 않고 생산한 농산물이다. 친환경 농산물에는 유기농산물, 전환기 유기농산물, 무농약 농산물, 저농약 농산물 등이 있다.

⑤ 농산물 유통시장과 유통주체

(1) 개요

농산물시장 환경의 유통주체로서 공간적 유통환경인 시장과 그 시장 내에서 활동하는 유통주체에 대하여 법적 규제와 통제가 이루어지고 있다.

(2) 농수산물도매시장

"농수산물도매시장"이란 특별시·광역시·특별자치도 또는 시가 양곡류·청과류·화훼류·조수육류(鳥獸肉類)·어류·조개류·갑각류·해조류 및 임산물 등 대통령령으로 정하는 품목의 전부 또는 일부를 도매하게 하기 위하여 제17조에 따라 농림수산식품부장관 또는 도지사의 허가를 받아 관할구역에 개설하는 시장을 말한다.

(3) 중앙도매시장

"중앙도매시장"이란 특별시·광역시 또는 특별자치도가 개설한 농수산물도매시장 중 해당 관할구역 및 그 인접 지역에서 도매의 중심이 되는 농수산물도매시장으로서 농림수산식품부령으로 정하는 것을 말한다.

(4) 지방도매시장

"지방도매시장"이란 중앙도매시장 외의 농수산물도매시장을 말한다.

(5) 농수산물공판장

"농수산물공판장"이란 지역농업협동조합, 지역축산업협동조합, 품목별·업종별협동조합, 조합공동사업법인, 품목조합연합회, 산림조합 및 수산업협동조합과 그 중앙회(농협경제지주회사포함, 이하 "농림수협 등"이라 한다), 그 밖에 대통령령으로 정하는 생산자 관련 단체와 공익상 필요하다고 인정되는 법인으로서 대통령령으로 정하는 법인("공익법인")이 농수산물을 도매하기 위하여 특별시장·광역시장·도지사 또는 특별자치도지사("시·도지사")의 승인을 받아 개설·운영하는 사업장을 말한다.

(6) 민영농수산물도매시장

"민영농수산물도매시장"이란 국가, 지방자치단체 및 제5호에 따른 농수산물공판장을 개설할 수 있는 자 외의 자(이하 "민간인등"이라 한다)가 농수산물을 도매하기 위하여 시·도지사의 허가를 받아 특별시·광역시·특별자치도 또는 시 지역에 개설하는 시장을 말한다.

(7) 도매시장법인

"도매시장법인"이란 농수산물도매시장의 개설자로부터 지정을 받고 농수산물을 위탁받아 상장(上場)하여 도매하거나 이를 매수(買受)하여 도매하는 법인을 말한다.

(8) 시장도매인

"시장도매인"이란 농수산물도매시장 또는 민영농수산물도매시장의 개설자로부터 지정을 받고 농수산물을 매수 또는 위탁받아 도매하거나 매매를 중개하는 영업을 하는 법인을 말한다.

(9) 중도매인

"중도매인"(仲都賣人)이란 농수산물도매시장·농수산물공판장 또는 민영농수산물도매시장의 개설자의 허가 또는 지정을 받아 다음 각 목의 영업을 하는 자를 말한다.
1) 농수산물도매시장·농수산물공판장 또는 민영농수산물도매시장에 상장된 농수산물을 매수하여 도매하거나 매매를 중개하는 영업
2) 농수산물도매시장·농수산물공판장 또는 민영농수산물도매시장의 개설자로부터 허가를 받은 비상장(非上場) 농수산물을 매수 또는 위탁받아 도매하거나 매매를 중개하는 영업

(10) 매매참가인

"매매참가인"이란 농수산물도매시장·농수산물공판장 또는 민영농수산물도매시장의 개설자에게 신고를 하고, 농수산물도매시장·농수산물공판장 또는 민영농수산물도매시장에 상장된 농수산물을 직접 매수하는 자로서 중도매인이 아닌 가공업자·소매업자·수출업자 및 소비자단체 등 농수산물의 수요자를 말한다.

(11) 산지유통인

"산지유통인"(産地流通人)이란 농수산물도매시장·농수산물공판장 또는 민영농수산물도매시장의 개설자에게 등록하고, 농수산물을 수집하여 농수산물도매시장·농수산물공판장 또는 민영농수산물도매시장에 출하(出荷)하는 영업을 하는 자를 말한다.

(12) 농수산물유통종합센터

"농수산물종합유통센터"란 농수산물의 출하경로를 다원화하고 물류비용을 절감하기 위하여 농수산물의 수집·포장·가공·보관·수송·판매 및 그 정보처리 등 농수산물의 물류활동에 필요한 시설과 이와 관련된 업무시설을 갖춘 사업장을 말한다.

(13) 경매사

"경매사"(競賣士)란 도매시장법인의 임명을 받거나 농수산물공

판장·민영농수산물도매시장 개설자의 임명을 받아, 상장된 농수산물의 가격 평가 및 경락자 결정 등의 업무를 수행하는 자를 말한다.

(14) 농수산물전자거래

"농수산물 전자거래"란 농수산물의 유통단계를 단축하고 유통비용을 절감하기 위하여 「전자문서 및 전자거래 기본법」제2조제5호에 따른 전자거래의 방식으로 농수산물을 거래하는 것을 말한다.

MEMO

제문상예
실전예상문제

실전예상문제
간단하게 풀어보는 유통론 연습문제

MEMO

실전예상문제

1. 다음 중 농산물 유통의 개념으로 옳은 것은?

① 최근 인터넷이나 통신판매가 늘어나면서 유통의 중요성이 감소하고 있다.
② 생산자 입장에서는 유통의 효용이 나타나지 않는다.
③ 생산자에서 소비자에게 이르기까지의 모든 경제활동을 의미한다.
④ 농업인과 상인 간의 관계는 필연적으로 경쟁적일 수밖에 없다.

정답 및 해설 ③

① 근대적 의미의 유통개념에서 현대에 이르러 유통의 개념이 확장되고 그 중요성 또한 커지고 있다.
② 유통은 생산단계에서 의사결정으로부터 시작된다.
④ 농업인과 상인은 경쟁적 관계임과 동시에 상호 의존적이다.

2. 농산물 유통에 대한 설명으로 틀린 것은?

① 유통은 생산보다 더욱 중요한 경제활동으로 이해되고 있다.
② 유통은 수요와 공급을 예측하여 생산자의 의사결정에 기여한다.
③ 유통은 판매 후 서비스까지를 포함하는 개념이다.
④ 생산자 입장에서 유통은 상인에게 제품이 인도되면서 종료된다.

정답 및 해설 ④

인도 후 소비자의 반응이나 새로운 생산계획에 반영시킬 정보의 수집, 판매 후 서비스까지를 포함한다는 면에서 제품이 인도된다고 해서 유통이 종료되는 것은 아니다.

3. 다음은 농산물의 특성에 관한 설명이다. 틀린 것은?

① 농산물은 양과 질이 불균일하다.
② 농산물은 수요는 탄력적이지만 공급은 비탄력이다.
③ 농산물은 유통경로가 복잡하다.

④ 농산물은 부피가 가격에 비하여 큰 편이다.

정답 및 해설 ②

② 농산물은 수요자 입장에서도 필수재적 성격이 강하여 비탄력적이다.

4. 다음 농산물 유통에 관한 설명으로 옳은 것은?

① 농산물 유통을 통하여 생산자의 소득증대와 소비자의 가격절감을 기대할 수 있다.
② 농산물 유통의 최대 효용은 지역 내 자급자족을 가능하게 하는 것이다.
③ 비농업인구가 증가하면서 유통의 역할이 축소되고 있다.
④ 비농업분야와 농업분야 간에는 유통이 기능하지 않는다.

정답 및 해설 ①

② 유통활동을 통하여 농산물의 이동이 촉진된다.
③ 비농업인구의 소비를 지원하기 위하여 유통의 역할이 증대되고 있다.
④ 비농업분야(예, 농자재 생산기업)가 농업분야를 지원한다.

5. 농산물이 표준화되고 등급화될 필요가 있는 근본적 이유로 옳은 것은?

① 계절적 편재성
② 부피와 중량성
③ 부패성
④ 용도의 다양성

정답 및 해설 ②

농산물은 그 가치에 비하여 부피가 크고 중량이 많이 나간다. 이는 물류비용을 증가시키는 원인이 된다. 규격화되고 등급화된 상태로 포장함으로써 이러한 비용을 절감할 수 있다.

6. 농산물이 수요와 공급이 비탄력적인 이유로서 옳지 않은 것은?

① 농산물은 가격변화에 따라 수요와 공급을 조절하기가 어렵다.

② 농산물은 생산에서 수확까지 일정한 시차가 존재한다.
③ 생산에 있어서 시차의 존재는 과잉공급이나 공급부족을 야기한다.
④ 농산물은 공산품에 비하여 물류비용이 많이 발생한다.

정답 및 해설 ④

④ 물류비용은 수요, 공급의 탄력도와 직접적인 원인이 되지 않는다.

7. 농업생산의 특성으로 옳지 않은 것은?

① 농업생산은 지역에 따라 생산방식이 다르다.
② 농업생산은 자연적 영향으로 영농시기를 조절하기가 어렵다.
③ 농업생산은 다른 산업에 비하여 수확체감의 현상이 발생하지 않는다.
④ 농업생산은 자본의 유동성이 약하다.

정답 및 해설 ③

농업생산은 다른 산업에 비하여 수확체감의 현상이 크게 나타난다. 단위 당 생산요소를 더 투입한다고 해서 비례적으로 생산량이 늘어나는 것은 아니다.

8. 다음 농산물 소비와 관련한 설명으로 옳은 것은?

① 농산물의 한계소비성향은 고소득사회보다 저소득사회에서 더 크게 나타난다.
② 소득수준이 증가하면 농산물에 대한 수요증가율은 소득증가율보다 크게 나타난다.
③ 농산물의 소비요인으로 경제적요인만이 직접적 영향을 미친다.
④ 농가소득 증대를 위하여 수요의 소득탄력성이 낮은 농산물을 생산하는 것이 유리하다.

정답 및 해설 ①

① 농산물의 한계소비성향은 소득증가분에 대한 농산물의 소비증가분으로 나타난다. 고소득사회에서는 소득의 증가에 따른 소비형태나 양의 변화가 크지 않다.
② 소득수준에 따른 농산물의 수요증가율은 소득증가율보다 완만하게 나타난다.
③ 농산물의 소비요인으로 자연적 요인, 사회적 요인, 경제적 요인 등을 들 수 있다.
④ 수요의 소득탄력성이 큰 작물은 소득이 증가하면 수요증가가 더 크게 나타나 매출의 증대에 기여할 수

있다.

9. 경제발전에 따른 식품소비구조의 변화로 바르지 않은 설명은?

① 가공식품의 소비가 늘고 있다.
② 전처리 농산물의 수요가 증가하고 있다.
③ 친환경농산물의 수요가 증가하고 있다.
④ 소득의 증가로 소포장보다는 대포장 중심의 판촉활동이 증가하고 있다.

정답 및 해설 ④

낱개포장 등 소포장 중심의 소비가 증가하는 추세다.

10. 국제무역장벽이 제거됨에 따라 유통시장의 개방이 미치게 될 영향으로 옳은 것은?

① 농산물의 수입은 증가되지만 농촌경제의 악화로 수출은 감소하게 된다.
② 농산물에 대한 국내보조금이 감축되게 된다.
③ 외국계 대형 유통업체의 국내 진출로 농산물의 국내 유통활동이 활성화 된다.
④ 수입농산물의 증가는 국내 농산물 가격의 인상요인이 된다.

정답 및 해설 ②

① 수입뿐만 아니라 수출의 증대도 이뤄진다.
③ 국내 유통활동은 위축되게 된다.
④ 저가 수입농산물과 국내농산물간의 경쟁은 국내농산물가격을 인하시키는 요인이 된다.

11. 농산물 유통의 기능 중 유통조성기능에 해당하는 것은?

① 구매기능과 판매기능
② 수송, 저장, 가공기능
③ 표준화, 등급화 기능
④ 판매 후 서비스 기능

정답 및 해설 ③

① 구매기능과 판매기능은 교환기능이라고도 하며 소유권이전기능에 해당한다.
② 수송, 저장, 가공기능은 물적유통기능이다.
③ 유통조성기능은 소유권이전기능과 물적유통기능을 원활하게 해주는 표준화, 등급화, 유통금융, 위험부담의 전가, 시장정보의 제공 등을 포함한다.
④ 농산물 4대 유통기능 중 하나이다.

12. 농산물을 가공하여 판매할 때 나타나는 효용은?

① 시간효용과 장소효용
② 장소효용과 소유효용
③ 소유효용과 형태효용
④ 형태효용과 시간효용

정답 및 해설 ③

농산물을 가공한다는 것은 생산물의 형태가 바뀐다는 것이며, 판매됐다는 것은 소유자가 변경됐다는 의미이다.

13. 구매충동을 일으키는 광고활동은 농산물 유통기능 중 어디에 해당하는가?

① 소유권이전기능
② 물적유통기능
③ 유통조성기능
④ 판매 후 서비스 기능

정답 및 해설 ①

소유권이전기능은 구매기능(수집)과 판매기능(분배)으로 분류된다.
생산자로부터 수집해오는 과정에서 소유자가 변경되고 판매상이 소비자에게 판매할 때 소유권이 변경된다. 판매가 활발이 이뤄지도록 하는 판촉활동은 판매기능에 해당한다.

14. 장거리 수송에는 비용이 적게 들지만 단거리 수송에는 비용효율이 떨어지는 수송수단으로서 융통성은 떨어지지만 정확성, 신속성, 안전성이 있는 수송수단은?

① 철도수송 　　　　　　② 자동차수송
③ 선박수송 　　　　　　④ 비행기수송

정답 및 해설 ①

① 지문은 철도수송에 대한 설명이다.
② 유통성이 높고 단거리 수송에 유리하다.
③ 장거리 수송에 유리하지만 융통성은 떨어진다. 다만 정확성, 신속성, 안전성은 약한 편이다.

15. 다음 단위화물적재시스템(Unit Load System)에 관한 설명으로 옳은 것은?

① 우리나라 표준펠릿 T11의 규격은 1,200mm × 1,200mm 이다.
② 하역과 수송에는 유리하지만 파손과 오손의 위험성이 있다.
③ 저장공간을 충분히 확보할 때 효율성이 높다.
④ 펠릿의 사용으로 포장비용이 줄어든다.

정답 및 해설 ④

① 우리나라 표준펠릿 T11은 1,100mm ×1,100mm 이다.
② 파손과 오손, 분실을 방지할 수 있다.
③ 작은 공간에도 효율적 적재가 가능하다.
④ 포장이 간소화됨에 따라 포장비용이 줄어든다.

16. 생산과 소비 간에 시간적 불일치를 해소하기 위한 물적유통기능은?

① 수송기능 　　　　　　② 저장기능
③ 가공기능 　　　　　　④ 판매기능

정답 및 해설 ②

수송기능 - 장소적 효용,　저장기능 - 시간적 효용
가공기능 - 형태적 효용,　판매기능 - 소유권이전기능

17. 다음 설명 중 틀린 것은?

① 효율적인 유통과정을 위해 필요한 재고를 유지하는 것을 운영적 저장이라 한다.
② 공급이 많은 수확기에 하는 저장을 계절적 저장이라 한다.
③ 주로 정부에 의하여 이뤄지는 저장을 비축적 저장이라 한다.
④ 가격차이에 의한 이윤 추구만을 목적으로 하는 투기적 저장은 시장에 악영향만 미친다.

정답 및 해설 ④

투기적 저장은 역기능과 순기능이 존재한다. 순기능으로 생산자에게 자본을 조달하는 역할을 들 수 있다.

18. 물적유통 기능에 관한 설명으로 옳은 것은?

① 단위화물적재시스템의 약점은 쓰레기 발생이 많다는 것이다.
② 농산물을 가공처리하면 소비와 생산 간에 시간적 불일치가 해소된다.
③ 가공을 통하여 유통마진을 증대시킬 수 있다.
④ 수송비용이 최단거리에서는 0이 된다.

정답 및 해설 ②③

① 규격에 맞게 포장된 상태로 출고되므로 쓰레기 발생이 억제된다.
② 저장, 가공을 통하여 시간적 불일치를 해소한다.
③ 최종소비자 구매가격에서 생산자수취가격을 뺀 것이 유통마진이다. 가공을 통하여 부가가치가 증대되므로 유통마진은 증대된다.
④ 0이 될 수도 있지만 장소적 이동은 최소비용으로부터 시작된다.

19. 다음 농산물의 등급화에 관한 설명으로 옳지 않은 것은?

① 농산물의 견본거래 또는 통명거래가 가능하여진다.
② 상품의 공동화 작업을 통하여 등급별로 일괄거래가 가능하여진다.
③ 개별농가의 영농다각화를 통하여 상품의 개별성이 가능하여진다.
④ 거래가격에 있어 일물일가가 형성되기 용이해진다.

정답 및 해설 ③

농산물생산에 있어 상품별로 통일된 등급의 제품생산을 위하여 영농농가의 개별성을 줄이고 통일된 생산방식 또는 공동화 작업을 통하여 영농의 통일성이 강조된다.

20. 농산물 등급화의 내용을 설명한 것 중 가장 올바른 것을 고르시오.

① 등급화는 표준규격에 따라 객관성 있는 제3자가 등급규격을 정하는 것이다.
② 등급간의 차이는 가능한 세분화시켜 등급을 여러 가지로 나누는 것이 좋다.
③ 등급화 작업을 통하여 경제적 비용이 증가하여 농가의 수익이 줄어드는 면도 있다.
④ 농가나 소비자는 등급수를 가급적 줄이려 하나, 상인은 등급을 세분화하려 한다.

정답 및 해설 ②

② 등급을 지나치게 세분화시키면 등급 간의 차이가 불분명하게 되어 등급 간 가격의 차이가 무의미하게 된다.
③ 등급화 작업을 통하여 등급 간 가격차이를 적정화시키면 농가의 소득이 극대화될 수 있다.
④ 상인은 물류비용을 줄이기 위하여 등급을 단순화시키려 하는 반면, 농가나 소비자는 상품의 질을 차등화시켜 적정가격을 최대한 수취(제공)하고자 등급을 세분화하려 한다.

21. 다음은 농산물의 위험부담에 관한 설명이다. 올바른 것을 고르시오.

① 유통과정 중에 농산물의 가치변화로 발생하는 위험을 물적위험이라 한다.
② 견본거래나 통명거래를 통하여 물적위험을 줄일 수 있다.
③ 선물거래는 농산물의 경제적 위험을 전가시키기 위한 하나의 수단이 된다.
④ 정부가 직접 시장에 개입하면서 위험을 예방하는 것은 시장질서를 해친다.

정답 및 해설 ③

① 농산물의 가치변화로 발생하는 위험을 시장위험 또는 경제적 위험이라 한다.
② 물적위험은 농산물이 유통기능을 수행하는 과정에서 발생하게 되는 물리적 피해, 즉 파손, 마모, 부패, 화재, 동해, 풍수해, 열해, 지진 등으로 발생하는 피해이다. 견본거래나 통명거래는 물적위험과 직접적 관계는 없다.
④ 정부의 시책을 통하여 시장에 존재하는 위험을 예방하거나 경감시킬 수 있다.

22. 유통조성 기능 중 시장정보에 관한 설명으로 적절한 것은?

① 시장정보는 시장주체의 차별적 접근이 가능하여야 한다.
② 유통주체의 정보접근 능력에 따라 자원배분의 비효율성이 증가하게 된다.
③ 시장정보는 생산자, 상인에게는 유용하지만 소비자에게는 의미가 없다.
④ 시장정보는 생산자의 생산계획 뿐만 아니라 투자계획과도 관련되어 있다.

정답 및 해설 ④

① 시장정보는 생산자, 상인, 소비자 모두에게 접근이 가능하여야 한다.
② 유통주체간 계속적인 경쟁력을 유지하여 자원배분의 비효율성이 감소된다.
③ 시장정보는 소비자의 유효한 상품선택 등의 정보를 제공하는 기능이 있다.

23. 다음은 농산물유통기구에 관한 설명이다. 옳지 않은 것은?

① 농산물유통기구란 유통기능을 실제로 담당하고 있는 각종 유통기관이 상호 관련되어 있다.
② 유통기관으로 생산자와 소비자를 연결하여 주는 상인이 있다.
③ 유통기구로서 수집기구의 역할을 수행하는 것 중 5일 시장이 있다.
④ 중계기구로서 지역농협의 중요성이 높아지고 있다.

정답 및 해설 ④

④ 지역농협은 산지 수집기구 역할을 수행한다.

24. 다음 중 유통기구 중 중계기구로 잘 묶여 있는 것은?

① 도매시장-공판장-대형 슈퍼마켙
② 단위조합-지역농협-작목반
③ 위탁상-중앙도매시장-종점시장
④ 전문점-편의점-백화점

정답 및 해설 ③

① 대형슈퍼마켓-분산기구
② 수집기구의 조합
④ 분산기구의 조합

25. 다음 보기가 설명하고 있는 것으로 맞는 것은?

〈 보기 〉
단일의 유통기관이 수행해 오던 여러 가지 기능을 하나 또는 약간의 기능만으로 한정하여 담당하고, 노동분업의 필연적 결과가 된다. 특화의 형태로서 '상품특화', '기능특화', '기관특화'로 구분된다.

① 전문화　　　　　　　　　② 다변화
③ 집중화　　　　　　　　　④ 분산화

정답 및 해설 ①

① 위 설명은 '전문화'에 대한 내용이다.
② 전문화와 반대되는 개념이 '다변화'이다.
③ 농산물이 특정 지점으로 모이는 과정이 '집중화'이다.
④ '분산화'의 특징은 중계기구를 경유하지 않고 소비자에 제품이 직접전달되는 것이다.

26. 다음은 유통기구의 '통합화'에 관한 설명이다. 옳은 것은?

① 기존의 유통기구가 수평적 또는 수직적으로 통합되는 것으로 유사한 유통활동을 단일 경영체 내로 결합하여 확장하는 것이다.
② 수직적 통합의 하나로 제조업자가 모든 중간상을 소유하는 형태를 '후방통합'이라 한다.
③ 서로 다른 유통활동을 하던 유통기구가 결합하는 형태를 수평적 통합이라 한다.
④ 수평적 통합의 장점은 원료에서 제품까지 일관성을 확보하여 경쟁력을 높일 수 있다는 점이다.

정답 및 해설 ①

② 제조업자가 이후 유통기구들을 장악하는 형태는 '전방통합'이다.
③ 서로 유사한 유통활동 기구간의 결합을 수평적 통합이라 한다.
④ 수직점 통합의 장점이다.

27. 농산물 유통경로에 관한 설명으로 옳지 않은 것은?

① 유통경로란 생산자로부터 소비자까지 농산물이 전달되어 가는 경로이다.
② 농산물의 유통경로는 공산품에 비하여 그 경로가 복잡하다.
③ 농산물 유통은 유통마진이 낮은 특성을 가지고 있다.
④ 농산물은 단위구매량이 작고 규칙적이고 구매빈도가 높다.

정답 및 해설 ③

농산품은 유통경로가 복잡하여 유통마진이 높다.

28. 다음 유통경로에 관한 설명으로 옳지 않은 것은?

① 농산물의 부패성이 높을수록 유통경로가 짧아진다.
② 농산물의 무게와 크기가 클수록 유통경로가 짧아진다.
③ 농산물의 동질성이 높을수록 유통경로가 짧아진다.
④ 농산물의 생산자들이 영세할수록 유통경로는 짧아진다.

정답 및 해설 ③

③ 동질성이 높으면 유통경로(길이)는 길어진다.

29. 농산물의 산지유통기능으로서 옳지 않은 것은?

① 산지유통기능은 대형유통업체의 등장으로 점점 위축되고 있다.
② 산지유통시장에서 시간적.형태적 효용이 창출되고 있다.
③ 산지유통시장에서 수급조절기능이 이뤄지고 있다.

④ 산지유통시장에서 상품화기능도 이뤄진다.

정답 및 해설 ①

① 산지유통기능은 점점 활성화되고 상품화기능이 커지고 있다.
④ 산지유통시장에서 표준규격화, 공동브랜드화, 등급화작업 등 상품화기능이 수행되고 있다.

30. 산지에서 포전매매(圃田賣買)가 이루어지는 이유가 아닌 것은?

① 생산자가 생산량의 예측이나 가격에 대한 예측을 하기 어렵기 때문이다.
② 산지의 저장시설이나 노동력이 열악하다.
③ 판매의 위험부담을 줄일 수 있기 때문이다.
④ 주곡류와 과일류 중심으로 이용되고 있다.

정답 및 해설 ④

주곡류는 거의 활용이 안되고 있으며 과일류는 아직은 미약하다. 주로 채소류에 많이 이용된다.

31. 농산물산지유통센터에 관한 설명으로 옳지 않은 것은?

① 농산물을 체계적으로 생산 또는 수집하여 시설처리를 통하여 수확 후 관리하는 시설이다.
② 엄격한 품질관리를 통하여 표준규격화된 상품을 산지에서 직판하는 시설이다.
③ 농산물 유통의 효율화를 추구한다.
④ 산지유통조직의 중심적 기구이다.

정답 및 해설 ②

산지직판보다는 상품을 도매시장이나 대형 유통기구에 출하하는 시설이다.

32. 도매시장 중 지역농업협동조합이나 농수산물유통공사가 운영하는 시장은?

① 중앙도매시장 ② 지방도매시장
③ 농수산물공판장 ④ 유사도매시장

정답 및 해설 ③

협동조합법에 근거하여 개설된 시장이다.

33. 농수산물도매시장 또는 민영농수산물도매시장의 개설자로부터 지정을 받고 농수산물을 매수 또는 위탁받아 도매하거나 매매를 중개하는 영업을 하는 유통기구는?

① 도매시장법인 ② 시장도매인
③ 중도매인 ④ 매매참가인

정답 및 해설 ②

법인인 시장도매인에 관한 설명이다.

34. 도매시장의 개설자가 수취할 수 있는 위탁수수료가 잘못된 것은?

① 양곡부류 : 거래금액의 1,000분의 20
② 청과부류 : 거래금액의 1,000분의 70
③ 수산부류 : 거래금액의 1,000분의 50
④ 화훼부류 : 거래금액의 1,000분의 70

정답 및 해설 ③

수산부류 : 거래금액의 1,000분의 60

그 외 축산부류(1,000분의 20), 약용작물부류(1,000분의 50)

35. 다음 중 소매상에 해당되지 않는 것은?

① 백화점 ② 슈퍼마켙

③ 매매참가인에 낙찰가 공급　　　　④ 회원제 창고형 판매

정답 및 해설 ③

매매참가인은 도매시장에서 활동한다.

36. 시장 외 거래에 관한 설명으로 옳지 않은 것은?

① 농산물을 도매시장 등의 시장을 거치지 않고 거래하는 형태를 말한다.
② 가격결정과정에 생산자가 직접 참여하는 형태이다.
③ 생산자에게 유통비용의 절감을 가져온다.
④ 거래규격이 간략화 되어 있다.

정답 및 해설 ③

거래규모가 최소 효율규모인 경우 유통비용이 더 들기도 한다.

37. 다음 선물거래에 관한 설명 중 옳지 않은 것은?

① 선물거래는 일정한 거래소에서 이뤄진다.
② 가격위험을 회피할 수 있다.
③ 가격변동에 대하여 예시할 수 있다.
④ 농산물의 선물거래는 연간 절대량이 적고 장기저장성이 없는 경우 발달한다.

정답 및 해설 ④

농산물의 선물거래는 연간 절대량이 많고 장기저장성이 있는 품목에서 일어난다.

38. 독립상점의 연합으로 그룹 이름하에 공동광고가 가능한 상점은?

① 법인체인　　　　　　　　　　　② 공동상점
③ 협동체인　　　　　　　　　　　④ 통합상점

정답 및 해설 ③

소매업자의 유형을 소유권으로 분류할 때 식품체인에 대한 동종대량의 구매력을 얻을 수 있는 상점이다.

39. 농산물 유통의 효율과 이행의 평가시 수요곡선이 완전 수평을 이루는 모델은?

① 유통마진 모니터링 ② 시뮬레이션 모델
③ 가격모니터링 ④ 완전경쟁 모델

정답 및 해설 ④

① 마진이 증가할 때 원료제품에 대한 수취가격과 소비자 최종 지불가격의 차액을 통하여 효율을 평가하는 모델
② 모의모델과 현재의 시스템과의 비교를 통하여 효율성 평가
③ 각 유통단계에서 지불되는 가격의 비교를 통하여 효율성 평가
④ 기업생산품의 수요가 시장에서 전혀 영향받지 않는다는 전제의 모델

40. 다음 중 무점포형 소매업에 대한 설명으로 옳지 않은 것은?

① 직접마케팅은 매체를 통한 예상고객에게 정보를 제공함으로서 소비자의 구매를 유도하는 형태이다.
② 사이버마케팅은 컴퓨터의 가상공간을 통한 소비자와 기업이 정보가 교환되어 구매가 이루어지는 방식이다.
③ 텔레마케팅은 전화를 통한 제품정보를 얻은 후 구매가 이루어지는 방식이다.
④ 자동판매기에 의한 구매형식도 무점포형 직접마케팅이라 할 수 있다.

정답 및 해설 ④

자동판매기 판매방식은 상호 정보가 전달되지 않고 일정공간을 점유한다는 점에서 무점포형이라 할 수 없다.

41. 다음 선물거래에 대한 설명으로 적절하지 않은 것은?

① 미래에 대한 불확실성의 증가는 선물거래의 회피요인이 된다.
② 선물거래방식은 가격결정이 시장에 의하여 자유롭게 결정된다는 전제가 필요하다.
③ 미래의 가격예측과 현물가격의 차이에 의한 위험회피 필요성에 의하여 선물거래가 이루어진다.
④ 가격위험을 최소화하기 위하여 선물거래와 현물거래를 연계하여 상호 이익과 손실을 상쇄시키려는 행위를 헷징(hedging)이라 한다.

정답 및 해설 ①

미래가격에 대한 불확실성이 증가될수록 선물거래의 필요가 더 커진다.

42. 면적계약과 양의 계약으로 단위당 사전에 동의된 가격에 의하여 배달이 특화된 계약을 고르시오.

① 정전매매　　　　　　　　　② 포전매매
③ 작물계약　　　　　　　　　④ 선물거래

정답 및 해설 ③

지문은 작물계약에 대한 설명이다.

43. 농산물 유통정보에 대한 설명으로 옳은 것은?

① 농산물 유통정보는 유통활동의 불확실성과 유통비용을 감소시킨다.
② 유통정보는 생산자의 유통비용을 절감시키기 위하여 제공되는 것으로 소비자와는 무관하다.
③ 유통정보는 유통기구에 연결되어 있지 않는 정부활동과는 무관하다.
④ 생산자의 판매계획과 관계되어 있으나 투자계획에 관한 의사결정과는 무관하다.

정답 및 해설 ①

유통활동에 참여하는 제 주체들과 정부정책입안, 투자계획과도 정보는 유용하다.

44. 농업의 미래상황을 예측하여 영농계획의 수립지침이나 정책자료로 활용하기 위한 유통정보를 고르시오.

① 통계정보　　② 관측정보
③ 시장정보　　④ 계수정보

정답 및 해설 ④
① 통계정보는 사회 경제적 집단사실을 조사, 관찰하여 얻어지는 계량적 자료이다.
② 관측정보는 과거와 현재의 시간적 연계와 관련된 예측정보이다.
③ 시장정보는 현재의 가격수준 및 가격형성에 영향을 미치는 경제정보이다.

45. 판매에 따라 재고량이 재주문시점에서 컴퓨터에 자동으로 재주문이 이루어지는 시스템은?

① 바코드　　② POS 시스템
③ EOS 시스템　　④ EDI 시스템

정답 및 해설 ④
① 상품별고유번호로 주문정보의 정확성을 확인하는 시스템
② 소매업자의 경영활동에 관한 정보를 관리해 주는 판매시점관리시스템(Point of Sale)
③ 지문은 자동발주시스템에 관한 설명이다(Electronic Ordering System)
④ 정보전달이 컴퓨터와 컴퓨터 간에 자동으로 이루어지는데 기업 간 동일한 EDI프로토콜이 필요하다(Electronic Data Interchange)

46. 전자상거래의 특징으로 옳지 않은 것은?

① 유통경로가 기존 상거래에 비하여 짧다.
② 고객정보의 획득이 쉽다.
③ 전산시설을 구축하는 데 많은 비용이 소된다.
④ 생산자와 소비자간 1:1 마케팅이 가능하다.

정답 및 해설 ③

전자상거래 시설을 구축하기 위하여 소자본만으로도 가능하다.

47. 다음 중 농산물 전자상거래에 대한 설명으로 적절하지 않은 것은?

① 농산물의 특성상 거래품목이 제한된다.
② 유통경로를 단축할 수 있다.
③ 농산물의 훼손을 줄일 수 있다.
④ 표준화나 등급화 과정없이 산지 수확상태로 배송이 가능하다.

정답 및 해설 ④

견본거래 또는 통명거래가 가능하도록 거래단위와 포장등의 표준화와 상품의 품질이 신뢰할 수 있는 규격화 작업이 선행되어야 한다.

48. 공동판매조직을 통한 공동출하의 이점이 아닌 것은?

① 수송비의 절감
② 노동력 절감
③ 시장교섭력의 증가
④ 생산비의 절감

정답 및 해설 ④

공동출하는 수확 후의 문제이므로 생산비와는 관계가 없다.

49. 다음은 공동판매의 원칙에 대한 설명이다. 옳은 것은?

① 생산자의 상품품질에 따라 수익이 달라진다.
② 생산물을 공동조직에 위탁할 경우 각 농가의 개별성을 중시한다.
③ 공동판매가 이뤄지면 수요자는 구매가 안정화되고 유통비용 및 구매위험을 줄일 수 있다.
④ 농가의 지불금이 신속하게 이뤄지고 유동성이 향상되는 장점을 가지고 있다.

정답 및 해설 ③

① 시간적, 장소적으로 다른 생산농가의 평균수익을 지향한다.
② 각 농가의 개별성이 상실된다.
④ 공동출하 과정에서 발생하는 시간지연과 적정가격을 수취하기 위한 저장 등에 의한 출하지연으로 지불금이 신속하게 배당되지 못한다.

50. 다음 농산물의 공동계산제에 대한 설명으로 가장 적합한 것은?

① 개별농가의 위험성을 분산하여 개별농가의 브랜드가치가 증가한다.
② 수확 후 처리비용이 대규모함에 따라 단위당 비용은 증가한다.
③ 농가의 단기적인 자금조달이 쉬워진다.
④ 개별농가의 위험성을 감소시킬 수는 없다.

정답 및 해설 ①

② 규모의 경제가 실현되어 단위당 물류비용을 줄일 수 있다.
③ 자금의 유동성이 떨어진다.
④ 개별농가의 위험성을 줄일 수 있다.(조직력.정보획득.시장교섭력제고.브랜드가치 향상)

51. 다음 중 농산물의 수요관점에서 일반적 원칙 중 옳지 않은 것을 고르시오.

① 농산물의 수요는 일정기간 동안에 수요자들이 농산물을 구매하려는 사전적(事前的)개념으로 정의된다.
② 농산물의 가격변화로 수요량이 변하는 것은 대체효과와 소득효과로 설명된다.
③ 수요의 변화란 해당 상품가격 이외의 다른 모든 요인이 일정하고 해당 상품 가격만 변화할 때의 수요의 변화를 말한다.
④ 유사농산물의 공급부족에 따른 수요의 변화로 인하여 당해 농산물의 수요량이 증가했다면 이는 대체재이다.

정답 및 해설 ③

지문 설명은 '수요량의 변화'이다.

'수요의 변화'란 가격 이외의 다른 요소들이 변할 때 해당 농산물의 가격추이를 본 것이다.

52. 농산물 공급의 증가요인으로 부적절한 것은?

① 대체농산물의 상대적 가격 상승
② 생산요소가격의 하락
③ 공급자 수의 증가
④ 농산물 가격상승에 대한 기대감

정답 및 해설 ①

대체 농산물의 가격 상승은 생산자 입장에서 수입을 증가시키기 위하여 생산요소의 투입을 대체농산물로 이동시키게 되어 당해 농산물의 공급은 감소하게 된다.

53. 토마토 1box(5kg)의 가격이 10,000원에서 8,000원으로 하락하였다. 그러자 판매량이 최초 10box에서 13box로 증가하였다. 수요의 가격 탄력도는?

① 0.5
② 1
③ 1.5
④ 2

정답 및 해설 ③

$$수요의\ 가격탄력도 = \frac{수요량의\ 변화율}{가격의\ 변화율} = \frac{\frac{수요량의\ 변동분}{원래의\ 수요량}}{\frac{가격의\ 변동분}{원래가격}} = \frac{\frac{3}{10}}{\frac{200}{1,000}}$$

54. 농산물의 가격이 10% 증가했는데도 수요량이 8% 감소했다. 옳은 설명은?

① 수요와 공급이 비탄력적이다.
② 수요가 비탄력적이다.
③ 공급이 탄력적이다.
④ 공급이 비탄력적이다.

정답 및 해설 ②

수요의 가격탄력도(수요량이 분자)=8/10=0.8 =>탄력성이 1보다 작은 경우 비탄력적

55. 다음은 농산물의 탄력성과 관련된 설명이다. 옳은 것은?

① 농산물은 인간에 필수재적 성격을 가질수록 탄력적이다.
② 농산물의 용도가 다양한 다양할수록 탄력적이다.
③ 농산물 수요의 가격탄력성은 단기보다 장기에 비탄력적이다.
④ 소득에서 가계지출비중이 높은 농산물일수록 비탄력적이다.

정답 및 해설 ②

① 탄력적이라는 의미는 가격에 수요나 공급이 민감하다는 의미이다.
  필수재는 가격의 등락률만큼 수요.공급이 그만큼 변동하지 않기에 비탄력적이다.
② 용도가 다양한 농산물의 대체재는 많다. 그만큼 가격에 민감하게 용도를 전환한다.
③ 농산물 수요의 가격탄력성은 단기보다 장기에 상대적으로 더 탄력적이다.
  단기에는 수요농산물을 바꾸지 못하나 장기에는 대체농산물이 많이 등장하여 수요 농산물을 바꿀 수가 있기 때문이다.
④ 소득에서 가계지출비중이 높은 농산물은 가격이 상승할 때 수요를 줄일 수밖에 없어 탄력적이다.

56. 2009년 세계경제의 불황은 국민의 물가압력을 가중시키고 있다. 엥겔계수의 변화는?

① 변화가 없다.
② 낮아졌다.
③ 높아졌다.
④ 낮았다가 높아질 것이다.

정답 및 해설 ①

엥겔계수 = $\dfrac{\text{음식비지출액}}{\text{가계의 총지출액}}$

물가상승은 음식비지출액을 증가시켜 엥겔계수가 높아졌다. 즉 생활이 열악해짐

57. 농산물의 가격인상이 소비자의 수입에 미치는 영향이다. 옳지 않은 것은?(수요의 가

격탄력성은 0.8이다)

① 총수입의 증가   ② 총수입의 감소
③ 총수입과 관련없음   ④ 총수입의 급증

정답 및 해설 ②

가격탄력도가 0.8이므로 비탄력적이다. 이는 가격인상률 만큼 수요량을 감소시키지 못했다는 의미이므로 가계지출이 증가했다는 뜻이 된다. 그러므로 총수입 감소

58. 소득이 증가하는 경우 상대적으로 수요가 소폭 증가했다면 이 재화는?

① 우등재   ② 열등재
③ 사치재   ④ 필수재

정답 및 해설 ④

소득의 증가와 비례적으로 수요가 증가하면 우등재 또는 정상재나 보통재.
소득의 증가가 있었음에도 수요의 증가가 미미했다면 이는 필수재이다.

59. 쇠고기 가격이 1% 오르자 돼지고기의 수요가 3% 증가하였다. 이에 관한 설명으로 옳은 것은?

① 돼지고기의 가격탄력성이 높다.
② 쇠고기에 대한 돼지고기의 대체탄력성이 높다.
③ 총탄력성이 높다.
④ 수요의 교차탄력성이 높다.

정답 및 해설 ④

수요의 교차탄력성 = 연관상품(독립변수)의 가격변화율에 대한 당해상품(종속변수)의 수요량의 변화율

60. 농산물의 수요와 공급의 가격탄력성이 비탄력적인 이유가 아닌 것은?

① 농산물은 주로 생활필수품이다.
② 농산물은 대체재의 종류가 많다.
③ 농산물은 수확기간에 일정기간을 소요한다.
④ 농산물에 대한 지출액은 소득에서 차지하는 비중이 높지 않다.

정답 및 해설 ②

농산물의 대체재 종류가 많다는 의미는 연관상품의 가격변화에 대체농산물의 수요가 더 증가하였다는 의미이다. 이는 탄력이라는 의미이지만 농산물에는 대체재가 많지 않은 편이다

61. 수요량의 증가보다 공급량의 증가가 더 큰 경우 수급량과 가격의 변화에 대하여 옳게 기술된 것은?

① 수급량은 증가하고 가격은 하락한다.
② 수급량은 증가하고 가격은 상승한다.
③ 수급량은 감소하고 가격은 하락한다.
④ 수급량은 감소하고 가격은 상승한다.

정답 및 해설 ①

본 문제는 균형가격과 관계된 문제이다. 실제 그래프상에서 확인하기 바랍니다.

62. 에치켈(M.J. Eziekel)의 거미집이론이 시사하는 바로서 옳지 않은 것은?

① 가격변동에 따른 수요와 공급이 시차를 가지고 움직인다는 것이다.
② 공산품과 달리 농산물의 경우 투자의 회임(懷妊)이 길어서 나타나는 현상이다.
③ 국제무역이 활성화된 개방경제를 전제로 하는 이론이다.
④ 균형점에 접근하는 과정이 수요와 공급의 탄력도에 달라진다는 이론이다.

정답 및 해설 ①

거미집이론은 폐쇄경제를 전제로 한다. 한나라의 수급량의 부족이나 과잉으로 가격이 등락하는 경우 국제무역을 통한 수급량 조절이 즉각적으로 이루어진다면 거미집이론의 핵심 전제인 공급량의 조절이 시차가 존재한다는 조건이 무너지게 된다.

63. 다음 보기의 조건이 주어진 경우의 설명이다. 옳은 것은?

〈 보기 〉
생산농가수취가격 10,000원,   수집상수취가격 12,000원
도매상수취가격 15,000원,   중도매인수취가격 17,000원
소매상수취가격 25,000원,   소비자최종지불가격 25,000원

① 수집단계마진율 : 약 17%
② 총단계 마진율 : 약 50%
③ 보관.수송이 용이하고 부패성이 적은 농산물은 유통마진이 높다.
④ 유통경로가 복잡하면 유통마진이 떨어진다.

정답 및 해설 ①

① 수집단계 유통마진율의 공식 = $\dfrac{수집상의 가격 - 농가수취가격}{수집상의 가격}$ =16.66%

③ 낮다(공산품의 경우 유통경로가 단순하다)
④ 복잡하면 거치는 단계가 많아 유통마진이 높아진다.

64. 다음 유통비용 중 직접비용으로 묶인 것을 고르시오.

① 점포임대료-저장비-가공비
② 통신비-상차비-하역비
③ 수송비-포장비-선별비
④ 자본이자-제세공과금-감가상각비

정답 및 해설 ②

직접비용 - 수송비, 포장비, 하역비, 저장비, 가공비
간접비용 - 점포임대료, 자본이자, 통신비, 제세공과금, 감가상각비

65. 다음 중 시장의 개념과 형태에 대한 설명 중 옳지 않은 것은?

① 어느 기업도 시장가격에 영향을 미칠 수 없는 사태의 시장을 완전경쟁시장이라 한다.
② 하나의 기업이 어느 정도의 독점력을 가지고 있는 시장이 독점적 경쟁시장이다.
③ 하나의 기업이 몇 개의 시장에 독점력을 가지고 있는 시장을 과점시장이라 한다.
④ 하나의 기업이 시장 전체를 지배하고 있는 시장이 독점시장이다.

정답 및 해설 ③

과점시장은 몇 개의 기업이 시장 대부분의 독점력을 가진 시장이다.

66. 농산물시장의 시장형태로 가장 적절한 것은?

① 완전경쟁시장
② 독점적 경쟁시장
③ 과점시장
④ 독점시장

정답 및 해설 ①

농산물시장은 완전경쟁시장으로 분류되지만 현실에서 농산물의 품목이나 종류에 따라 독점적시장, 과점시장 또는 독점시장으로 분류될 수도 있다.

67. 가격차별에 대한 시장조건으로 옳지 않은 것은?

① 가격탄력성이 다른 시장이 존재하여야 한다.
② 유통주체가 독점적인 시장지배력을 가지고 있어야 한다.
③ 시장과 시장사이에 매매된 상품의 역이동이 없어야 한다.
④ 시장의 분리비용이 가격차별의 이익보다 많아야 한다.

정답 및 해설 ④

시장분리비용이 가격차별의 이익보다 차별이익을 실현시킬 수 있다.

68. 농산물시장을 분리하여 다른 가격을 적용하고자 할 때 가장 높은 이익을 실현시킬 수 있는 정책은?

① 양 시장의 탄력도를 비교하여 탄력도가 낮은 시장에 고가정책을 취한다.
② 양 시장의 소비자의 구매동기를 파악하여 각각에 맞는 제품을 공급한다.
③ 양 시장의 시장구조를 완전경쟁적 시장으로 만든다.
④ 시장의 독점이 정부규제를 불러오지 않도록 새로운 경쟁주체를 유입시킨다.

정답 및 해설 ①

가격차별화 정책은 양 시장의 구매력 차이에서 발생하며, 이는 수요의 가격탄력도로 나타나게 된다. 비탄력적인 시장에서는 고가정책을 취하더라도 시장에서 떠나는 소비자보다 시장에 잔류하는 소비자가 많아 고수익을 실현시킬 수 있다.

69. 생산자가 상품 또는 서비스를 소비자에게 유통시키는데 관련된 모든 체계적 경영활동을 무엇이라 하는가?

① 경영활동　　　　　② 시장활동
③ 판촉활동　　　　　④ 마케팅

정답 및 해설 ①

마케팅의 정의

70. 다음에서 제시된 마케팅조사의 설명으로 바르지 않은 것은?

① 관찰법 : 응답자의 답변을 통하여 정보를 수집하는 방법
② 서베이조사 : 응답자에게 제품에 대한 질문에 응하도록 하여 조사하는 방법
③ 표적집단면접법 : 응답자들의 자유로운 토론으로 얻어진 내용을 분석하는 방법
④ 모의시장시험법 : 직접 시장시험을 통하여 신제품 수요를 예측하는 조사기법

정답 및 해설 ①

관찰법은 응답자의 답변을 신뢰하는 것이 아니라 응답자의 행동과 태도를 조사, 관찰하고 기록하여 정보를 수집한다.

71. 마케팅시장조사의 과정이 잘 연결된 것은?

① 문제의 정의 –자료의 수집–마케팅조사설계–자료분석 및 해설–보고서작성
② 문제의 정의 –마케팅조사설계–자료의 수집–자료의분석및해설–보고서작성

③ 문제의 정의 -자료의 수집-자료분석 및 해설-마케팅조사설계-보고서작성
④ 문제의 정의 -자료분석 및 해설-마케팅조사설계-자료의 수집-보고서작성

정답 및 해설 ②

정보수집의 효율적 방안을 수립하여(마케팅조사설계)-〉자료를 수집하고-〉수집된 자료를 분석 및 해석한 후-〉보고서를 작성한다.

72. 다음 마케팅환경에 관한 설명으로 올바르지 않은 것은?

① 마케팅의 거시적 환경은 시장 내에 활동하는 경제주체의 구성환경이다.
② 마케팅환경이 기업의 성장을 저해하는 요인으로 작용하기도 한다.
③ 마케팅환경분석시 고려될 사항으로서 소비구조변화, 경쟁환경의 변화, 시장구조의 변화 등이다
④ 마케팅부서에 의해서 통제되는 요인으로 표적시장의 선정, 소비자조사, 마케팅믹스 등을 들 수 있다.

정답 및 해설 ①

마케팅의 거시적 환경은 자연환경이나 인문환경 등이며 인문환경으로 경제. 정치. 행정. 사회. 문화적 환경을 들 수 있다. 미시적환경은 시장 내에 경제주체들을 말한다

73. 다음 소비자의 구매행동에 대한 설명으로 알맞지 않는 것은?

① 저관여 상품의 판매를 확대하기 위하여 제품에 대한 친숙도를 높여야 한다.
② 저관여 구매행동은 소비자가 과거의 습관이나 경험에 의해 구매결정을 듣는다.
③ 고관여 구매행동은 고가제품을 구매할 때와 같이 신중한 결정을 내리는 구매행동이다.
④ 고관여 구매행동시 브랜드 간 차이가 크게 되더라도 쉽게 브랜드전환 결정을 내리지 못한다.

정답 및 해설 ④

고관여 제품의 경우 다양한 상품정보를 통하여 구매전환을 시도하지 못하도록 하여야 한다. 그러나 구매자는 신중한 결정자이기 때문에 쉽게 습관적인 구매행동에 나서지 못하고 브랜드전환에 대한 결정을 하기도 한다.

74. 소비자가 개인적인 욕망을 충족시키기 위하여 단순한 제안이나 설명, 무분별한 연상에 의해 일어나는 즉흥적, 충동적인 구매동기는?

① 감정적 제품동기 ② 합리적 제품동기
③ 감정적 애고동기 ④ 합리적 애고동기

정답 및 해설 ③

특정 생산단지에 대한 친근감, 매력적인 점포와 진열장, 주위의 권유 등에 의한 구매동기는 감정적 애고동기이다.

75. 소비자가 어떤 상품 구매에 있어서 최소의 노력으로 편리한 지점에서 하는 구매는?

① 회상구매 ② 암시구매
③ 일용구매 ④ 선정구매

정답 및 해설 ③

76. 현대 소비자의 구매변화 추이로 바르지 못한 것은?

① 현대 소비자들은 양질의 농산물을 더 편리하고 경제적으로 구입하기를 희망한다.
② 기존 농산물에 기능성이 첨가된 농산물이나 인증농산물 등을 선호한다.
③ 한 번의 구매로 일정기간 소비가 가능한 대포장단위를 선호한다.
④ 전처리농산물이나 가정식 대체식품을 선호한다.

정답 및 해설 ③

소포장 단위의 농산물이 선호되고 있다.

77. 수요자중심의 마케팅으로서 소비자의 구매행동에 관점을 둔 마케팅 전략은?

① 시장점유마케팅 ② 고객점유마케팅

③ 4P MIX전략   ④ 관계마케팅전략

정답 및 해설 ②

① 시장점유전략은 공급자가 주체가 된 시장전략이다. STP전략과 4PMIX전략이 이에 해당한다.

② 정답설명이다. AIDA원리가 이에 해당한다.

④ 관계마케팅은 공급자와 수요자의 상호작용을 중시하는 새로운 개념의 전략이다.

MEMO

연습 간단하게 풀어보는 유통론 연습문제

1. 다음 중 농산물 유통을 생산 활동으로 볼 수 있는 주된 이유는 무엇인가?
  ① 생산량을 증대시키기 때문이다.
  ② 유통과정에서 상품의 효용가치를 창조 또는 추가하기 때문이다.
  ③ 상인들의 소득이 발생하기 때문이다.
  ④ 소비량을 증대시키기 때문이다.

> 정답 ② - 경제학에서의 생산이란 효용의 창조를 의미한다.

2. 다음 내용 중 농산물 유통의 특성으로 알맞지 않은 것은 어느 것인가?
  ① 중간상인이 많이 참여하게 되므로 유통비용이 증가한다.
  ② 생산물은 같은 품종이라 하더라도 생산량과 품질이 같지 않아서 표준 규격화가 어렵다.
  ③ 농산물 가격은 지극히 불안정하다.
  ④ 수요는 생산량의 재고량에 의존한다.

> 정답 ④ - 수요는 개별 소비자의 기호에 따르고, 공급은 생산량과 재고량에 의존한다.

3. 다음 내용 중 도매시장이 필요한 이유가 아닌 것은 어느 것인가?
  ① 농산물의 공정한 거래
  ② 농산물의 소요의 공급을 조절
  ③ 건전하고 안전한 농산물의 공급
  ④ 농산물을 생산하는 농업인만을 보호

> 정답 ④ - 소비자들은 도매시장을 통해 위생적이고 값싼 농산물을 구입할 수 있다.

4. 다음 중 매매참가인 중 가장 많은 비중을 차지하고 있는 것은 어느 것인가?
  ① 가공업자
  ② 소매업자
  ③ 수출업자
  ④ 소비자 단체

> 정답 ② - 매매참가인은 소매업자의 비중이 가장 높다.

5. 다음 내용에서 농산물 유통의 의미로 잘못 설명한 것은 어느 것인가?
  ① 농산물 유통은 육종 사업부터 시작된다.
  ② 농업인과 상인의 서로 의존 관계에 있다.
  ③ 농업인, 상인, 소비자의 서로 다른 이해를 조화시켜 준다.
  ④ 농산물이 농가에서 판매되면 농가의 입장에서 유통 활동은 끝난다.

> 정답 ④
> 농업인은 소비자 또는 사용자가 원하는 농산물을 계속 생산할 수 있도록 생산계획 수립 및 계속적인 판매를 위해 조직적인경제활동을 해야 한다.

6. 다음 중 농산물 유통의 중요성으로 틀린 것은 어느 것인가?
  ① 농산 생산은 농업 기술의 발전에 따라 점차 증가되고 있다.
  ② 유통은 효용을 창조하고 부가가치를 감소시키는 활동이다.
  ③ 근래의 농산물 유통은 대부분의 농가가 판매를 목적으로 영농을 하고 있다.
  ④ 생활수준의 향상과 식생활 관습의 변화, 대형유통센터와 할인점과 같은 대량 소매 기관에 발달함에 따라 농산물 유통의 중요성이 점차 증대되고 있다.

> 정답 ② - 농산물 유통은 부가가치를 증대시키는 활동이다.

7. 다음에서 도매시장법인으로부터 사들인 상품을 시장 내의 도·소매 상인 또는 식당, 병원, 학교 등 대량 수요자에게 판매하는 도매상인은 누구인가?
  ① 경매사
  ② 중도매인
  ③ 매매참가인
  ④ 객주

정답 ② - 중도매인은 상장된 농수산물을 매수하여 도매하거나 매매를 중개하는 영업을 하는 자이다.

8. 다음 중 경매 제도의 장점이라고 볼 수 없는 것은 어느 것인가?
① 경매제도는 결과를 누구나 손쉽게 알 수 있다.
② 우리나라에서는 경하식(네덜란드식)경매 방법을 사용하고 있다.
③ 대규모로 출하를 할 경우 경매시간과 비용이 절감된다.
④ 대규모 생산 농가에서 균등한 판매기회를 줄 수 있다.

정답 ② - 우리나라에서는 경상식(영국식) 경매법을 사용하고 있다.

9. 다음 중 농산물 유통의 가장 큰 두 가지 기능은 무엇인가?
① 생산과 경영
② 수집과 분배
③ 수입과 지출
④ 수송과 가공

정답 ② - 생산자로부터 수집하여 소비자에게 분배하는 것이다.

10. 다음에서 농산물 유통에 관하여 잘못 설명한 것은 어느 것인가?
① 농업인에 의해 생산된 농산물은 소비자가 요구하는 식료품이란 기준에서 볼 때 일종의 원료생산에 불과하다.
② 농산물유통은 소득을 증대시키므로 생산적 활동이라 할 수 있다.
③ 농산물 유통은 농업 부분분과 비농업부분을 연결해 주는 역할을 한다.
④ 농산물 유통은 생산자와 소비자의 모순되는 요구를 조화시켜야 한다.

정답 ② - 농산물 유통이 생산활동인 이유는 효용의 창출에 관련된 것이다.

11. 다음 중 경매사에 대한 설명으로 틀린 것은 어느 것인가?
① 경매사의 가격은 법으로 규정되어 있다.
② 경매사는 매매참가인에 소속되어 있다.
③ 도매시장에는 반드시 경매사를 두어야 한다.
④ 경매사는 전문적인 지식과 숙련된 경험이 있어야 한다.

정답 ② - 경매사는 도매시장법인에 소속되어 있다.

12. 다음에서 소매기구가 아닌 것은 어느 것인가?
① 대형 백화점　　　　　② 슈퍼마켓
③ 농산물공판장　　　　④ 각종 편의점

정답 ③ - 농산물공판장은 도매시장으로 분류된다.

13. 다음 중 농산물 유통의 역할로 틀린 것은 어느 것인가?
① 비농업부분에서 생산된 농업생산자체를 농업인에게 공급하여 농업생산을 원활하게 한다.
② 농가에서 생산한 농산물을 도시에 공급한다.
③ 농가에서 생산한 원료농산물을 관련 공업부분에 공급한다.
④ 농촌의 유휴노동력을 도시의 공업 부분에 공급한다.

정답 ④ - ④는 농산물유통과 관련이 없는 사항이다.

14. 다음 중 농산물의 특징을 잘못 설명한 것은 어느 것인가?
① 계절적 편재성　　　　② 부피와 중량성
③ 양과 질의 불균일성　　④ 용도의 다양성

정답 ④

15. 농산물 도매시장에서 큰 병원이 직접적으로 경매에 참가할 수 있는 방법은 다음 중 어느 것인가?

① 경매사　　　　　　　　　② 중도매인
③ 도매시장법인　　　　　　④ 매매참가인

> 정답 ④
> 매매참가인은 도매시장에 상장된 농수산물을 직접 매수하는 자로서 중도매인이 아닌 가공업자, 소매업자, 수출업자 및 소비자단체 등 농수산물의 수요자를 말한다.

16. 다음 중 농산물 도매시장의 원칙적인 거래는 어느 것인가?

① 경매와 입찰　　　　　　② 입찰
③ 수의매매　　　　　　　　④ 정가매매

> 정답 ①
> 도매시장에서의 거래 방식은 경매와 입찰을 원칙으로 하고 있으며, 수의매매 또는 정가매매 등의 방법도 있다.

17. 위탁상이란 다음 중 어느 시장의 상인을 지칭하는가?

① 일반도매시장　　　　　　② 유사도매시장
③ 공영도매시장　　　　　　④ 농협공판장

> 정답 ②
> 유사도매시장에서 도매업을 하는 상인을 위탁상이라 한다. 현재 전국의 유사도매시장은 10여개 소에 불과하며 점차 감소 추세에 있다.

18. 다음 중 위탁판매를 주로 하는 곳은 어느 것인가?

① 소매시장　　　　　　　　② 법정도매시장
③ 유사도매시장　　　　　　④ 농협공판장

> 정답 ③ - 유사도매시장은 경매를 하지 않고 위탁 판매를 하는 것이 특징이다.

19. 다음 중 농산물 가격의 기능으로 틀린 것은 어느 것인가?
    ① 자원 배분　　　　　　　② 소비 분배
    ③ 자본 형성　　　　　　　④ 소득 분배

    > 정답 ② - 농산물 가격의 기능은 자원 배분, 소득 분배, 자본 형성이다.

20. 다음 중 농산물의 공급이 가격에 대하여 비탄력적인 이유가 아닌 것은 어느 것인가?
    ① 농산물은 생산계획의 수립에서 수확'까지 반드시 일정기간이 소요된다.
    ② 농산물의 생산은 자연조건의 영향을 받아 가격변화에 대한 생산증감의 신축성이 낮다.
    ③ 농산물의 생산에는 고정적 생산요소의 투입비율이 비교적 낮다.
    ④ 농산물은 가격이 하락할 때 공급 감소의 반응도가 난다.

    > 정답 ③
    > 농산물의 생산에는 고정적 생산요소의 투입비율이 비교적 높아 가격변화에 대한 생산증감의 신축성이 낮다.

21. 농산물의 저장기간에 따라 저장구조가 다른 이유가 아닌 것은 어느 것인가?
    ① 장기간 저장이 가능한 농산물은 가격의 단기변동이 심하다.
    ② 장기간 저장이 가능한 농산물은 장기저리융자로 위한 자금원을 가진 시장조를 필요로 한다.
    ③ 부패성이 높은 농산물은 유통경로서 짧은 시장구조를 필요로 한다.
    ④ 부패성이 높고 생산이 매우 계절적인 농산물은 생산된 후 비교적 짧은 기간동안 유통된다.

    > 정답 ① - 저장이 용이할수록 가격변동이 적으며 부패성이 높을수록 가격의 단기변동이 크다.

22. 다음 중 농산물의 가격이 오를 때 그 공급이 비탄력적인 이유는 어느 것인가?
    ① 높은 가격 수준의 지속성에 대한 불확실성
    ② 기계화가 되어 있지 않아서

③ 농가의 영농규모가 작아서
④ 경영이 영세하기 때문에

> 정답 ① - 고가격수준의 지속성에 대한 불확실성, 투자 자금액의 제한 등이 이유이다.

23. 농산물 가격의 특수성에 해당되지 않은 것은 다음에서 어느 것인가?
① 경쟁적이다.
② 공급에 의해서만 영향을 받는다.
③ 불안정하다.
④ 계절의 영향을 받는다.

> 정답 ② - 농산물의 가격은 다른 상품 가격과 마찬가지로 수요와 공급의 법칙에 의해 결정된다.

24. 다음 중 완전경쟁시장의 모형이 갖는 가정으로 틀린 것은 어느 것인가?
① 다수의 판매자와 구매자　　② 생산물의 동질성
③ 기업의 산업과 협력의 자유　④ 정부규제의 존재

> 정답 ④ - 완전경쟁시장모형은 정부의 시장간섭을 배제한다.

25. 정부가 농산물의 가격을 통제할 수 있는 기능을 할 수 있는 법적 근거가 아닌 것은 어느 것인가?
① 농수산물유통 및 가격 안정에 관한 법률
② 물가 안정에 관한 법률
③ 농산물 가공산업 육성법
④ 식품 위생법

> 정답 ④ - 정부는 농수산물유통 및 가격안정에 관한 법률에 의해 농산물 도매시장을 규제한다.

26. 다음 중 농산물 유통의 기능 중에서 정부 관여의 비중이 가장 높은 것은 어느 것인가?
① 운송 기능
② 저장 기능
③ 가공 기능
④ 거래 조성 기능

> 정답 ④
> 거래 조성 기능은 개별기업의 활동만으로는 불가능한 제도적 장치와 그 실현을 위한 조직화된 집단적 행동이나 방법이 필요하다.

27. 다음 중 완전경쟁시장에서 개별기업의 단기이윤이 극대화되는 조건은 무엇인가?
① 한계비용=한계수입
② 한계비용=평균수입
③ 평균비용=한계수입
④ 평균비용=평균수입

> 정답 ① - 개별기업의 이윤극대화는 한계비용 = 한계수입에서 달성된다.

28. 다음 중 농산물의 시장구조에 대한 설명이 잘못된 것은 어느 것인가?
① 가공업자의 원료확보는 작물을 재배할 시기에 앞으로의 시장 조건을 예상하여 결정해야 한다.
② 수요와 공급이 비탄력적일 때는 큰 가격변화라 할지라도 작은 양의 조정만으로 가능하다.
③ 이미 생산된 농산물의 시간적인 분배를 저해하는 시장구조의 결함은 시장정보의 독점에서 생긴다.
④ 독점적 시장구조는 수요와 공급의 조건을 정확하게 반영할 수 있다.

> 정답 ④ - 독점적 시장구조는 수급의 조건을 제대로 반영하지 못함으로써 불평등을 야기시킨다.

29. 다음 중 농산물 유통에 관한 정부의 개입으로 가장 일반적인 것은 무엇인가?
① 제도적인 경제활동 제약
② 산지 유통의 강화
③ 국가 통제, 지시의 최소화
④ 계획 경제의 시행

정답 ① - 정부는 통제, 지시, 행정적 조치 등으로 농산물 유통에 개입하여 경제활동을 제약한다.

30. 다음 중 정부에 의한 농산물 매매에 관한 시장 규제의 목적에 해당하는 것은 어느 것인가?
① 낮은 수준에서의 시장가격 안정
② 공정한 거래질서의 확립
③ 시장에서의 경쟁 완화
④ 전통적 유통방법의 유지

정답 ②
정부의 시장규제는 유통에 있어서 경쟁을 증진시키고
공정한 거래가 이루어지도록 하는 데 목적이 있다.

31. 농산물시장에 관한 설명이 틀린 것은 다음 중 어느 것인가?
① 농산물은 보통 단일 또는 고립된 시장에서 판매되는 것이 아니고 지리적으로 널리 분산된 수많은 시장에서 판매된다.
② 시장의 지리적 구조는 그 시장에 있는 상인들의 규모에 영향을 미친다.
③ 농산물시장에서 거래되는 상품은 품질이 다양하며 그에 따라 가격도 여러 가지가 있다.
④ 구매자와 판매자는 경제이론에서 가정하는 것처럼 가격에만 의존하며 의사결정을 한다.

정답 ④
구매자와 판매자는 특정상인과의 거래 관계에 기초하여 시장 정보를 얻고 의사결정을 하기도 한다.

32. 다음 중 농산물의 가격안정을 위한 정부의 역할로서 적절하지 못한 것은 어느 것인가?
① 농산물의 수매와 비축
② 관측사업

③ 지도사업   ④ 시장구조의 독점화

정답 ④ - ④는 유통체제의 효율성을 저하시킴으로써 가격기능의 원활한 수행을 저해한다.

33. 정부가 자유시장의 가격결정에 개입하는 주된 이유는 무엇인가?
① 수출의 증대   ② 소득분배의 조정
③ 수요의 증대   ④ 유통비용의 절감

정답 ②
현대사회에 있어서 가격이 자원과 소득분배기능을 충분히 수행하지 못하므로 정부가 가격 결정에 개입하고 있다.

34. 다음 중 소비자를 보호하기 위한 정부의 기능으로 보기 어려운 것은 어느 것인가?
① 농산물의 최저가격 유지   ② 잔류 농약 규제
③ 농산물 광고의 윤리 준칙   ④ 의무적인 농산물 검사

정답 ① - 최근 친환경농산물에 대한 소비자들의 관심이 높아지고 있다.

35. 다음 내용 중 농산물 유통의 자기역할 수행에 있어 경제발전에 따라 충족되어야 할 요건과 거리가 먼 것은 어느 것인가?
① 새로운 유통방법이 요구된다.
② 새로운 유통경로가 마련되어야 한다.
③ 새로운 유통조직과 여기에 관련된 서비스가 필요하다.
④ 농산물 유통의 축소가 필요하다.

정답 ④
갈수록 다양화되는 농업생산요소와 시장화 되는 농산물 취급을 위해 보다 개선된 농산물 유통이 필요하다.

36. 다음 중 농산물 유통과 가장 관계가 많은 것은 어느 것인가?
① 자연조건　　　　　　　② 토질조건
③ 기후조건　　　　　　　④ 시장조건

정답 ④ - 시장과의 경제적 거리에 따라 운송비의 크기가 결정된다.

37. 다음 중 유통을 한마디로 정의하면 무엇인가?
① 생산적이다.　　　　　② 비생산적이다.
③ 소비적이다.　　　　　④ 개방적이다

정답 ① - 농산물 유통은 가공, 포장 등의 활동을 통하여 농산물을 보다 가치 있는 것으로 만든다.

38. 다음 중 정부에 의해 고속도로 건설과 유지는 농산물 유통기능 중 어느 것에 관련된 것인가?
① 보조기능　　　　　　　② 경영적 기능
③ 가공기능　　　　　　　④ 운송기능

정답 ④
운송기능에 관한 정부활동으로는 철도건설, 철도운임률 결정, 도로의 건설과 유지, 항만·공항의 건설 등을 들 수 있다.

39. 다음 중 농산물 유통과정에 관련된 정부의 정책이 아닌 것은 어느 것인가?
① 표준계량법 시행　　　② 육류의 공시가격설정
③ 농산물수입정책　　　　④ 농지개량사업

정답 ④ - ④는 농업생산에 관련된 정책이다.

40. 다음 중 우리나라 농산물 유통의 특징을 가장 바르게 나타낸 것은 어느 것인가?
① 낮은 유통 마진
② 연중 고른 출하량
③ 소규모 유통
④ 가격 안정

> 정답 ③ - 생산규모가 영세하여 소규모 유통이 많다.

41. 다음 중 비농업부문에서 농업부문으로 공급되는 상품이 아닌 것은 어느 것인가?
① 비료
② 농약
③ 트랙터
④ 퇴비

> 정답 ④ - 퇴비는 농가에서 자가생산하는 생산요소이다.

42. 다음 중 농산물을 구매하여 판매하는 상인의 기능이 아닌 것은 어느 것인가?
① 농업인과 상호 보완적 기능
② 유통 이윤을 극대화하는 기능
③ 농업인의 농산물을 구매하는 기능
④ 소비자의 성향을 농업인에게 전달하는 기능

> 정답 ② - 생산자, 상인, 소비자는 서로 다른 이해를 조정하여 적절한 수준의 이익을 얻어야 한다.

43. 생산자로부터 소비자에 이르기까지의 농산물의 흐름에 관련된 과정을 무엇이라 하는가?
① 농업생산
② 농산물 유통
③ 농업정책
④ 농산물 가격

> 정답 ② - 농산물 유통에는 농업인의 농업생산에 필요한 비료, 농약, 농기구 등의 생산요소를 공급하는데 관련된 활동이 포함된다.

44. 다음 공중 정보 통신망을 이용한 농산물 유통정보의 분산 방법중 한국농림수산정보센터가 제공하는 서비스는 어느 것인가?
① KREI
② KATI
③ NLCF
④ AFFIS

정답 ④ - 한국농림수산정보센터는 농림수산 정보화사업 전담추진기관으로 AFFIS 서비스를 제공하고 있다.

45. 농산물 유통정보의 종류로 보기 어려운 것은 다음 주 어느 것인가?
① 통계정보
② 시장정보
③ 관측정보
④ 예측정보

정답 ④
농수산물 유통정보는 정보 내용의 특성에 따라 통계 정보, 관측 정보, 시장 정보로 구분되어 있다.

46. 다음 중 농업인이 농산물 유통정보를 가장 필요로 하는 시기는 어느 것인가?
① 작목을 파종할 때
② 병, 해충이 발생했을 때
③ 작물을 재배하고 있을 때
④ 농산물을 출하하려고 할 때

정답 ④
일반적으로 농업인이 농산물 유통정보를 가장 필요로 하는 시기는 작물을 선택하려는 시기와 농산물을 출하하려고 할 시기이다.

47. 다음에서 우리나라의 농산물 유통정보 수집기관이 아닌 것은 어느 곳인가?
① 농림부
② 농업기술센터
③ 농업협동조합
④ 농수산물유통공사

정답 ②
현재 농산물 유통정보의 수집체계는 농림부 농업정보통계 관실을 중심으로 하여 국립농산물품질관리원(지원, 출장소)과 농협, 수협 및 농수산물유통공사 등으로 구성되어 있다.

48. 다음 중 농산물 유통의 단어와 가장 관련이 깊은 것은 어느 것인가?

① 상인의 기능 ② 시장의 동태
③ 화폐의 흐름 ④ 상품의 흐름

> 정답 ④
> 농산물 유통은 농산물이라는 상품이나 서비스를 생산자로 부터 소비자에게 연결시켜주는 활동이다.

49. 다음에서 농가수취율이 가장 낮은 품목은 어느 것인가?

① 고구마 ② 쌀
③ 딸기 ④ 고추

> 정답 ③ - 딸기는 부패성이 높은 품목이고, 유통마진이 높기 때문에 농가수취율이 낮다.

50. 현재 가장 보편화된 농산물 유통정보 분산방식은 어느 것인가?

① 전화 매체를 통한 분산 ② 방송 매체를 통한 분산
③ 인쇄 매체를 통한 분산 ④ 인터넷 매체를 통한 분산

> 정답 ④ - 인터넷을 통해 제공되는 농산물 유통정보에는 KREI, KAMIS, KATI, AFFIS 등이 있다.

51. 유통마진이 가장 높은 것은 다음 주 어느 것인가?

① 곡물류 ② 엽근채류
③ 과일류 ④ 조미채소류

> 정답 ② - 정장성이 낮고 산지포장화가 미흡한 품목일수록 유통마진이 높다.

52. 다음에서 생산자가 유리한 조건으로 판매하기 위해 필요한 정보로서 알맞지 않은 것

은 어느 것인가?
① 출하시장 ② 출하시기
③ 출하량 ④ 교통량

> 정답 ④ - ①②③ 외에 거래 가격, 가격 전망, 재고의 변동, 시장 환경의 변화 등이 있다.

53. 농업관측센터를 운영하면서 농업관측월보 등 관측정보를 제공하고 있는 기관은 어느 것인가?
① 한국농림수산정보센터 ② 한국농촌경제연구원
③ 농수산물유통공사 ④ 국립농산물품질관리원

> 정답 ② - 한국농촌경제연구원은 KREI 서비스를 통하여 농업관측정보를 제공한다.

54. 정부 또는 공공기관에서는 정확한 유통정보를 제공해야 된다. 그 이유는 다음 중 무엇인가?
① 상인들의 가격형성을 인위적으로 간섭하기 위하여
② 농업인들의 생산활동을 규제하기 위하여
③ 독점에 의한 과대한 사적이익충족을 배제하기 위하여
④ 소비자들에게 일방적인 혜택을 주기 위하여

> 정답 ③
> 유통정보는 생산자, 상인, 소비자에게 고른 이득을 주며, 농산물 유통을 유지시키는 윤활유와 같다.

55. 다음에서 유통마진의 구성요소가 아닌 것은 어느 것인가?
① 감모 ② 농업인의 소득
③ 차입 자본 이자 ④ 노동에 대한 보수

> 정답 ② - ①③④ 외에 토지와 건물에 대한 지대, 유통기관에 대한 대가, 유통기능에 대한 비용 등이 있다.

56. 농수산물유통공사가 제공하는 농산물 유통정보 서비스는 어느 것인가?

① KATI
② AFFIS
③ KAMIS
④ KREI

정답 ③ - KAMIS는 농수산물유통공사 유통조사팀에서 운영하는 농산물유통정보 서비스이다.

57. 다음 중 유통기능의 수행에 있어서의 효율성을 측정하는 지표로 알맞은 것은 어느 것인가?

① 유통마진
② 도매가격
③ 소매가격
④ 농가수취율

정답 ①
비슷한 유통기능의 수행에 소요된 비용이 두 시장에 있어서 서로 다를 때 유통마진은 그 효율성의 비교에 사용될 수 있다.

58. 다음에서 일본이나 미국의 유통마진이 우리나라 보다 높은 이유가 아닌 것은 어느 것인가?

① 소비자의 기호에 맞추어 산지에서의 포장, 선별, 브랜드화에 따른 비용이 많이 든다.
② 소비지에서의 재포장, 소포장, 가공비용이 많이 든다.
③ 예랭, 냉장수송, 냉장보관 등 Cold Chain System 운영에 따라 비용이 많이 든다.
④ 우리나라보다 직접비의 비율이 간접비 및 이윤의 비율보다 월등히 높다.

정답 ④ - 일반적으로 유통비용 중 간접비 및 이윤의 비율이 직접비의 비율보다 높다.

59. 다음 중 농산물시장의 구조적 특성에 해당되지 않는 것은 어느 것인가?

① 수요의 가격탄력성이 낮다.
② 수요의 소득탄력성이 높다.
③ 공급의 가격탄력성이 낮다.
④ 농업의 생산기술이 급속히 향상되어 농업생산력이 증대하면 공급초과가 발생하여 시장

가격이 낮아질 수 있다.

정답 ② - 농산물은 대개 수요의 소득탄력성이 1 보다 작은 비탄력성이다.

60. 다음 소비자의 행동 연구 중 소비 수요의 질적 연구에 포함되지 않는 것은 어느 것인가?
    ① 소비자의 심리적 특성
    ② 소비생활의 형태
    ③ 구매태도
    ④ 소비 집단이 가지는 수요의 규모와 동향

정답 ④ - ④는 소비 수요의 양적인 연구이다.

61. 가공이 필요한 농산물의 유통비용을 옳게 설명한 것은 어느 것인가?
    ① 유통마진이 적다.   ② 유통비용이 적게 든다.
    ③ 농가수취율이 높다.   ④ 농가수취율이 낮다.

정답 ④ - 가공식품일수록 유통비용이 많이 들고 농가수취율이 낮다.

62. 다음 중 유통마진이 가장 높게 나타나는 유통단계는 어느 것인가?
    ① 출하단계   ② 도매단계
    ③ 소매단계   ④ 모두 비슷하다.

정답 ③ - 소매단계의 유통마진이 전체의 50%를 차지한다.

63. 농산물의 시장구조가 불안정적인 특성을 갖는 이유가 아닌 것은 다음 중 어느 것인

가?
① 농업생산은 자연적 조건에 크게 영향을 받으므로 생산량은 해마다 변화가 심하다.
② 생산기간이 장기적이다.
③ 가격의 계절적 변동이 심하다.
④ 농산물에 대한 수요가 계절적으로 변동이 심하다.

> 정답 ④ - 농산물에 대한 수요는 비교적 안정적이다.

64. 정부가 지정한 품목의 수매비축과 국영무역관리 품목수입을 통한 비축사업을 수행하는 기관은 어느 것인가?
① 한국농촌경제연구원　　② 국립농산물품질관리원
③ 농협중앙회　　　　　　④ 농수산물유통공사

> 정답 ④ - 농수산물유통공사는 정부 비축사업의 실시기관이다.

65. 다음 중 농산물 유통이 추구해야 할 방향이 아닌 것은 어느 것인가?
① 브랜드화　　　　　　② 안전성 제고
③ 포장규격화　　　　　④ 대량 묶음화

> 정답 ④ - 갈수록 농산물의 소포장화 추세이다.

66. 다음 중 소비자의 농산물 구매 행동에 영향을 끼치는 요인으로 보기 어려운 것은 어느 것인가?
① 농산물의 가격　　　　② 우월성
③ 소비자의 소득　　　　④ 가족의 취향

> 정답 ②
> 소비자의 농산물 구매 행동에 영향을 끼치는 요인으로는 경제적, 사회환경적, 개인적, 심리적 요인

67. 국내시장에 있어서 농산물 가격이 연중 변화하는 이유 중 가장 큰 것은 어느 것인가?

① 중간상인의 횡포 ② 시장정보의 결여
③ 생산의 계절성 ④ 유통경로의 복잡성

정답 ③ - 농산물가격의 계절적 변화가 큰 것은 생산의 계절성에 기인한 것이다.

68. 다음 농산물의 소비자 중 의미가 다른 하나는 어느 것인가?

① 가계 소비자 ② 최종 소비자
③ 산업 소비자 ④ 궁극적 소비자

정답 ③ - ①②④는 같은 의미이며 일반적으로 소비자라 하면 가계소비자를 의미한다.

69. 농산물 유통 정책에 대한 국가별 통제 수준은 다음 중 어느 것인가?

① 선진국은 통제를 최소화하고 있다.
② 개발도상국도 상당한 수준의 통제를 하고 있다.
③ 선진국, 개발도상국 모두 통제를 최소화하고 있다.
④ 선진국, 개발도상국 모두 상당한 수준의 통제를 하고 있다.

정답 ④ - 선진국, 개발도상국을 막론하고 보통 농업부문에는 정부의 개입이 많은 것으로 이해되고 있다.

70. 다음에서 효율적인 농산물 유통을 제약하는 조건이 아닌 것은 어느 것인가?

① 시장정보의 불충분 ② 수송수단의 부족
③ 사회간접자본의 확충 ④ 높은 유통비용

정답 ③ - 사회간접자본의 확충은 농산물 유통의 효율화를 위한 필요조건이다.

71. 다음 중 소비자의 구매동기 중 합리적 제품동기에 포함되지 않은 것은 어느 것인가?

① 합리성　　　　　　　　　② 우월성
③ 신뢰성　　　　　　　　　④ 저렴성

> 정답 ② - 우월성은 감정적 제품동기이다.

72. 표준규격출하에 대한 설명으로 틀린 것은 다음 주 어느 것인가?

① 농산물을 전국적으로 통일된 기준인 표준규격에 맞도록 품질, 크기에 따라 선별하여 등급을 매기고 분류하여 출하하는 것이다.
② 표준규격은 등급규격과 포장규격으로 구분되어 있다.
③ 등급규격은 팰릿 적재효율을 최대화 할 수 있는 포장재 표준치수를 설정하고, 포장방법, 재질 등에 대한 규격을 정하는 것이다.
④ 포장재 표시사항(품목, 산지, 생산자 인적사항, 반품, 교환 안내),표시요령 등을 규정함으로써 상품성 향상과 유통합리화를 도모할 수 있다.

> 정답 ③
> 포장규격은 팰릿 적재효율을 최대화할 수 있는 포장재 표준치수를 설정하고, 포장방법, 재질 등에 대한 규격을 정하는 것이다.

73. 효율적인 농산물 유통의 제약조건에 해당되지 않은 것은 어느 것인가?

① 농산물에 대한 수요의 증대　　　② 수송 도로망의 확충
③ 저장시설의 미비　　　　　　　　④ 농업관측의 실시

> 정답 ③ - 저장시설 및 수확 후 관리 기술의 미비는 농산물 가격의 불안정을 초래할 수 있다.

74. 농산물 유통에 대한 정부의 기능이 아닌 것은 다음 중 어느 것인가?

① 가격 통제 기능　　　　　　　　② 소비자 보호 기능
③ 독과점 규제 기능　　　　　　　④ 수입 자율화 기능

정답 ④
농산물 유통에 대한 정부의 기능에는
가격 통제 기능, 유통 조성 기능, 소비자 보호 기능, 독과점 규제 기능 등이 있다.

75. 다음에서 농산물을 규격출하 하는 이유로서 알맞지 않은 것은 어느 것인가?

① 품질등급 및 포장규격의 표준화, 하역, 운송의 현대화와 기계화를 이룰 수 있다.
② 선별, 포장된 농산물을 표준팰릿에 적재 출하하면, 견본거래를 통해 경매가 신속, 공정하게 이루어지며, 신용으로 거래를 할 수 있어 유통과정에서 발생하는 경비를 줄일 수 있다.
③ 농산물을 표준 팰릿에 적재하여 출하하면, 상, 하차, 보관, 수송의 기계화가 가능하여 노력과 비용을 절감할 수 있다.
④ 저질 상품과 고품질의 상품을 선별함으로써 유통감모량을 증가시키고, 시장에서의 쓰레기 발생을 줄일 수 있어 환경오염을 방지할 수 있다.

정답 ④
저질 상품과 고품질의 상품을 선별함으로써 유통감모량을 감소시키고,
시장에서의 쓰레기 발생을 줄일 수 있어 환경오염을 방지할 수 있다.

76. 우리나라 정부가 농산물 유통에 최초로 개입한 농산물은 어느 것인가?

① 채소
② 곡물
③ 축산
④ 화훼

정답 ② - 쌀을 중심으로 한 양곡부분에서 정부의 개입이 시작되었다.

77. 소비자가 구매하기 편리하도록 포장한 것은 다음 중 어느 것인가?

① 포장재료
② 겉포장
③ 속포장
④ 포장치수

정답 ③ - 속포장: 소비자가 구매하기 편리하도록 겉포장 속에 들어있는 포장

78. 다음 중 경제가 발전함에 따라 농산물의 유통이 보다 더 중요시 되는 이유는 어느 것인가?
① 도시인구가 증가한다.
② 농업인들의 소득이 증가한다.
③ 농산물의 가격이 싸게 된다.
④ 농산물의 수입이 증대한다.

> 정답 ① - 경제발전에 따른 공업화, 도시화로 도시인구가 상대적으로 증가한다.

79. 경제발전에 있어서 농산물 유통의 역할이 아닌 것은 다음 주 어느 것인가?
① 경제발전으로 농업인에게 보다 많은 농업생산자재를 공급한다.
② 생산된 농산물을 도시의 비농업인구에게 보다 많이 공급한다.
③ 농업부문과 비농업부문과의 균형적 발전을 가져온다.
④ 농산물의 수요를 감소시킨다.

> 정답 ④ - 경제발전과 더불어 인구가 증가함으로써 농산물의 수요가 증가한다.

80. 다음에서 경제발전에 따라 농산물의 수요증대가 인구 증가보다 더 많아지게 됨으로써 발생하는 현상이 아닌 것은 어느 것인가?
① 시설을 이용한 조기재배
② 근교농업의 성행
③ 새로운 식품가공 기술의 발달
④ 새로운 유통경로의 마련

> 정답 ②
> 농산물의 수요증대가 인구증가보다 커짐으로써
> 수요충족을 위해 보다 먼 거리로부터의 농산물 공급이 요구되고 있다.

81. 다음에서 유통효율을 증진시키는 방법으로 틀린 것은?
① 완전 경쟁적 시장 형성이 되도록 유도한다.
② 중간단계를 배제하고 직거래만을 한다.

③ 유통 과정에서 불요불급한 비용을 찾아 절감한다.
④ 공정거래 강화 및 농산물의 표준등급화를 실시한다.

> 정답 ②
> 농산물의 유통은 복잡하고 다양하기 때문에 생산자와 소비자를 연결해 주는 중간단계인 전문적 유통기구가 필요하다.

82. 시장가격과 농가 판매가격과의 차액은 주로 무엇에 해당하는가?
① 제세공과금   ② 운송비
③ 보험료   ④ 생산비

> 정답 ② – 일반적으로 운반비의 비중이 제일 크다.

83. 유통기관의 수평적 합병과 관계가 깊은 것은 어느 것인가?
① 시장위험률의 감소
② 시장구조에서 불완전 경쟁요인의 제거
③ 유통비용의 절감
④ 시장서비스의 감소

> 정답 ③
> 유통비용의 절감을 위해 유통기관의 사업규모를 확대하는 방법으로서 유통기관의 합병을 들 수 있다.

84. 다음 ( )안에 알맞은 말은 무엇인가?
농산물이 수집되어 분배되어 가는 과정은 생산지로부터 소비지로가는 상품의 흐름이며, 이것은 상품의 ( )라고 한다.
① 유통기능   ② 유통효율
③ 유통 경로   ④ 수집 과정

> 정답 ③ – 생산자로부터 소비자까지 상품의 흐름을 유통 경로라 한다.

85. 유통비용을 줄일 수 있는 방법이 아닌 것은 다음 중 어느 것인가?
① 조직화된 금융제도에 의한 유통금융
② 위험부담을 줄일 수 있는 제도적 지원
③ 유통기관의 규모 적정화
④ 유통량의 감축

정답 ④ - 유통량과 감축은 유통비용 절감책과 직접적인 관련이 없다.

86. 농산물 유통 기구가 복잡한 구조를 가지게 된 이유로 보기 어려운 것은 다음 중 어느 것인가?
① 생산자의 이윤 추구
② 농업 생산의 전문화
③ 농업 생산의 주산지화
④ 농산물 소비 구조의 다양화

정답 ① - 농산물의 유통구조가 복잡하면 생산자와 소비자 모두에게 경제적인 부담이 된다.

87. 다음 중 유통비용의 절감책이 될 수 없는 것은 어느 것인가?
① 유통시설의 개선
② 가공공장의 합리적 위치 선정
③ 시장위험률의 감소
④ 시장구조의 독점화

정답 ④
시장구조의 독점화는 독점적 초과이윤을 가능하게 하며 그에 따라 시장유통비용을 높게 하는 요인이다.

88. 소비자 지불가격과 농업인의 판매가격과의 차는 다음 중 어느 것인가?
① 유통차익금
② 농가수취율
③ 유통순이자
④ 소비자복지

정답 ① - 유통차익금은 소비자 지불가격과 농가수취가격의 차액이며, 유통마진이라고도 한다.

89. 농산물의 유통비용에 관한 설명 중 알맞지 않은 것은 다음 중 어느 것인가?

① 농산물이 유통하는데 사용된 자원에 대한 가격을 말한다.
② 유통비용의 측정에는 어려움이 많다.
③ 유통비용의 크기를 파악하는 지표로서 유통차익금(유통마진)이 사용된다.
④ 경제발전에 따라 유통비용은 감소되는 경향이 있다.

> 정답 ④ - 경제발전에 따라 유통비용은 일반적으로 증가하는 경향이다.

90. 다음에서 유통비용의 절감책에 관한 설명 중 알맞지 않은 것은 어느 것인가?

① 유통기근에 대한 위험률을 감소시킴으로써 유통기관의 이윤을 절감할 수 있다.
② 위험률이 높을 때 유통기관은 높은 이윤을 요구하게 된다.
③ 시장이 불완전경쟁상태에 있을 때에는 유통기관은 부당한 초과이윤을 취득하게 되고 그에 따라 유통비용이 높게 된다.
④ 시장유통기관의 사업규모를 축소함으로써 유통비용을 줄일 수 있다.

> 정답 ④
> 유통비용을 절감하기 위해서는 유통기관의 사업규모를 확대시켜 규모의 경제성을 얻을 수 있도록 해야 한다.

91. 다음에서 농산물 유통비용의 절감 사례에 해당되지 않은 것은 어느 것인가?

① 공동출하 및 산지생산자 조직을 강화한다.
② 소비지에서 재선별, 소포장이 이루어지는 품목을 늘린다.
③ 산지생산자와 대형유통업체간의 직거래를 활성화한다.
④ 생산자와 소비자가 사이버 공간에서 직접 거래할 수 있는 농산물 전자상거래를 활성화 한다.

> 정답 ②
> 산지에서 단으로 묶는 작업 등 작업비가 추가로 소요되는 품목, 소비지에서 재선별, 소포장이 이루어지는 품목은 유통비용이 증가한다.

92. 농산물 유통 기구를 단계별로 분류한 것이 아닌 것은 어느 것인가?
① 수집 단계
② 중계 단계
③ 분산 단계
④ 소매 단계

정답 ④ - 농산물의 유통 기구는 수집 단계, 중계 단계, 분산 단계로 분류할 수 있다.

93. 다음 중 구매 의사 결정 과정에서 ( )안의 단계가 순서대로 연결된 것은 어느 것인가?

( ) → ( ) → ( ) → 구매 → 구매 후 평가

① 정보 탐색 → 문제 인식 → 대안 평가
② 문제 인식 → 대안 평가 → 정보 탐색
③ 문제 인식 → 정보 탐색 → 대안 평가
④ 정보 탐색 → 대안 평가 → 문제 인식

정답 ③
구매 의사 결정 과정은 문제 인식 → 정보탐색 → 대안평가 → 구매 → 구매 후 평가로 이루어진다.

94. 다음 내용에서 농산물 판매 관리의 특성을 바르게 말한 것은 어느 것인가?
① 판매관리는 소비적인 활동이다.
② 판매관리는 단순하며 별도의 비용을 소비하지 않는다.
③ 판매관리 기술은 언제나 동일하다.
④ 판매관리는 복합적인 활동이다.

정답 ④ - 농산물 판매 관리에는 물적, 기술적 활동과 마케팅 관련 활동이 복합적으로 필요하다.

95. 다음에서 농산물의 소비를 결정하는 요인으로 보기 어려운 것은 어느 것인가?
① 오늘의 날씨
② 경제적 요인
③ 생리적 필요성
④ 관습, 사회관계

정답 ①
농산물의 소비는 생리적 필요성, 기호, 관습, 소득 및 가격 등 사회 경제적 요인들에 의해 영향을 받는다.

96. 다음 중 판매 계획에 포함되지 않은 것은 어느 것인가?
① 시장 분석
② 판매 조직
③ 판매 촉진
④ 신품종 재배계획

정답 ④
판매 계획에는 판매 조직, 판매원, 시장 분석, 판매 시험, 판매 촉진, 판매 비용 등에 대한 계획이 포함되어야 한다.

97. 정부가 수매량과 수매가격을 결정하고 수확기에 수매하였다가 단경기에 소비자에게 판매하는 비축사업의 주된 대상 작물이 아닌 것은 다음 중 어느 것인가?
① 고추
② 무
③ 마늘
④ 참깨

정답 ②
정부비축농산물의 주된 대상 품목은 양념류(고추, 마늘, 양파, 생강), 특작류(참깨, 땅콩), 두류(콩, 팥), 과일류(사과, 배) 등이다.

98. 다음 기업 동기 중 감정적 동기에 해당하는 것은 어느 것인가?
① 특정 생산단지에 대한 친근감
② 다양한 제품의 구색
③ 편리한 위치와 서비스
④ 판매점의 명성과 신용

정답 ①
감정적 기업동기에는 특정 생산단지에 대한 친근감, 매력적인 점포와 진열장, 취급하는 농산물에 대한 친근감, 주위의 권유등이 있다.

99. 다음에서 농산물을 수확 전에 판매하는 형태는 무엇인가?
① 도매시장 판매 ② 포전 판매
③ 산지시장 판매 ④ 소비자 출하 판매

> 정답 ②
> 포전 판매는 밭떼기 판매라고 하며, 저장성이 낮고 가격의 변동 폭이 큰 농산물의 판매에 이용된다.

100. 다음에서 유통협약의 주된 내용은 무엇인가?
① 농가와 사전 생산량 협의를 통한 물량 조절
② 농가와 유통가격 사전 결정을 통한 가격 보장
③ 도매 시장 가격 사전 통지를 통한 시장 출하 조절
④ 가격 상·하한대 설정을 통한 소비자 보호

> 정답 ①
> 유통협약은 부패나 변질이 쉬운 주요 농산물 중 관리가 가능한 계약재배 품목이나 생산이 전문화되고 주산지화가 높은 품목부터 우선적으로 실시한다.

101. 농산물 소비 형태에 대한 설명으로 틀린 것은 다음 중 어느 것인가?
① 식량을 비롯하여 청과물, 축산물, 임산물 등 식품으로 사용되는 것들이 많다.
② 농산물은 인구, 소득, 대체 농산물의 가격, 생활 습관 등의 요인에 의해 달라진다.
③ 유통은 생산지 지향적이다.
④ 도시의 인구집중 현상과 여성 대량의 취업, 교육 수준 등이 식생활 형태를 변화시키고 있다.

> 정답 ③ - 유통은 소비자의 생활수준, 가치관, 취미, 기호에 따라 변화해야 한다.

102. 농산물의 품질인증제도를 실시하는 효과가 아닌 것은 다음 중 어느 것인가?
① 소비자 보호 ② 농가 수취가격 증대
③ 농민의 생산의욕 고취 ④ 보호무역 장벽의 극복

> 정답 ④
> 생산자는 고품질 농산물을 생산하여 제값을 받을 수 있고, 소비자는 품질을 객관적으로 판단할 수 있는 제도가 품질인증제도이다.

103. 다음 중 유통명령제, 유통협약제 등 유통 제도의 목적으로 볼 수 없는 것은 어느 것인가?

① 수요 공급 조절　　　　　② 농산물 가격 안정
③ 농가 소득 보호　　　　　④ 유통 상인 활동 규제

> 정답 ④ - 농산물 유통 제도의 목적은 수요 공급 조절, 농산물 가격안정, 농가소득 보호 등이다.

104. 농산물의 판매 장소를 결정하는 가장 중요한 요소가 되는 것은 다음에서 어느 것인가?

① 농산물의 품질　　　　　② 소비자의 기호
③ 시장가격과 운송비　　　④ 농산물의 생산시기

> 정답 ③ - 농업인은 시장가격과 운송비를 고려하여 가장 적합한 장소에 생산물을 판매하여야 한다.

105. 정부가 필요한 양만 생산하도록 명령하는 제도는 무슨 제도인가?

① 생산명령제　　　　　　② 유통협약제
③ 유통명령제　　　　　　④ 계획생산제

> 정답 ③
> 유통명령제는 유통협약의 실효성을 높이기 위해 재배면적, 출하규격, 출하량, 출하시기 등을 강제적으로 조절하는 것이다.

106. 다음 중 ( )안에 알맞은 것은 어느 것인가? 정부가 농산물 유통에서 완전 경쟁 형태에 가깝게 이끌어 가는 제도를 만들고, 또한 정책을 실시하려고 하는 것이 정부

의 가격 유지 및 (   )이다.
① 가격 통제 기능　　　　　　② 유통 조성기능
③ 소비자 보호 기능　　　　　　④ 독과점 규제 기능

> 정답 ④ - 독과점 규제 기능은 공정거래가 이루어질 수 있도록 각종 규제를 시행하는 것이다.

107. 다음에서 농산물의 생산과정에 관련된 정보를 소비자에게 확인할 수 있도록 하는 제도는?
① 계획생산제　　　　　　② 생산이력제
③ 유통명령제　　　　　　④ 생산명령제

> 정답 ②
> 생산이력제는 생산과정에 관련된 정보를 소비자가 역으로 거슬러 올라가 확인할 수 있도록 각 단계에서 작성된 기록으로 바코드, IC카드, 인터넷 등을 통하여 검색할 수 있는 제도이다.

108. 유통협약제, 유통명령제 등을 시행할 수 있는 근거가 되는 법은 무엇인가?
① 농수산물유통 및 가격안정에 관한 법률
② 농산물 가공산업 육성법
③ 농산물품질관리법
④ 동식물검역법

> 정답 ① - 농수산물유통 및 가격안정에 관한 법률에 의거하여 유통협약제, 유통명령제를 시행한다.

109. 다음에서 농산물 운송량 중 가장 큰 비중을 차지하고 있는 운송수단은 어느 것인가?
① 도로운송　　　　　　② 철도운송
③ 항공운송　　　　　　④ 해상운송

정답 ① - 도로운송은 기동성과 접근성 및 도로망의 확충으로 그 비중이 높아지고 있다.

110. 농산물 수급의 장소적 조정을 담당하는 것은 어느 것인가?
① 운송기능   ② 저장기능
③ 가공기능   ④ 경영적 기능

정답 ① - 운송기능은 장소적 효용을 창출한다.

111. 다음 중 농산물의 생산과 소비간의 시간적인 불일치를 조정하기 위한 유통기능은 어느 것인가?
① 운송기능   ② 저장기능
③ 가공기능   ④ 보조기능

정답 ② - 저장기능은 시간적 효용을 창조하는 과정이다.

112. 다음 유통의 기능이 아닌 것은 어느 것인가?
① 소유권 이전 기능   ② 거래 조성 기능
③ 소득 분배 기능   ④ 물적 유통 기능

정답 ③
유통의 기능에는 기본적 기능인 물적 유통기능과 소유권이전 기능, 보조적 기능인 거래 조성기능 등이 있다.

113. 운송기능에 관한 설명 중 옳지 않은 것은 어느 것인가?
① 물적 유통기능의 하나이다.
② 농산물을 소비지로 운송하는 기능이다.

③ 최근 항공에 의한 농산물의 수송량도 크게 증가되고 있다.
④ 이 기능은 상품의 효용증대에는 관련이 없다.

정답 ④ - 운송기능은 장소적 효용을 창조한다.

114. 다음 중 물적 유통기능과 관계가 없는 것은 어느 것인가?
① 가공기능 ② 운송기능
③ 구매기능 ④ 저장기능

정답 ③ - 구매기능은 소유권 이전 기능과 관련된다.

115. 물적 유통기능에 관한 설명으로 잘못된 것은 다음 중 어느 것인가?
① 물적 유통기능은 누가 어떻게 그러한 기능을 수행하고 있는가를 눈으로 볼 수 있다.
② 물적 기능에는 운송, 저장, 가공 기능이 포함된다.
③ 물적 기능은 효용의 증대에 관련되어 있다.
④ 농산물의 매매를 통한 가격형성에 관계된다.

정답 ④ - ④는 도매상의 기능으로 경영적 유통기능에 관한 것이다.

116. 농산물 유통 기능 중 실제적으로 볼 수 있는 기능은 다음 중 어느 것인가?
① 위험부담기능 ② 도매상의 가격형성기능
③ 가공기능 ④ 시장정보의 교환기능

정답 ③ - 가공기능은 물적 유통기능의 하나이다.

117. 농산물 유통에 관한 설명 중 틀린 것은 다음 중 어느 것인가?

① 정확한 시장정보는 경영적 기능의 수행에 기초가 되는 필수적인 것이다.
② 물적 유통기능과 경영적 유통기능을 합쳐서 기본적 유통기능이라한다.
③ 물적 유통기능에는 운송, 저장, 가공 등이 있다.
④ 농산물 등급화는 유통의 실물적 기능에 포함된다.

> 정답 ④ - 표준화, 등급화는 보조적 기능에 속한다.

118. 다음 중 전자상거래가 기존 상거래에 비해 유리한 점이 아닌것은 어느 것인가?
① 유통경로가 짧다.
② 시공간 제약이 없다.
③ 판매점포가 불필요하다.
④ 대면판매가 가능하다.

> 정답 ④ - 전자상거래는 네트워크를 통해 소비자에게 연결되기 때문에 대면판매는 불가능하다.

119. 전자상거래의 유형 중 기업과 기업간의 상거래를 의미하는 것은 다음 중 어느 것인가?
① B to B
② B to C
③ C to C
④ B to G

> 정답 ① - 전자상거래 방식 B to B(Business to Business) - 기업과 기업간에 이루어지는 전자상거래
> B to C(Business to Customer) - 기업과 소비자 간에 이루어지는전자상거래

120. 농업인에게 어떤 농산물을 얼마만큼 생산하고 또한 생산된 농산물을 언제 어디다 팔 것인가에 대한 정보를 제공하는 기능은 다음 중 어느 것인가?
① 시장 금융 기능
② 표준화 기능
③ 위험 부담 기능
④ 시장 정보 기능

> 정답 ④
> 시장에 있어서 수요 및 공급에 대한 정확한 정보는 생산자로부터 소비자에게 최소의 유통비용으로 상품을 공급할 수 있게 해 준다.

121. 다음에서 우리나라 농산물 유통의 특징이 아닌 것은 어느 것인가?
① 생산규모가 영세하다.
② 농산물의 수요와 공급뿐만 아니라 가격이 불안하다.
③ 유통경로가 단순하다.
④ 농산물은 표준규격화가 어려워 거래가 신속하게 이루어지지 못한다.

정답 ③ - 우리나라는 농산물 유통경로가 복잡하여 유통비용이 많이든다.

122. 다음에서 농산물 유통정보의 요건(특징)이 아닌 것은 어느 것인가?
① 정확성   ② 참신성
③ 객관성   ④ 신속성

정답 ②
농산물 유통정보의 요건은 정확성, 신속성, 적시성, 객관성, 유용성, 간편성, 계속성, 비교 가능성 등이다.

123. 다음에서 청과물의 유통상 특징을 잘못 설명한 것은 어느 것인가?
① 기후 조건에 큰 영향을 받는다.
② 운반과 저장에 특별한 관리가 필요하다.
③ 부피가 크고 무거워 유통 비용이 많이 든다.
④ 품질이 단순하여 표준화나 등급화가 쉽다.

정답 ④ - 청과물은 종류가 다양하고, 그에 따른 상품적 특성이 달라지기 때문에 표준화나 등급화가 어렵다.

124. 다음 중 농산물 유통 정보의 기능이라고 보기 어려운 것은 어느 것인가?
① 농업인의 문화 생활에 도움을 준다.
② 농업인의 영농 계획 수립에 도움을 준다.
③ 유통업자의 구매 및 판매 시기 결정에 도움을 준다.
④ 정책 입안자에게 정책 수립의 자료를 제공해 준다.

정답 ①
농산물 유통 정보를 이용하여 생산자는 보다 유리한 조건으로 판매하기 위한 시장, 출하시기, 출하량 등을 결정할 수 있고, 상인은 보다 유리한 조건으로 상품을 구입·판매할 수 있으며, 소비자는 보다 낮은 가격으로 품질 좋은 상품을 구입할 수 있는 시장을 발견할 수 있다.

125. 다음에서 원산지를 표시해야 하는 국산 채소류가 아닌 것은 무엇인가?
① 마늘　　　　　　　　　　② 양파
③ 도라지　　　　　　　　　④ 상추

정답 ④ - 원산지를 표시해야 하는 국산 채소류는 마늘, 양파, 생강, 도라지, 더덕, 건고추, 당근, 연근, 건조호박, 고구마줄기, 토란줄기, 멜론, 우엉 등이다.

126. 다음에서 전자상거래가 활성화되기 위한 전제 조건으로 볼 수 없는 것은 어느 것인가?
① 정보통신기술의 발달　　　② 네트워크 기반의 발달
③ 표준규격화 정착　　　　　④ 제약된 영업시간 준수

정답 ④ - 인터넷을 기반으로 한 전자상거래는 시간과 공간의 제약이 없다.

127. 다음 중 전자상거래에서 이루어지는 마케팅 활동은 무엇인가?
① 쌍방향 통신　　　　　　　② 인쇄물 광고
③ 영업사원 활동　　　　　　④ 고객과의 대면

정답 ①
전자상거래는 인터넷을 통해 소비자의 1대1 의사소통이 가능하기 때문에 소비자와의 실시간 쌍방향 마케팅 활동이 가능하다.

128. 농산물 유통에 있어서 위험 부담 기능에 관한 설명 중 옳지 않은 것은 어느 것인가?

① 유통과정에서의 피해는 물리적 피해와 경제적 피해로 구분할 수 있다.
② 물리적 피해에는 상품의 파손, 화재 등에 의한 피해가 포함된다.
③ 경제적 피해로는 가격의 하락 및 소비자의 기호 변화에서 오는 피해가 있다.
④ 유통과정에서의 피해는 전적으로 생산자가 부담하는 것이 원칙이다.

> 정답 ④ - 유통과정에서의 피해는 유통경로의 어느 단계에서 누군가가 부담하게 된다.

129. 소비자가 국산 농산물과 수입 농산물을 정확히 식별할 수 있도록 하는 가장 중요한 제도는 다음 중 무엇인가?

① 농산물 유통 허가제
② 농산물 원산지표시 제도
③ 식물 검역·검사 제도
④ 국영 무역 제도

> 정답 ②
> 값싼 외국산 농산물이 무분별하게 수입되고, 이들 농산물이 국산으로 둔갑 판매되는 등 부정유통사례가 늘어나고 있어, 정부에서는 농산물 원산지표시 제도를 도입하였다.

130. 다음에서 유통정보 사용방법 중 틀린 것은 어느 것인가?

① 사용 적절한 시기에 입수한다.
② 정확한 정보를 입수한다.
③ 검토 분석 후 사용한다.
④ 신속한 정보만을 사용한다.

> 정답 ④
> 사용자는 필요한 정보를 적절한 시기에 충분히 입수한 다음 검토 및 분석하여 올바르게 사용해야 한다.

131. 농산물 시장정보의 내용으로 거리가 먼 것은 다음 중 어느 것인가?

① 앞으로의 작황과 생산에 대한 전망

② 농산물의 재고량
③ 공급지에서 소비지로 이동된 현재의 유통량
④ 농산물 표준단위의 통일

> 정답 ④ - 농산물 표준단위의 통일은 시장정보 수집기능의 원활한 수행에 필요한 것이다.

132. 다음 중 소비 기능의 변화로 알맞지 않은 것은 어느 것인가?
① 소매기관 자체가 점차 대규모화, 체인화되면서 기능적으로 변화하고 있다.
② 재래식 소매상이 점차 없어지면서 그 대신 대형유통업체, 할인점, 백화점 등이 점차 늘어나고 있다.
③ 생산자 측면에서 보면 농업생산 규모가 점차 축소되어 소규모화되어 있다.
④ 소비자 측면에서 소비가 점차 세분화되어 소비 행동도 분화된다.

> 정답 ③
> 생산자 측면에서 보면 농업생산규모가 점차 확대되어 대규모화되고 있고, 생산방식이 전문화되어 주산지가 형성되고 있으며, 소매기관과 직거래 또는 계약지배가 확산되고 있다.

133. 다음에서 유통비용이 공업제품에 비하여 상대적으로 큰 이유가 아닌 것은 어느 것인가?
① 농업생산은 소규모적이다.
② 농업생산은 각 지역에 널리 산재되어 있다.
③ 농산물은 가격에 비해 용적과 중량이 적다.
④ 농산물은 양과 질에 차이가 많다.

> 정답 ③ - 농산물은 가격에 비해 용적과 중량이 크므로 상대적으로 유통비용이 크다.

134. 다음 중 농산물의 시장개척에 중요한 역할을 하는 유통기능은 어느 것인가?
① 표준화 기능　　　　　② 시장 정보 기능
③ 저장 기능　　　　　　④ 가격 형성 기능

> 정답 ②
> 시장 정보 기능은 이미 생산된 농산물에 대한 판로에 중요할 뿐만 아니라 미래의 시장수요전망을 관측하는 데 있어서도 중요하다.

135. 농산물의 종류에 따라서 유통비용상의 차이를 가져오는 요인이 아닌 것은 어느 것인가?
① 가공이 필요한 농산물일수록 유통비용이 커진다.
② 부패성이 높은 농산물일수록 유통비용이 커진다.
③ 가격에 비해 용적이 클 때는 유통비용이 커진다.
④ 연중 생산이 가능한 농산물일수록 유통비용이 커진다.

> 정답 ④ – 연중생산이 가능한 농산물은 저장비용이 적게 들어 유통비용이 감소한다.

136. 농업생산이 자연조건에 따라 생산량의 변동이 심한 것과 관련된 유통기능은 다음 중 어느 것인가?
① 위험부담 기능   ② 가공기능
③ 표준화   ④ 운송기능

> 정답 ① – 농작물의 풍흉에 따른 위험부담은 농업재해보험에 가입함으로써 그 위험을 전가할 수 있다.

137. 다음 농산물 유통의 보조기능 중 사회간접자본의 확충을 필요로 하는 것은 무엇인가?
① 시장 정보   ② 표준화
③ 등급화   ④ 금융 제도

> 정답 ① – 시장정보의 원활한 수행에는 사회간접자본과 광범위한 정보통신 시설을 필요로 한다.

138. 경제발전에 따라 농산물의 유통비용은 다음 중 어떻게 변하는가?
① 총체적인 유통비용은 적어진다.
② 상품 단위당의 유통비용은 감소하는 경향을 갖는다.
③ 유통비용이 상대적으로 많이 드는 농산물에 대한 수요가 감소된다.
④ 도시 인구의 증가에 따라 농산물 유통은 보다 많은 유통기관을 거치게 되므로 유통비용이 증가하는 경향이 있다.

정답 ④
소득의 증가는 소비자의 기호를 변화시켜 유통비용이 많이 드는 농산물에 대한 수요가 증가되고, 경제발전에 따라 유통비용은 일반적으로 증대하게 된다.

139. 다음에서 경제발전에 따라 유통비용이 증대하는 이유로서 부적당한 것은?
① 생활수준의 향상으로 가공식품에 대한 수요가 증대하게 된다.
② 계절적으로 생산되는 농산물을 연중 공급하기 위해 저장 및 냉동시설을 필요로 하게 된다.
③ 소비자의 생활수준이 향상됨에 따라 여러 가지 마케팅 서비스를 요구하게 된다.
④ 포장 출하율이 높아서 포장비용이 많이 든다.

정답 ② - 포장 출하율이 높으면 유통비용을 절감시킨다.

140. 다음에서 농업관측과 가장 관계 깊은 것은 어느 것인가?
① 운송기능   ② 위험 부담 기능
③ 저장기능   ④ 표준화 기능

정답 ② - 농업관측이란 시장정세를 분석하고 경기를 예측함으로써 경제적 위험을 방지하는 업무를 말한다.

141. 농산물 유통의 자본적 기능에 속하는 것은 어느 것인가?
① 수송 및 저장   ② 선별 표준화 및 등급화
③ 수집과 분산   ④ 위험 부담과 시장 금융

정답 ④ - ①, ②, ③을 기술적 기능, 위험부담과 시장금융을 자본적 기능이라고도 한다.

142. 지나치게 많은 유통비용이 초래하는 결과가 아닌 것은 다음 중 어느 것인가?
① 농업인의 순 현금소득 감소
② 도시소비자의 음식물비 증가
③ 농산물 가공품의 가격 상승
④ 공업부문의 임금 하락

정답 ④
과다한 유통비용은 식량가격의 상승을 유발하여 소비자의 지출을 증가시키고 결국 임금이 상승하게 된다.

143. 다음 중 유통비용이 많이 드는 농산물이 아닌 것은 어느 것인가?
① 포장되지 않고 출하되는 농산물
② 부피와 무게가 큰 농산물
③ 저온유통이 필요한 농산물
④ 저장성이 강한 농산물

정답 ④
포장출하율이 높고, 수집상의 개입이 적고, 작목반이 발달된 품목, 중간도매상의 개입이 없거나 적은 품목, 저장성이 강한품목 등은 유통비용이 적게 든다.

144. 다음에서 유통을 위한 보조기능이 되는 것은 어느 것인가?
① 농산물의 가공　　　　　　　② 시장정보의 수집 및 홍보
③ 시장가격의 안정　　　　　　④ 필요한 수량의 수입

정답 ② - 보조기능은 거래 조성 기능이다.

145. 다음에서 유통비용으로서 가장 많은 비중을 차지하는 것은 어느 것인가?
① 임금   ② 보험료
③ 창고비   ④ 중개료

정답 ① – 유통 기능 수행에 따르는 임금이 가장 많은 비중을 차지한다.

146. 농산물을 포장출하 할 때의 이점으로 볼 수 없는 것은 다음 중 어느 것인가?
① 시장 쓰레기 처리비용을 줄일 수 없다.
② 농산물을 포장출하하면, 수송하역시 농산물을 파손되지 않게 운반할 수 있어 상품성이 향상되고 높은 값을 받을 수 있다.
③ 팰릿, 지게차를 이용한 하역기계화를 촉진하여 운송·하역비 등 유통비용을 크게 줄일 수 있다.
④ 포장단위로 거래하게 되면, 유통가격(마진)이 분명히 드러나 상인들은 적정한 이윤을 붙일 수 있게 되고, 생산자는 덤을 주지 않아도 되며, 소비자는 적량에 대한 가격만 지불하게 되므로 결국은 생산자·소비자 모두에게 이익이 된다.

정답 ① – 시장 쓰레기 처리비용을 줄일 수 있고, 쓰레기 악취도 생기지 않는다.

147. 유통비용이 적게 드는 농산물의 특징이 아닌 것은 다음 중 어느 것인가?
① 포장출하율이 높은 농산물
② 작목반이 발달된 농산물
③ 수집상과 중간도매상의 개입이 많은 농산물
④ 팰릿 단위로 공동출하 되는 농산물

정답 ③ – 수집상과 중간도매상 등 유통단계가 많은 농산물은 유통비용이 많이 든다.

148. 농산물 검사법과 가장 관계가 깊은 유통기능은 다음 중 어느 것인가?
① 등급화 기능   ② 위험 부담 기능

③ 가공기능　　　　　　　　④ 유통 금융 기능

> 정답 ① - 농산물의 등급을 측정하는 방법에는 물리적, 화학적, 미생물학적, 감각적인 방법이 있다.

149. 다음 중 도매시장법인의 기능으로 알맞지 않은 것은 어느 것인가?
① 여러 종류의 다양한 상품을 대량으로 집하한다.
② 출하자와 매입자 쌍방에 공정한 가격을 형성한다.
③ 도매시장법인은 생산자가 출하한 상품을 위탁받는다.
④ 도매시장법인은 도매업무를 수행하기 때문에 원칙적으로 소비자를 대신하는 입장이다.

> 정답 ④
> 도매시장법인은 도매업무를 수행하기 때문에 원칙적으로 생산자를 대신하는 입장이며, 따라서 높은 가격을 받도록 노력한다.

150. 다음에서 도매시장법인에 대한 설명으로 알맞지 않은 것은 어느 것인가?
① 도매시장법인은 도매회사로서, 사실상의 도매 주체이다.
② 도매시장법인은 개설자인 지방자치단체의 지정을 받아 개설한다.
③ 도매시장법인은 수수료를 받고 영업하는 서비스업이다.
④ 지방도매시장에는 각 부류마다 도매시장법인을 반드시 두어야 한다.

> 정답 ④ - 각 부류마다 도매시장법인을 두어야 하는 시장은 중앙도매시장이다.

151. 거래의 공정성을 위해 필요한 유통기능은 다음 중 어느 것인가?
① 운송　　　　　　　　② 표준화와 등급화
③ 시장정보　　　　　　④ 위험부담

> 정답 ② - 표준화와 등급화는 농산물의 양과 질을 속이는 것을 막아준다.

152. 다음 중 농산물의 등급화에 관한 설명으로 옳은 것은 어느 것인가?
① 농산물을 품질·형상을 비롯한 주요 특징을 같이하는 집단으로 분류하는 것을 말한다.
② 동일집단의 상품에 대하여 규격이 될만한 표준품을 기준삼아 등급을 매기고 가격차이를 설정하는 것이다.
③ 상품의 품질·형상·크기 등에 대한 일정한 표준을 설정하는 것을 말한다.
④ 농산물의 품위를 높이고 운반성과 저장성을 높이기 위하여 가공처리하는 것을 말한다.

정답 ② - ①은 선별, ③은 표준화, ④는 가공기능에 관한 설명이다.

153. 표준화와 등급화의 특징으로 틀린 것은 다음 중 어느 것인가?
① 합리적인 수송과 저장 활동을 가능하게 한다.
② 수송 비용과 저장 비용을 증가시킬 수 있다.
③ 시장의 경쟁을 제고시킨다.
④ 가격 효율을 증진시킨다.

정답 ②
표준화와 등급화는 합리적인 수송과 저장을 가능하게 하여 비용을 절감시키고, 가격 효율을 증진시킨다.

154. 다음 중 농산물의 표준화 및 규격화가 어려운 이유로 맞는 것은 어느 것인가?
① 농산물은 쉽게 부패한다.
② 국가의 기준이 아직 없다.
③ 계절적으로 생산이 편중된다.
④ 농산물은 같은 품종이라도 질이 다르다.

정답 ④
농산물은 동질의 상품이나 같은 품종이라 할지라도 품질이 동일하지 않고 다양하기 때문에 표준화와 규격화가 어렵다.

155. 다음 중 물적 유통기능의 수행에 필요한 의사결정기능은 어느 것인가?

간단하게 풀어보는 유통론 연습문제 | 329

① 운송기능 ② 시장정보의 교환
③ 표준화 ④ 소유권 이전 기능

정답 ④ - 소유권 이전 기능에는 구매기능과 판매기능이 있다.

156. 다음은 농산물 유통기능 중 저장기능에 관한 설명이다. 틀린 것은 어느 것인가?
① 농산물은 그 종류에 따라 저장성에 차가 많다.
② 쌀, 감자, 사과 등은 비교적 저장성이 높다.
③ 복숭아, 딸기, 토마토 등은 저장기간이 짧다.
④ 도매업자나 소매업자가 고객의 요구에 응하기 위해 점포에 저장하고 있는 상품을 계절적 재고라 한다.

정답 ④ - ④는 운영재고에 관한 설명이다.

157. 다음의 유통 경로 중 거래량 및 시장점유율이 가장 높은 것은 어느 것인가?
① 종합유통업체 ② 직거래
③ 도매시장 ④ 재래시장

정답 ③ - 도매시장 > 종합유통업체 > 직거래 > 재래시장의 순이다.

158. 다음 중 유통 기구로 볼 수 없는 것은 어느 것인가?
① 중개인 ② 도매시장
③ 소비자 ④ 판매 대리인

정답 ③ - 소비자는 유통에 관련된 활동에 직접적으로는 관여하지않는다.

159. 다음에서 민간 업자에 의해서도 이루어지지만 주로 국가에 의해 수행되는 저장은 어느 것인가?

① 운영 재고 유지 저장　　② 계절적 농산물 저장
③ 비축 재고 시장　　　　④ 투기 목적 저장

> 정답 ③ - 정부가 저장성이 있는 농산물을 대상으로 농산물의 안정적 공급을 위해 저장하는 것이다.

160. 다음 중 농산물 유통에 있어서 표준화의 기능이 아닌 것은 어느 것인가?

① 견본에 의한 거래가 가능하다.
② 금융기관으로부터 융자를 받기가 용이하다.
③ 소비자 수요의 증대를 가져올 수 있다.
④ 유통비용이 많이 들게 된다.

> 정답 ④
> 표준화가 잘 되어 있다면 견본에 의한 거래가 가능하므로 그만큼 수송비나 기타 시장 비용을 절약할 수 있다.

161. 다음은 농산물 유통 경로에 대한 설명이다. 적당하지 않은 것은 어느 것인가?

① 유통 경로란 생산자에서 소비자에게 농산물이 유통되어 가는 경로이다.
② 유통 경로는 농산물의 종류에 따라 다르다.
③ 농산물의 유통 경로는 공산품의 유통 경로에 비해 단순하고 쉽다.
④ 시장을 통해 유통되는 농산물은 유통 경로가 여러 단계로 되어있다.

> 정답 ③ - 일반적으로 농산물의 유통경로는 공산물의 유통 경로에비해 복잡하고 어렵다.

162. 도매시장 중 거래량 및 시장 점유율이 높은 것은 어느 것인가?

① 공영도매시장　　　② 법정도매시장
③ 민영도매시장　　　④ 농산물공판장

정답 ①
거래량 및 시장점유율이 가장 큰 것은 공영도매시장 > 농산물공판장 > 법정도매시장 > 민영도매시장의 순이다.

163. 다음에서 농산물의 저장 기간에 발생하는 비용으로 틀린 것은 어느 것인가?
① 저장한 농산물의 세금
② 저장 시설을 위한 고정 비용
③ 소비자의 평가 절하로 인한 손실
④ 저장 기간 중 발생하는 상품의 질 저하

정답 ① - ②③④외에 저장 중인 재고에 투입된 투자액의 이자, 갑작스런 상품가격의 하락 등이다.

164. 다음에서 농산물 유통이 생산적인 활동이라는 점과 관계가 먼 것은 어느 것인가?
① 장소적 효용   ② 시간적 효용
③ 형태적 효용   ④ 소득적 효용

정답 ④ - 장소적 효용: 운송기능, 시간적 효용: 저장기능, 형태적 효용: 가공기능

165. 다음 농산물의 유통 체계에서 ( )안에 알맞은 것은 어느 것인가?

농업인 → 수집상 → (   ) → 소매상 → 소비자

① 생산자   ② 도매상
③ 금융기관   ④ 운송업자

정답 ② - 수집시장과 분배시장의 중간적 단계는 도매상이다.

166. 다음 설명 중 일반적으로 생산 농가에서 도매시장까지의 경로를 말하며, 최근에 와

서 주산단지가 형성되고, 전문화되어 생산 규모가 커지고 집중화됨에 따라, 농가 개인이나 임의 출하 조합 또는협동조합을 통한 계통 출하가 증가되고 있는 것은 어느 것인가?

① 수집시장   ② 도매시장
③ 소매시장   ④ 노점상

정답 ① - 수집시장은 주로 산지를 중심으로 형성된 시장이다.

167. 다음 중 토마토케첩에 관련된 효용창출은 무엇인가?

① 장소적 효용의 창출   ② 시간적 효용의 창출
③ 형태적 효용의 창출   ④ 소득적 효용의 창출

정답 ③ - 형태적 효용의 창출은 가공기능에 관련된다.

168. 다음의 도매시장 기능 중에서 가장 중요한 것은 어느 것인가?

① 농산물의 판매   ② 농산물의 매입
③ 농산물의 수급조절   ④ 농산물의 가격형성

정답 ④ - 하나의 시장에서 2개 이상의 가격이 형성되는 것을 막고, 균형가격을 공개적으로 형성한다.

169. 농산물 유통에 있어서 직접적으로 재화의 교환이나 저장, 수송에 관여하지 않고 간접적으로 그 기능을 원활히 수행하기 위한 기능은 다음 중 어느 것인가?

① 가공 기능   ② 가격 형성 기능
③ 거래 조성 기능   ④ 저장 기능

정답 ③ - 거래 조성 기능에는 표준화, 등급화, 시장정보, 유통 금융, 위험부담 등의 기능이 포함된다.

170. 다음 중 산지의 농산물 유통시설로 볼 수 없는 것은 어느 것인가?
① 도매시장　　　　　　　② 간이집하장
③ 경매식집하장　　　　　④ 산지유통센터

> 정답 ① – 산지에서 수집된 농산물을 도매시장에 출하한다.

171. 다음 중 눈으로 볼 수 없는 무형적인 유통 기능은 무엇인가?
① 운송기능　　　　　　　② 저장기능
③ 가공기능　　　　　　　④ 경영적 기능

> 정답 ④ – 경영적 기능은 소유권 이전 기능이라고도 하며, 주로 의사결정에 관련된 것으로 볼 수 없다.

172. 다음에서 산지 직거래의 가장 중요한 의의는 어느 것인가?
① 생산자 이익　　　　　　② 소비자 이익
③ 생산자, 소비자 이익　　 ④ 판매자 이익

> 정답 ③
> 산지 직거래는 유통경비의 절약, 가격결정에 생산자 참여, 안전하고 신선한 농산물 거래 등의 장점이 있어, 소비자, 생산자 모두 이익이 있다.

173. 농산물은 생산시기와 소비시기가 다른 경우가 많은데, 이러한 경우 소비자의 소비 욕구를 만족시키기 위해 이루어지는 활동은 어느 것인가?
① 가공　　　　　　　　　② 저장
③ 수송　　　　　　　　　④ 조성

> 정답 ② – 저장은 생산과 소비간의 시간적인 불일치를 조정한다.

174. 다음 중 가격차별의 성립조건에 속하는 것은 어느 것인가?
① 판매자·구매자 모두 경쟁적이어야 한다.
② 판매자만 경쟁적이어야 한다.
③ 구입자만 경쟁적이어야 한다.
④ 판매자는 지배력이 있어야 한다.

정답 ④
어떤 상품을 판매할 때 다른 경쟁자들로부터 방해받지 않고 독자적으로 공급량과 가격을 지배할 수 있어야 한다.

175. 유통 경로 중 최근 거래점유율이 급속히 커지고 있는 것은 어느 것인가?
① 공영도매시장　　　　② 대형유통업체
③ 유사도매시장　　　　④ 농산물공판장

정답 ②
종합유통센터, 대형할인점 등 대형유통업체의 거래점유율은 판매망 증설 및 소비자의 선호에 의해 급속히 커지고 있다.

176. 독점자가 가격차별을 하는 이유로서 가장 알맞은 것은 어느 것인가?
① 비용의 감소　　　　② 이윤의 증대
③ 판매량의 증대　　　④ 가격의 상승

정답 ② - 독점자는 상이한 가격에서 판매함으로써 단일한 가격에서 보다 더 많은 이윤의 획득을 추구한다.

177. 다음 중 거미집 정리는 다음의 어느 것을 설명하는 것인가?
① 가격의 주기변동　　　② 수요의 주기변동
③ 공급의 주기변동　　　④ 경기의 주기변동

정답 ①
거미집 정리란 가격이 변동하면 수요는 즉각 영향을 받지만 수요는 일정기간 경과된 후에 변동한다는 사실에 기초하여 생산물의 공급과 가격변화 사이에 시차가 있는 것이 보통 이라는 이론을 체계화한 것이다.

178. 다음에서 농산물유통의 규모화를 통한 품질향상 및 물류비용 최소화를 위한 포장화 우대 품목은 어느 것인가?

① 무, 배추, 마늘, 양배추　　② 곡류, 두류
③ 축산물, 임산물　　　　　④ 콩나물

정답 ① - ①은 소비지의 쓰레기 발생억제 및 유사도매시장과의 차별화 실현을 위한 포장화 우대 품목이다.

179. 다음의 농산물 표준규격의 포장규격 구성으로 틀린 것은 어느 것인가?

① 보관수송 등 유통과정의 편리성과 폐기물 처리문제를 고려하여야 한다.
② 속포장을 기준으로 겉포장 거래단량을 규정한다.
③ 포장요소 : 포장재질, 포장치수, 거래단량을 규정한다.
④ 물류표준화기준을 반영하여 규정한다.

정답 ② - 겉포장을 기준으로 속포장 거래단량을 규정한다.

180. 가격차별의 기준이 될 수 없는 것은 다음 중 어느 것인가?

① 구매자의 거주지역　　② 농산물의 사용용도
③ 판매자의 선호　　　　④ 판매되는 상품의 성질

정답 ③ - 가격차별은 구매자 간의 수요탄력성의 차이에 근거를 가지는 것이다.

181. 다음 중 가격차별에 관한 설명으로 잘못된 것은 어느 것인가?

① 같은 상품에 대하여 구매자에 따라 다른 가격으로 판매하는 것을 말한다.
② 가격차별은 상품판매의 경우에만 가능한 것이다.

③ 가격차별은 때로는 독점을 행사하는 도구로서 사용될 수도 있다.
④ 나라에 따라서는 법률로서 금지되기도 한다.

> 정답 ② - 가격의 차별화는 상품판매의 경우 뿐 아니라 상품구입의 경우에도 성립할 수 있다.

182. 다음에서 농산물의 거래 시 포장에 사용되는 각종 용기 등의 무게를 제외한 내용물의 무게 또는 개수를 말하는 것은 어느 것인가?

① 등급규격 ② 포장규격
③ 포장치수 ④ 거래단위

> 정답 ④ - "거래단위"라 함은 농산물의 거래시 포장에 사용되는 각종 용기 등의 무게를 제외한 내용물의 무게 또는 개수를 말한다.

183. 친환경농산물의 생산과 유통이 발전하기 위한 발전 방향을 틀리게 나타낸 것은 어느 것인가?

① 판매 조직의 활성화 ② 소비자 단체와 직거래 활성화
③ 브랜드화와 품질 향상 ④ 출하비 절감을 위한 비포장 출하

> 정답 ④
> 친환경농산물의 인증을 받은 친환경농산물의 포장·용기 등에 친환경농산물표시의 도형 또는 문자를 표시하여 소비자들에 대한 신뢰를 구축한다.

184. 다음에서 과실류 표준규격품 포장의 표면에 표시를 할 때 표시 사항에서 제외되는 것은 어느 것인가?

① 품목·산지 ② 생산년도
③ 품종·등급 ④ 무게 또는 개수

> 정답 ②
> ②의 생산년도는 곡류에 한하며, ①, ③, ④ 외에 생산자또는 생산자단체의 명칭 및 전화번호를 표시하여야 한다.

185. 다음 중 정부가 독점적으로 시장기능을 수행하는 농산물은 어느 것인가?
① 고추   ② 담배
③ 미곡   ④ 소맥

> 정답 ② - ②와 인삼은 정부의 전매사업의 대상품목이다.

186. 다음 중 "GMO"의 의미를 옳게 설명한 것은 어느 것인가?
① 친환경농산물   ② 유전자변형농산물
③ 수입농산물   ④ 무농약농산물

> 정답 ② - GMO: Genetically Modified Organisms, (유전자변형농산물)

187. 다음에서 자연적 입지조건과 관련이 없는 것은 어느 것인가?
① 지질   ② 지형
③ 기후   ④ 가격 수준

> 정답 ④ - 한 지역의 기후, 토양, 지형, 수리 등의 자연조건이 몇 가지 작물생산에 특히 적합할 경우 그들 작물은 그 지역에 있어서 자연적 유리성을 가진다고 말한다.

188. 여름철의 무·양배추·배추 등은 대도시 근교가 아니라 강원도 고랭지대에서 재배되어 공급되는데, 그 이유와 관계 깊은 것은 어느 것인가?
① 강원도의 농업인들은 이들 작물의 재배기술이 뛰어나다.
② 강원도 지역은 이들 작물의 재배에 적합한 토양이기 때문이다.
③ 강원도의 서늘한 기후는 여름철에 이들 작물의 재배가 가능하기 때문이다.
④ 강원도의 운송비가 싸기 때문이다.

> 정답 ③ - 농산물 유통은 자연적인 입지조건과 관계가 깊다.

189. 다음 중 친환경농산물과 일반 농산물 유통의 차이점을 틀리게 말한 것은 어느 것인가?

① 일반 농산물에 비해 중간상인의 개입이 많다.
② 지역 내 유통 보다는 지역 외 유통이 대부분이다.
③ 거래 당사자들끼리의 신뢰가 매우 중요하다.
④ 직거래에 의한 거래 비중이 높다.

정답 ① - 친환경농산물 유통의 가장 큰 특징은 직거래이다.

190. 다음에서 농가와 시장의 거리가 농산물 유통에서 중요한 이유는 무엇인가?

① 시장정보의 획득정도를 결정한다.
② 운송비의 다소를 결정한다.
③ 자연적 유리성의 결정 요인으로 된다.
④ 자연자원의 분포와 관계가 깊다.

정답 ② - 농가와 시장과의 거리는 농산물 유통에 있어서 가장 중요한 비용항목인 운송비의 다소를 결정하므로 농가의 수입에 직접적으로 관계된다.

191. 농산물 가공공장의 설치에 있어서 생산물의 소비지에 입지하는 것이 유리한 경우 이를 (　)산업이라 한다. 다음 중 (　)안에 알맞은 말은 어느 것인가?

① 시장지향적　　② 원료지향적
③ 생산지향적　　④ 가공지향적

정답 ① - 소비지향적 산업이라고도 하며 우유의 가공공장 등이 여기에 속한다.

192. (　)에 알맞은 말은 어느 것인가?

자연조건이 몇 가지의 작물 생산에 유리하다 해도 가격, 시장 등에 비추어 어떤 하나의 작물을 재배하는 것이 가장 유리할 때 그 작물은 (　)을 가진다고 한다.

① 자연적 유리성   ② 절대적 유리성
③ 상대적 유리성   ④ 지역적 유리성

> 정답 ③ - 상대적 유리성의 결정요인에는 시장과의 경제적 거리와 유리한 시장조건 등이 포함된다.

193. 다음 중 고속도로의 건설이 농산물 유통에 미치는 효과에 관한 설명으로 잘못된 것은 어느 것인가?

① 농산물의 유통비용이 감소하게 된다.
② 자연적 유리성에 입각한 농업생산의 지역적 전문화에 변화를 가져온다.
③ 농산물의 유통량이 증대하게 된다.
④ 농업 생산지원의 지역적 분포에 변화를 가져온다.

> 정답 ④ - ④는 자연적 조건으로서 단기적으로는 변화가 거의 없다.

194. 다음 중 농산물의 유통비용과 관계없는 것은 어느 것인가?

① 소매상의 활동
② 가정에서의 농산물 조리
③ 철도운송에 종사하는 노동력
④ 농산물을 출하하는 농업인의 활동

> 정답 ② - ②는 농산물의 소비과정이다.

195. 다음 중 농산물 유통과정에서 발생할 수 있는 경제적 위험요인이 아닌 것은 어느 것인가?

① 열해에 의한 부패 및 감모
② 소비자의 기호 변화에 따른 수요 감소
③ 경제 축소에 의한 시장 축소
④ 법령 개정에 따른 수요 감소

정답 ① - 물리적 위험에는 파손, 부패, 감모, 화재, 동해, 풍수해, 열해 등이 있다.

196. 다음 중 유통활동을 원활히 수행할 수 있도록 자금을 융자하는 기능은 어느 것인가?
① 표준화 기능
② 위험 부담 기능
③ 유통 금융 기능
④ 시장 정보 기능

정답 ③ - 유통금융 기능은 유통과정에서의 자금수요를 충족시켜 준다.

197. 다음 중 농산물 시장가격이 소비자의 수요에 따르는 생산조정의 역할을 제대로 수행하지 못하는 주된 이유는 무엇인가?
① 완전 경쟁적 시장구조
② 농업생산의 불안정성
③ 소비자 기호의 변화
④ 농산물 수입의 억제

정답 ②
경제적 또는 기술적 진보에 따라 농업생산의 불안정성이 감소될 것이며 유통기능이 원활하게 수행될 수 있다.

198. 다음 중 유통 금융에 관한 설명으로 잘못된 것은 어느 것인가?
① 유통경로가 멀어질수록 유통에 있어서 자금부담은 더욱 가중된다.
② 상인의 운영자금은 상품을 구입하고 판매하는 일련의 과정에서 계속 소요되는 회전자금이 된다.
③ 한 상인의 사업규모는 그가 이용할 수 있는 자본의 총액과 상품의 회전율에 의존한다.
④ 경제발전에 따라 농산물 유통에 대한 금융부담은 줄어든다.

정답 ④ - 경제발전의 결과 무공해 농산물에 대한 수요 증가로 유통의 금융부담은 늘어나게 된다.

199. 다음 중 농산물 수요의 가격탄력성이 낮은 이유가 아닌 것은 어느 것인가?

① 생활필수품이기 때문이다.
② 수요가 소비자의 기호에 따라 큰 폭으로 변하기 때문이다.
③ 소득에서 지출액이 많지 않기 때문이다.
④ 대체재의 종류가 많지 않기 때문이다.

> 정답 ② - 농산물은 생활필수품이기 때문에 큰 폭으로 변하지는 않는다.

200. 다음 중 농산물 표준화규격의 기본 요소에 포함되지 않은 것은 어느 것인가?

① 등급　　　　　　　　　　② 포장
③ 표시사항　　　　　　　　④ 부패, 변질의 억제

> 정답 ④
> 농산물 표준규격화란 농산물을 전국적으로 통일된 기준, 즉 표준규격에 맞도록 품질, 쓰임새에 따라 등급을 매겨 분류하고 규격포장재에 담아 출하함으로써 내용물과 표시사항이 일치되도록 하는 것이다.

201. 다음 중 소비생활 수준향상과 전자상거래의 활성화로 등급규격을 소비자 지향적, 디지털유통을 지원할 수 있도록 개편한 내용은 어느 것인가?

① 농산물 포장규격을 물류표준화기준에 맞게 개편
② 표준 거래단량 제정
③ 소비자기호에 맞는 품질기준 정비 및 소포장 규격 제정
④ 농산물을 산지에서 도매시장까지 수송을 목적으로 한 포장규격 제정

> 정답 ③ - 2000년대, 급변하는 구매 기준의 다양화, 유통정보기술의 발달, 전자상거래의 활성화로 새로운 산물의 생산, 유통, 소비 여건에 부응하는 농산물 표준규격으로 개정 시행한다.

202. 다음에서 유통비용 중 간접비는 어느 것인가?

① 임대료　　　　　　　　　② 포장비
③ 감모비　　　　　　　　　④ 하역비

정답 ① - 간접비는 임대료, 인건비, 제세공과금, 감가상각비 등의 기타 운영비이다.

203. 다음 중 농산물 유통에 있어서 물리적 위험에 해당하지 않은 것은 어느 것인가?
① 상품의 부패
② 도난
③ 화재
④ 가격하락

정답 ④ - 가격하락은 경제적 위험의 일종이다.

204. 다음에서 농산물품질관리법에서의 "표준규격"을 옳게 설명한 것은 어느 것인가?
① 농산물의 포장 및 등급규격이다.
② 산업표준화법에 의한 한국산업규격에 의한다.
③ 품목 또는 품종별로 그 특성에 따라 수량, 크기, 형태, 색깔, 신선도, 건조도, 성분함량 또는 선별상태 등 품위구분에 필요한 항목을 정한 규격이다.
④ 보과, 수송 등 유통과정의 편리성, 폐기물 처리문제를 고려하여 정한 규격이다.

정답 ① - ②, ④는 포장규격, ③은 등급규격이다.

205. 다음 중 농산물 가격의 특징으로 틀린 것은 어느 것인가?
① 농산물 가격은 농업과 제조업간의 교역조건을 변동시켜 부분간의 자원이동을 유발시킨다.
② 농산물의 가격변화는 전체 농산물의 소비량을 감소하게 한다.
③ 농산물 가격의 상대적 상승은 농산물의 시장 가치를 높인다.
④ 농산물 가격의 상대적 상승은 소득 증대를 가져온다.

정답 ② - 농산물의 가격변화는 전체 농산물 소비량을 증가시키고, 농산물간의 대체 소비를 유발시킨다.

206. 다음 중 농산물 유통에 있어서 위험 기능과 관계가 없는 것은 어느 것인가?
① 가격하락 ② 화재
③ 부패 ④ 상인의 운영자금

> 정답 ④ - ①은 경제적 위험, ②, ③은 물리적 위험, ④는 유통 금융기능에 관련된 것이다.

207. 다음 중 어떤 농산물의 가격이 10% 하락한다면 공급은 어느 정도 하락하는가?
① 5% 이하 ② 10%
③ 20% ④ 30%

> 정답 ① - 농산물 공급은 비탄력적이므로 공급의 변화율이 가격의변화율 보다 작다.

208. 다음 중 농산물의 상품성 제고와 공정한 거래의 실현을 위하여 지속적으로 시행하여야 할 것은 어느 것인가?
① 안전성 조사 ② 농산물의 검사
③ 등급 및 포장의 표준규격화 ④ 농업통계조사

> 정답 ③
> 국립농산물품질관리원은 농산물의 상품성제고와 공정한 거래의 실현을 위하여 등급 및 포장의 표준규격화를 지속적으로 시행하겠다고 행정서비스헌장에 밝혔다.

209. 다음 중 농업협동조합의 신용사업과 관련된 유통기능은 어느 것인가?
① 표준화 기능 ② 가격 형성 기능
③ 저장기능 ④ 유통 금융 기능

> 정답 ④ - 신용사업은 농업생산자의 거래 자금을 해결하는 방법의 하나이다.

210. 다음 중 유통비용이 될 수 없는 것은 어느 것인가?
① 농업인의 생산비 ② 상인의 수집비
③ 상인의 이윤 ④ 상업자본의 이자

정답 ① - 유통비용은 유통과정에서 사용된 비용이다.

211. 다음 중 농산물에 대한 소비자의 기호 변화와 관계가 깊은 유통기능은 무엇인가?
① 유통 금융 기능 ② 위험 부담 기능
③ 표준화 기능 ④ 운송 기능

정답 ② - 기호의 변화에 따른 경제적 피해를 막아주는 것이 위험부담 기능이다.

212. 다음 중 농산물은 수요와 공급이 조금만 변해도 가격이 큰 폭으로 변하는데, 이것을 무슨 법칙이라 하는가?
① 킹의 법칙 ② 수요의 법칙
③ 공급의 법칙 ④ 엥겔의 법칙

정답 ① - 킹의 법칙은 가격의 신축성과 관련이 있다.
엥겔의 법칙: 소득이 낮으면 낮을수록 소득 중에서 음식물비에 대한 비중이 커진다.

213. 다음 중 현재의 시장가격이 낮을 경우 가격이 오를 때까지 저장하게 될 경우에 필요한 유통기능은 어느 것인가?
① 수송 기능 ② 유통 금융 기능
③ 가격 형성 기능 ④ 경영적 기능

정답 ② - 농산물을 저장하는 창고업자가 저온창고를 건축하는 데 소요되는 자금을 융자받는 행위 등이다.

214. 다음 중 유통비용의 항목이 아닌 것은 어느 것인가?
① 저장비 ② 가공비
③ 생산비 ④ 운송비

> 정답 ③ - 생산비는 유통기능에 대한 비용이 아니다.

215. 다음 중 농산물 표준규격화의 필요성으로 볼 수 없는 것은 어느 것인가?
① 다양한 품종, 재배지역 등의 일원화
② 품질에 따른 가격차별화로 정확한 정보제공 및 공정거래 촉진
③ 수송, 적재 등 유통비용 절감으로 유통의 효율성 제고
④ 선별, 포장출하로 소비지에서의 쓰레기 발생 억제

> 정답 ① - 유통능률을 향상시키고 신속, 공정한 거래를 촉진하며 신용도와 상품성 향상으로 농가소득증대를 향상시키기 위해 유통농산물의 표준규격화가 필수적이다.

216. 다음은 농산물 표준화 분야이다. 그 대상을 틀리게 설명한 것은 어느 것인가?
① 포장 : 포장 치수, 재질, 강도 등
② 운송 : 수송 단위 적재함 높이 및 크기 등
③ 하역 : 인력자원, 인원, 포장 크기 등
④ 정보 : 상품 코드, 전표, EDI, POS 등

> 정답 ③ - 하역의 대상에는 팰릿, 지게차, 컨베이어 등이 있다.

217. 다음에서 농산물 유통의 개선방향이 아닌 것은 어느 것인가?
① 유통기관의 경영 규모 적정화 ② 가공공장의 위치 선정 합리화
③ 소매 가격의 정부 통제 ④ 시장 정보 서비스 확대

> 정답 ③
> 농산물의 유통의 개선방향에는 크게 실물적 유통기능의 효율화와 경영적 유통기능의 효율화가 있다.

218. 다음 중 농산물의 안정성 조사 장소로 부적당한 것은 어느 것인가?
① 주산단지　　　　　　　　② 소비자 가정
③ 공영도매시장　　　　　　④ 산지집하장

> 정답 ② - 농산물의 안전성 조사는 재배하고 있거나 수확 후 저장중인 농산물의 출하예정일을 감안하여 시장출하 전에 실시한다.

219. 다음 중 유통 개선의 기본 목표가 될 수 있는 것은 어느 것인가?
① 독점가격의 형성　　　　　② 불요불급한 유통비용의 절감
③ 가격의 하락　　　　　　　④ 유통효율의 축소

> 정답 ② - 유통 개선의 기본 목표는 생산자와 소비자 보호, 유통능률의 향상, 공정거래, 가격 안정 등이다.

220. 다음 중 농산물의 안전성 조사 항목이 아닌 것은 어느 것인가?
① 잔류농약　　　　　　　　② 질소질비료 함유량
③ 중금속　　　　　　　　　④ 곰팡이독소

> 정답 ②
> 잔류된 농약, 중금속, 곰팡이독소, 식중독균 및 항생물질 기타 유해물질 등에 관한 조사를 실시한다.

221. 다음 중 실물적 유통기능의 효율성을 높이는 방법으로 알맞지 않은 것은 어느 것인가?
① 계량의 표준화　　　　　　② 가공공장의 위치 적절화
③ 품질의 등급화　　　　　　④ 시장정보의 제공

> 정답 ④ - 시장정보의 제공은 경영적 유통기능의 효율성 제고방법이다.

222. 다음에서 농업과 환경의 조화를 염두에 두고 농약, 비료 등의 사용을 적정수준으로 절감하면서 생산한 농산물은 어느 것인가?

① 유기농산물　　　　　　② 친환경농산물
③ 건강식품　　　　　　　④ 무농약농산물

> 정답 ② - 친환경농산물은 환경을 보전하고 안전한 농산물을 생산하는 농업을 영위하는 과정에서 생산된 농산물이다.

223. 다음 중 농산물 유통의 개선책으로 알맞지 않은 것은 어느 것인가?

① 시장정보의 효율적 수집과 분배　　② 표준규격화의 시행
③ 농업용 시설 확충　　　　　　　　④ 사회간접자본의 확충

> 정답 ③ - ③은 농업생산에 관련된 증산시책이다.

224. 다음 중 독점이 성립하게 되는 원인이 아닌 것은 어느 것인가?

① 원료, 공급원의 배타적 지배
② 생산물에 대한 특허권
③ 정부의 허가에 의한 진입장벽의 설치
④ 다수의 판매자와 다수의 구매자

> 정답 ④ - 다수의 판매자와 다수의 구매자는 완전경쟁의 성립조건이며, 이때 완전경쟁가격이 형성된다.

225. 다음 중 판매자가 하나이고 그가 생산하는 생산물에 대한 가까운 대체재가 없으며 진입의 장벽이 있는 시장구조를 무엇이라 하는가?

① 완전경쟁시장　　　　　② 완전독점시장
③ 독점적 경쟁시장　　　　④ 불완전경쟁시장

> 정답 ② - 경쟁상대가 전혀 없는 상태를 독점시장이라 한다.

226. 다음 중 사치품에 대한 수요에 대한 설명으로 옳은 것은 어느 것인가?
① 탄력적이다.
② 비탄력적이다.
③ 단위탄력적이다.
④ 탄성치가 1보다 작다.

> 정답 ① - 사치품일수록 가격변화에 대한 수요량의 변화가 크다.

227. 다음 중 수요탄력성에 관한 설명 중 틀린 것은 어느 것인가?
① 다양한 용도를 갖는 상품에 대한 수요는 탄력적이다.
② 가까운 대체재를 갖는 상품에 대한 수요는 비탄력적이다.
③ 필수품의 수요는 비탄력적이다.
④ 사치품에 대한 수요는 탄력적이다.

> 정답 ② - ②의 경우에는 수요탄력성이 크다.

228. 협상가격차란 다음의 어느 경우를 말하는가?
① 소비가격이 생산재가격보다 높아가는 추세
② 생산재가격이 소비재가격보다 높아가는 추세
③ 공산품가격이 농산품가격보다 높아가는 추세
④ 공산품가격이 공산품가격보다 높아가는 추세

> 정답 ③
> 장기에 걸쳐서의 농산물과 공산물의 가격변동 추세를 볼 때는 농산물가격은 상대적으로 낮아지는 경향을 보인다.

229. 다음 중 반드시 배급제(쿠폰제도)가 있어야 만이 실시될 수 있는 제도는 무엇인가?
① 고정가격제
② 순열가격제
③ 시장가격제
④ 이중가격제

> 정답 ① - ①은 일단 정한 공정가격 이상으로도 이하로도 판매하는 것이 허용되지 않는 가격제도이며 전시

등의 비상시에 물가앙등을 막기 위한 방법이다.

230. 다음 중 농민복지와 가장 관계가 깊은 것은 어느 것인가?
① 소매가격　　　　　　　② 도매가격
③ 유통차익금　　　　　　④ 농민수취가격

정답 ④ - 가격분산이나 농가수취율이 농민의 복지를 평가할 수 있는 일반적 지표로는 될 수 없다.

231. 다음 중 유통기능의 수행에 있어서의 효율성을 측정하는 지표로서 가장 좋은 것은 어느 것인가?
① 가격분산　　　　　　　② 도매가격
③ 소매가격　　　　　　　④ 농가수취가격

정답 ①
비슷한 유통기능의 수행에 소요된 비용이 두 시장에 있어서 서로 다를 때 가격분산은 그 효율성의 비교에 사용될 수 있다.

232. 다음 중 지나치게 많은 유통비용이 초래하는 결과가 아닌 것은 어느 것인가?
① 농민의 순 현금소득의 감소　　② 도시소비자의 음식물비의 증가
③ 농산물가공품의 가격상승　　　④ 공업부문의 노임 하락

정답 ④ - 과대한 유통비용 → 식량가격의 상승 → 소비자 지출증가 → 노임 상승

233. 다음 중 농산물유통이 생산적인 활동이라는 점과 관계가 먼 것은 어느 것인가?
① 장소적 효용　　　　　　② 시간적 효용
③ 형태적 효용　　　　　　④ 소득적 효용

정답 ④ - ①, ②, ③과 소유적 효용은 농산물유통이 창출해내는 효용가치이다.

234. 다음 중 유통에 있어서 위험부담기능에 관한 설명 중 틀린 것은 어느 것인가?
① 상품의 유통과정에서 일어나는 손실을 부담하는 기능이다.
② 유통과정에서의 손실은 물리적 손실과 경제적 손실로 구분할 수 있다.
③ 위험부담을 막기 위한 반대거래(hedging)란 투기행위의 일종이다.
④ 경제적 손실로서는 가격의 하락 및 소비자의 기호변화에서 오는 손실이 있다.

정답 ③ - hedging은 투기와 구별된다.

235. 다음 중 우유와 같은 낙농생산물의 시장구조에 관한 설명 중 틀린 것은 어느 것인가?
① 우유의 생산, 가공, 배달을 위한 시설에 따른 고정비용의 비율이 가변비용의 비율 보다 상대적으로 높다.
② 우유는 극도의 부패성이 높고 생산이 계절적으로 편중되어 있다.
③ 우유에 대한 수요는 연중 변화가 별로 없다.
④ 우유생산자는 공급이 초과되었을 때 가공업자에 공급할 수 있도록 장기계약을 할 필요가 있다.

정답 ② - 우유의 생산은 계절성이 없이 연중 내내 생산될 수 있다.

236. 다음에서 정부가 비료와 농약 등에 보조금을 지불하는 것은 유통의 어느 기능에 관여된 것인가?
① 실물적 기능   ② 보조기능
③ 경영적 기능   ④ 운송기능

정답 ③ - 보조금 지급은 가격형성 기능에 대한 정부의 관여활동이다.

237. 다음 중 정부에 의한 농산물 매매에 관한 시장 규제의 목적은 어느 것인가?
① 시장가격의 낮은 수준에서의 안정
② 공정한 거래질서의 확립
③ 시장에서의 경쟁의 완화
④ 전통적 유통방법의 유지

정답 ②
정부의 시장규제는 유통에 있어서 경쟁을 증진시키고 공정한 거래가 이루어지도록 하는 데 목적이 있다.

238. 다음 중 농산물 시장에서 행해지는 매매와 관련된 정부의 시장규제에 관한 설명 중 틀린 것은 어느 것인가?
① 가축시장에서의 매매는 반드시 등록된 중개인(중개인)을 통해서 거래해야 한다.
② 산지시장에서 농산물을 매매할 때는 경매하여야 하고 경매에 참가하는 사람은 일정한 자격이 있어야 한다.
③ 시장에서 행해지는 매매와 관련된 수수료 또는 중개료와 거래시간 등을 규제한다.
④ 시장규제는 유통에 있어서 일반적인 경쟁을 위축시킨다.

정답 ④ - 많은 종류의 시장규제는 유통에 있어서 일반적인 경쟁을 증진시키는데 그 뜻을 두고 있다.

239. 다음 중 농산물 시장구조에서의 독점적 요소을 막기 위한 방법으로 가장 적절한 것은 어느 것인가?
① 상품의 표준화
② 도로, 철도 등의 사회간접자본의 확충
③ 공정거래법의 제정과 운영
④ 시장서비스의 감소

정답 ③ - ③은 시장에서의 불완전 경쟁요소를 방지하기 위한 수단이다.

240. 다음 중 농산물 가격이 농업생산자원의 적절한 배분을 제대로 유도하지 못하는 이유는 무엇인가?
① 농업생산기간이 장기적이고 계절적이다.
② 농산물에 대한 수요가 탄력적이다.
③ 농산물에 대한 수요가 연중 고르지 못하다.
④ 농업생산력이 상대적으로 정체되고 있다.

> 정답 ① - 농업생산의 특성 때문에 가격이 자원배분의 역할을 제대로 수행하지 못하고 있다.

241. 다음 중 농산물 유통의 제기능 중에서 정부 관여의 비중이 가장 큰 것은 어느 것인가?
① 운송기능　　　② 저장기능
③ 가공기능　　　④ 보조기능

> 정답 ④ - 보조기능은 개별기업의 활동만으로는 불가능한 제도적 장치와 그 실현을 위한 조직화된 집단적 행동이나 방법이 필요하다.

242. 다음 중 자본조방적 하부구조에 드는 것은 다음 중 어느 것인가?
① 통신시설　　　② 농산물검사사업
③ 현대식 시설의 중앙시장　　④ 철도시설

> 정답 ② - ①③④는 자본집약적 하부구조로 볼 수 있다.

243. 다음 중 농산물유통에 관련된 정부의 활동을 하부구조에 따라 분류할 때 자본 집약적 하부구조에 관련된 것은 다음 중 어느 것인가?
① 통신시설　　　② 농산물 검사
③ 농산물 시장정보사업　　④ 유통에 관련된 연구기관의 운영

정답 ①
자본집약적 하부구조에는 철도, 고속도로, 통신시설, 현대식 창고와 건물을 갖춘 중앙시장의 시설 등이 포함된다.

244. 다음 중 유통에 있어서의 보조기능을 고려하지 않은 기능은 어느 것인가?

① 완전경제시장이론 ② 독점시장이론
③ 과점시장이론 ④ 독점적 경쟁시장이론

정답 ① - ①은 고전학파의 시장이론이다.

245. 다음 중 자본조방적 하부구조에 속하지 않은 것은 다음 중 어느 것인가?

① 시장정보사업 ② 통신시설
③ 농산물 검사 ④ 유통을 관리하는 법과 규칙의 집행

정답 ② - ②는 자본집약적 하부구조에 속한다.

246. 다음 중 농산물의 거래에 관한 정부의 규제가 아닌 것은 어느 것인가?

① 축산물시장에 있어서 거래규칙 방법에 관한 규제
② 공중위생 규제
③ 농업생산자재의 상표 및 광고에 대한 규제
④ 시장정보사업

정답 ④-④는 거래에 대한 규제로 볼 수 없다.

247. 다음 중 정부의 시설투자 중에서 초기단계에서는 자본이 상대적으로 적게 투입되는 반면 나중의 운영에서는 보다 많은 자본이 소요되는 사업을 무엇이라 하는가?

① 자본집약적 하부구조 ② 자본조방적 하부구조

③ 제도적 하부구조   ④ 사회간접자본

> 정답 ② - 여기에는 시장정보사업, 등급화 및 검사, 유통에 관련된 연구 및 훈련을 하는 기관의 운영, 유통을 관리하는 법과 규칙을 집행하는 것이 포함된다.

248. 다음 중 농산물의 가공기능과 관련이 없는 것은 어느 것인가?
① 정미   ② 제분
③ 도살   ④ 청과물

> 정답 ④ - ④는 가공되지 않은 농산물이다.

249. 다음 중 농산물의 가공기능과 관련이 없는 것은 어느 것인가?
① 통조림   ② 냉동
③ 제빵   ④ 등급화

> 정답 ④ - ④는 보조기능과 관련된다.

250. 다음 중 농산물 가공기능에 관한 설명 중 틀린 것은 어느 것인가?
① 부패성이 강한 농산물을 오랫동안 저장하기 위해 통조림, 냉동 또는 건조 등의 가공을 한 후 저장한다.
② 가정에서 음식을 요리하는 것은 가공이라 할 수 없다.
③ 오늘날 정미, 제분, 도살 등은 기업에 의해서 전문화된 가공이 되고 있다.
④ 농산물 가공에는 방직공장과 담배공장 등도 포함된다.

> 정답 ② - 가정이나 음식점에서 음식을 요리하는 것도 일종의 가공이라 할 수 있다.

251. 다음 중 농산물의 농가 판매가격과 소비자 지불가격의 차액은

어느 것인가?
① 농가수취율　　　　　　② 생산비용
③ 유통차익금　　　　　　④ 정전가격

> 정답 ③ – ③은 각 유통단계에서의 유통비용의 합계액이다.

252. 다음 중 형성된 가격에 근거하여 앞으로의 시장추세를 판단하여 구매 및 판매활동에 대한 결정을 하는 것은 누구인가?
① 가공업자　　　　　　② 운송업자
③ 도매상　　　　　　　④ 협동조합의 역원

> 정답 ③ – 경영적 기능의 주된 담당자는 도매상이다.

253. 다음 중 농산물 시장정보의 내용으로 거리가 먼 것은 어느 것인가?
① 앞으로의 작황과 생산에 대한 전망
② 농산물의 재고량
③ 공급지에서 소비지로 이동된 현재의 유통량
④ 농산물의 계량단위의 통일

> 정답 ④ – ④는 시장정보 수집기능의 원활한 수행에 필요한 것이다.

254. 다음 중 농가수취율이 가장 낮은 품목은 어느 것인가?
① 고구마　　　　　　　② 쌀
③ 쇠고기　　　　　　　④ 딸기

> 정답 ④ – ④는 부패성이 높은 품목이다.

255. 다음 중 농산물을 품질, 형상, 색채 그 밖의 중요한 특징이 같은 몇 개의 집단으로 분류하는 작업을 무엇이라 하는가?

① 등급화 ② 선별
③ 표준화 ④ 고급화

정답 ② – 선별은 농산물의 수집과정에서 행하여지는 기능이다.

256. 다음 중 농민이 받을 수 있는 가격과 소비자의 지불가격과의 차액 즉, 유통비용의 지불총액은 무엇과 같은가?

① 가격분산 ② 농가수취율
③ 자본수익률 ④ 상업이윤

정답 ① – 가격분산과 유통차익금은 같은 의미이다.

257. 다음 중 농산물 유통에 있어서 운송기능에 대한 정부의 관여로 되어 있지 않은 것은 어느 것인가?

① 철도의 건설 ② 화차의 운임률 결정
③ 고속도로의 건설 및 유지 ④ 가공식품에 대한 규제

정답 ④ – ④는 가공기능에 대한 정부활동이다.

258. 다음 중 농산물의 선별기능이란 어느 것인가?
① 농산물의 품질·형상·크기 등의 규격을 통일하는 것을 말한다.
② 동일집단의 농산물에 대하여 규격이 될 만한 표준품의 기준삼아 등급을 매기고 가격차이를 설정하는 것
③ 농산물을 품질·형상·색상을 비롯한 중요한 특징을 같이하는 집단으로 분류하는 것이다.
④ 농산물의 품위를 높이고 운반성과 저장성을 높이기 위하여 가공처리하는 것을 말한다.

정답 ③ - ①:표준화, ②:등급결정, ④:가공기능.

259. 다음 중에서 농산물의 가격형성기능에 영향을 미치는 정부의 활동으로 볼 수 없는 것은 어느 것인가?
① 양곡수매정책
② 수입품이나 수출품에 대한 관세부과
③ 외국과의 교역의 직접적 통제
④ 고속도로의 건설 및 유지

정답 ④ - ④는 실물적 운송기능에 관련된 정부활동이다.

260. 다음 중 농산물 유통의 보조기능 중 사회간접자본의 확충을 필요로 하는 것은 어느 것인가?
① 시장정보
② 계량화
③ 등급화
④ 금융제도

정답 ① - ①의 원활한 수행은 광범위한 통신시설을 필요로 한다.

261. 농산물유통의 불안정 이유가 아닌 것은 다음 중 어느 것인가?
① 인구증가
② 도시팽창
③ 인구이동
④ 자급자족적 생산

정답 ④ - ④는 유통구조의 변화를 초래하지 않는다.

262. 다음 중 농산물의 공급탄력성에 관한 설명 중 틀린 것은 어느 것인가?
① 단위 탄력적 공급곡선은 원점을 지나는 직선이 된다.

② 가격의 변화율에 대한 공급량의 변화율의 비율이다.
③ 단기공급곡선의 탄력성은 장기공급곡선의 탄력성보다 작다.
④ 축산물의 공급탄력성은 농산물의 공급탄력성보다 일반적으로 크다.

정답 ④ - 일반적으로 축산물은 농산물보다 생산기간이 짧다.

263. 다음 중 농산물 간에 공급탄력성이 서로 다른 이유로 될 수 없는 것은 어느 것인가?
① 생산반응이 있기까지의 시간
② 소비자의 선호함수의 차이
③ 농민들의 시장가격에 대한 예상
④ 생산물의 부패성

정답 ② - ②는 수요탄력성에 관한 것이다.

264. 다음 중 유통이 갖는 안정성의 이유가 아닌 것은 어느 것인가?
① 사람들은 매년 그리고 매일 비슷한 식품을 소비한다.
② 농민들은 매년 거의 같은 작물을 재배한다.
③ 상인들은 같은 업무에 종사하며 거래는 관례에 따라 이루어진다.
④ 인구가 계속 증가하고 이동한다.

정답 ④ - ④는 유통의 불안정성이 이유이다.

265. 다음 중 농업생산의 지리적 전문화와 관계가 적은 것은 어느 것인가?
① 토양   ② 기온
③ 지세   ④ 비료

정답 ④ - 자연자원의 분포가 지역에 따라 다르다는 점이 생산의 지리적 전문화의 주요한 이유가 된다.

266. 다음 중 농업입지를 규제하는 조건으로 타당하지 않은 것은 어느 것인가?

① 자연 기상　　　　　　② 시장과의 거리
③ 토지의 대소　　　　　④ 지력의 양부

　　　　　　　　　　　　정답 ③ - ③은 입지조건과는 직접적 관련이 없다.

267. 다음 중 농산물 공급에 관한 설명 중 틀린 것은 어느 것인가?

① 농산물은 대부분 부패·변질하기 쉽고 저장능력이 약하므로 공급조절이 곤란하다.
② 농산물공급은 생산의 풍흉에 따라 크게 좌우된다.
③ 대체로 농산물의 공급은 계절적으로 분산된다.
④ 수확기에는 공급과잉의 현상이 나타나고 수확직전에는 공급부족 현상이 나타난다.

　　　　　　　　　　　정답 ③ - 농산물의 공급은 대체로 계절적으로 집중된다.

268. 다음 중 농산물 유통의 보조 기능과 관련이 없는 것은 어느 것인가?

① 자금조달　　　　　　② 도매기능
③ 계량과 등급　　　　　④ 시장정보의 교환

　　　　정답 ② - 실물적 기능과 경영적 기능이 농산물의 유통에 있어서의 기본적 기능이 되지만 그밖에 보조기능으로 시장정보의 교환, 계량과 등급, 금융제도, 위험부담 등이 있다. 도매기능은 경영적기능이다.

269. 다음 중 농산물 유통에 있어서 경영효율을 높이는 방법이 아닌 것은 어느 것인가?

① 저장방법의 개선　　　② 수송방법의 개선
③ 가공기술의 개선　　　④ 상품의 등급제 실시

　　　　　　　　　　　정답 ④ - ④는 가격효율을 높이는 방법의 하나이다.

270. 다음 중 농산물유통의 기능은 효용가치를 증가하는 데 있다. 여기에 관련된 효용은 어느 것인가?
① 시간적 효용
② 장소적 효용
③ 형태적 효용
④ 가격적 효용

정답 ① - 농민은 생산을 통해 형태효용을 만들고 수요자에게 운반된 것은 장소효용, 보관하여 소비자가 요구할 때 공급하는 것은 시간효용이다.

271. 다음 중 농산물의 유통비용 중 노동에 대한 비용과 관계없는 것은 어느 것인가?
① 곡물소매상의 활동
② 가정에서의 식품요리
③ 철도에 종사하는 노동력
④ 농산물을 출하하는 농민의 활동

정답 ② - ②는 농산물의 소비과정에 속한다.

272. 다음 중 농산물의 유통비용에 관한 설명 중 틀린 것은 어느 것인가?
① 농산물을 유통하는 데 사용된 자원에 대한 가격을 말한다.
② 유통비용의 측정에는 어려움이 많다.
③ 유통비용의 크기를 파악하는 지표로써 가격분산이 사용된다.
④ 경제발전에 따라 유통비용은 감소되는 경향에 있다.

정답 ④ - 경제발전에 따라 유통비용은 일반적으로 증가하는 경향이다.

273. 다음 중 유통 차익금 또는 가격 분산이란 무엇인가?
① 농민의 수취가격과 소비자의 지불 가격의 차
② 농민의 판매가격과 농산물의 생산 가격의 차
③ 상인의 구입가격과 판매했을 때의 가격 차
④ 상인의 구입가격에 대한 상업이윤의 차

정답 ①
유통비용의 비교와 분석을 위해 하나의 상품을 판매했을때 농민이 받을 수 있는 가격과 소비자가 지불한 가격의 차액을 계산하면 그 상품의 유통에 있어서 지불된 비용총액이 나오는데 이를 유통차익금 또는 가격분산이라 한다.

274. 다음 중 농산물 유통에 있어서 가격기구의 효율적 작동을 위한 방법으로서 가장 좋은 것은 어느 것인가?

① 운송시설의 확충
② 시장구조의 불완전 경쟁적 요소의 배제
③ 농산물에 대한 수요 촉진책
④ 농산물수입의 증대

정답 ② - 독점적시장구조하에서는 가격메커니즘을 통한 자원의 적정배분이 곤란하다.

275. 다음 중 농산물 유통으로 효용의 창조가 될 수 없는 것은 어느 것인가?

① 형태효용
② 증식효용
③ 장소효용
④ 시간효용

정답 ② - 형태효용, 장소효용, 시간효용이 생산적 활동으로 나타나는 것이 농산물 유통이라 할 수 있다.

276. 다음 중 농산물의 종류에 따라서 유통비용상의 차이를 가져오는 요인이 아닌 것은 어느 것인가?

① 가공을 요하는 농산물일수록 유통비용이 많이 든다.
② 부패성이 높은 농산물일수록 유통비용이 커진다.
③ 가격에 비해 용적이 클 때는 유통비용이 커진다.
④ 연중 생산이 가능한 농산물일수록 유통비용이 커진다.

정답 ④ - 연중생산이 가능한 경우에는 저장비용이 적게 든다.

277. 농산물 무역에 관한 정부의 관세부과는 농산물유통의 다음 중 어느 기능에 대한 관여인가?

① 실물적 기능　　　　　② 경영적 기능
③ 보조적 기능　　　　　④ 금융 기능

> 정답 ② - 관세정책은 농산물의 가격형성에 직접 관여하는 것으로서 경영적 기능에 관련된 것이다.

278. 다음 중 농산물 유통에 관련된 정부의 정책은 어느 것인가?

① 미곡수매정책　　　　② 토지개량사업
③ 경지정리사업　　　　④ 농지개혁법

> 정답 ①
> 정부는 가격안정을 위한 방법으로 쌀을 농민으로부터 수매하여 시장에 판매하고 부족한 쌀을 수입한다.

279. 다음 중 유통비용의 내용으로 될 수 없는 것은 어느 것인가?

① 운송비　　　　　　　② 식료품가게의 수입
③ 담배점포의 수입　　　④ 농산물의 생산비

> 정답 ④ - 생산비는 유통과정이 아니라 생산과정에서의 비용이다.

280. 다음 중 유통비용의 구성요소로 될 수 없는 것은 어느 것인가?

① 광고비　　　　　　　② 저장비
③ 포장비　　　　　　　④ 비료비

> 정답 ④ - ④는 생산비용의 구성요소이다.

MEMO

부록
최근 7년간 기출문제

MEMO

부록 제 13회 기출문제

1. 농산물의 일반적인 특성으로 옳지 않은 것은?

① 단위가치에 비해 부피가 크고 무겁다.
② 가격 변동에 대한 공급 반응에 물리적 시차가 존재한다.
③ 가격은 계절적 특성을 지닌다.
④ 다품목 소량 생산으로 상품화가 유리하다.

정답 및 해설 ④

농산물의 특성

계절적 편재성, 부피와 중량성, 부패성, 질과 양의 불균일성, 용도의 다양성, 수요와 공급의 비탄력성

2. 다음 사례에서 창출되는 유통의 효용으로 모두 옳은 것은?

A 원예농협은 가을에 수확한 사과를 저온저장고에 입고하였다가 이듬해 봄에 판매하고, 남은 사과를 잼으로 가공하여 판매하였다.

① 시간효용, 형태효용
② 시간효용, 소유효용
③ 장소효용, 형태효용
④ 장소효용, 소유효용

정답 및 해설 ①

유통의 효용

시간효용(저장)

① 가격조절기능 : 수산물의 계절적 편재성을 극복하기 위한 수단으로서 농산물의 홍수출하 등으로 인한 가격폭락의 위험을 조절하는 기능을 한다.
② 부패성 방지 : 수확과 판매시기의 불일치를 조절하기 위하여 저온저장창고가 널리 활용되고 있다.
③ 수요의 조절 기능 : 수산물 수요시기를 연중 고르게 유지하는 기능을 한다.

형태효용(가공)

① 장소적 효용의 지원 : 농산물의 부피와 중량성 약점을 보완하기 위하여

② 시간적 효용의 지원 : 가공을 통한 형태변경으로 저장기간을 연장할 수 있다.

③ 기능성의 지원 : 자연물에 형태변경을 통하여 새로운 생물학적 기능을 추가할 수 있다.

장소효용(수송)

생산자와 소비자 사이에 존재하는 장소적 불일치를 물적 이동수단을 통하여 효용가치를 창조한다. 수송은 시장 확장과 관련되며 시장의 크기를 결정하는 요소이다. 이동수단으로 철도, 선박, 자동차, 항공 등이 있다.

소유효용(소유권이전기능)

1) 구매기능(수집기능)

① 유통업자가 생산자로부터 물건을 구매하고 대금을 지불하는 과정이다

② 유통업자는 최종 소비자로서가 아닌 재판매 목적으로 물건을 구매한다.

③ 다른 유통업자로부터 물건을 구매하여 재판매하는 과정을 포함한다.

④ 산지수집상, 중개인의 위탁대리인, 산지조합, 유통업체의 바이어 등이 이 기능을 수행한다.

2) 판매기능(분배기능)

① 가격별 판매단위의 결정 : 상품의 규격과 포장단위를 결정한다.

② 유통경로의 결정 : 입지선정 활동을 통하여 소비자와 만나는 접점을 결정한다.

③ 판매시점과 가격의 결정 : 재고관리, 일시적 저장 등을 통하여 판매시점을 결정하고 최종소비자의 적정가격을 결정하는 기능

④ 상품의 진열, 광고, 관계마케팅 등 소비자의 구매의욕을 자극하는 역할을 한다.

3. 다음 설명에 해당하는 것은?

○ 국내에서 생산되는 모든 식품에 대한 총 소비자지출액과 총 농가수취액의 차이이다.
○ 전체 식품에 대한 유통마진의 개념이다.

① 농가 몫 ② 농가 교역조건
③ 한계 수입 ④ 식품 마케팅빌

정답 및 해설 ④

식품 마켓팅빌

1년간 민간 소비자가 구매한 전체 농수산식품에 대한 지출에서 농어가 수취액을 제외한 부분으로서, 농수산식품의 유통경비와 이윤을 포함하는 개념이다.

한계수입限界收入, Marginal Revenue, MR
기업이 한 단위 재화를 더 생산할 때 얻는 수입

4. 농업협동조합 유통의 기대효과로 옳지 않은 것은?

① 거래교섭력 강화
② 규모의 경제 실현
③ 농산물 단위당 거래비용 증가
④ 유통 및 가공업체에 대한 견제 강화

정답 및 해설 ③

협동조합 : 재화 또는 용역의 구매·생산·판매·제공 등을 협동으로 영위함으로써 조합원의 권익을 향상하고 지역 사회에 공헌하고자 하는 사업조직

협동조합 유통의 효과
① 유통마진의 절감(농산물 단위당 거래비용 절감)
② 시장교섭력의 제고(유통 및 가공업체에 대한 견제 강화)
③ 규모의 경제 실현
④ 시장확보와 생산자의 위험분산
⑤ 출하시기의 조절 용이

5. 농산물 선물거래에 관한 설명으로 옳은 것은?

① 대부분의 선물계약이 실물 인수 또는 인도를 통해 최종 결제된다.
② 매매당사자간의 직접적인 대면 계약으로 이루어진다.
③ 해당 품목의 가격변동성이 낮을수록 거래가 활성화된다.
④ 베이시스(basis)의 변동이 없을 경우 완전 헤지(perfect hedge)가 가능하다.

정답 및 해설 ①

선물거래
선물거래란 미래의 특정시점(만기일)에 수량·규격이 표준화된 상품이나 금융 자산을 특정가격에 인수 혹은

인도할 것을 약정하는 거래이다. 이러한 선물거래는 공인된 거래소에서 이루어지며 현시점에 합의된 가격(선물가격)으로 미래에 상품을 인수 혹은 인도하는 것이다.

미리 정한 가격으로 매매를 약속한 것이기 때문에 가격변동 위험의 회피가 가능하다는 특징이 있다. 선물거래 상품은 해당 품목의 가격변동성이 높을수록 거래가 활성화된다.

베이시스

현물가격과 선물가격의 차이

선물거래의 경제적 기능

① 위험전가기능 : 미래의 현물가격 위험을 회피하고자 하는 헷져(hedger)는 선물시장에서 위험을 상쇄시키기 위해 현물포지션과 상반된 포지션을 취하게 된다. 미래의 시장에서 받게 될 가격위험을 현재의 현물시장에 전가하는 기능을 한다.

② 가격예시기능 : 선물가격은 현재시장에 제공된 각종 정보의 집약된 결과로서 미래시장에서 현물의 가격을 예측한다는 점에서 가격예시기능이 있다.

③ 자본형성기능 : 선물시장은 헷져나 투기거래자(speculator)가 현물시장에 선납한 자본을 증거금으로 운용된다. 이렇게 형성된 자본은 생산자시장에 유입된다.

④ 자원배분의 기능 : 선물시장은 월단위의 만기일을 형성한다. 선물투자자간에 연간 배분된 물건의 인수일은 생산자에게 자원을 기간별로 배분할 수 있도록 한다. 기업이나 금융기관도 미래의 가격에 대한 여러 투자자들의 예측치를 토대로 투자하게 돼 과(過)투자, 오(誤)투자의 가능성을 줄인다. 결국 제한된 자원이 가장 효율적으로 배분될 수 있도록 하는 수단이 되는 것이다.

헤지(hedge)

투자자가 보유하고 있거나 앞으로 보유하려는 자산의 가격이 변함에 따라 발생하는 위험을 없애려는 시도. 여기서 위험이란 가격의 변동을 의미하는데 가격 하락시의 손실과 가격 상승시의 이익도 포함하는 개념이다. 그러나 헤지의 목적은 이익을 극대화하려는 것이 아니라 가격 변화에 따른 손실을 막는 데 있다. 자산의 가격변동으로 인한 손익의 변화가 전혀 없도록 하는 것을 완전 헤지라고 한다. 완전헤지는 현물가격과 선물가격이 동일한 방향으로 동일한 크기만큼 변하여 현물시장에서의 손실(이득)이 선물시장에서의 이득(손실)에 의하여 완전히 상쇄되는 것을 말한다. 이것이 이루어지려면 현물가격과 선물가격의 차이인 베이시스가 항상 일치하여야 한다.(베이시스의 변동이 있어도 베이시스가 일치한다면 완전헤지는 가능하다.)

6. 소매상이 이전 유통단계의 주체를 위해 수행하는 기능을 모두 고른 것은?

ㄱ. 상품구색 제공　　ㄴ. 시장정보 제공　　ㄷ. 판매 대행

① ㄱ, ㄴ　　　　　　　　② ㄱ, ㄷ
③ ㄴ, ㄷ　　　　　　　　④ ㄱ, ㄴ, ㄷ

정답 및 해설 ①

소매상의 기능

제조업지를 위한 기능	• 신규고객 창출(시장확대) 기능 • 재고유지 기능 • 주문처리 기능 • 정보제공 기능 • 고객서비스 제공 기능
소비자를 위한 기능	• 제품의 구색 제공 • 제품정보의 제공 • 소비자 구매비용 절감 효과 • 부가적인 서비스 제공

7. 농산물 소매유통에 관한 설명으로 옳지 않은 것은?

① 농산물의 수집기능을 담당한다.
② 카테고리 킬러(category killer)가 포함된다.
③ 대형유통업체의 비중이 높아지고 있다.
④ 점포 없이 농산물을 거래하는 경우도 있다.

정답 및 해설 ①

소매유통은 소비자에게 상품을 배분하는 판매기능을 가진다.
수집기능은 도매시장 유통의 기능이다.

8. 농산물 종합유통센터의 기능을 모두 고른 것은?

ㄱ. 수집·분산   ㄴ. 보관·저장   ㄷ. 상장경매   ㄹ. 정보처리

① ㄱ
② ㄴ, ㄷ
③ ㄷ, ㄹ
④ ㄱ, ㄴ, ㄹ

정답 및 해설 ①

농산물 종합유통센터의 기능
① 수집·분산 기능 ② 보관·저장 기능 ③ 가격형성기능 ④ 유통가공기능 ⑤ 직판기능

9. 밭떼기 거래에 관한 설명으로 옳지 않은 것은?

① 선도거래에 해당된다.
② 정전매매라고도 불린다.
③ 무, 배추 등에서 많이 이루어진다.
④ 농가의 수확 전 필요 자금 확보에 도움을 준다.

정답 및 해설 ②

포전매매(밭떼기 거래)

밭에서 자라는 농산물(무, 배추 등)을 수확하기 이전에 통째로 사고파는 것(선불금 지급)으로 해당 농산물의 시장가격이 결정되기 전에 거래가 사전에 진행되는 선도거래의 일종이다.

농민이 밭에서 키우고 있는 농산물이 수확되기 이전에 상인에게 통째로 판매하는 것으로, 농민은 해당 농산물을 수확하여 시장에 내다 팔 때 가격이 하락할 경우 입을 수 있는 손해를 피할 수 있지만 가격이 상승할 경우에 얻을 수 있는 이득을 포기하는 거래 방식이다.

정전매매(庭前賣買)

생산 농가에 소규모로 보관 중인 고추, 마늘, 깨 등과 같은 농산물을 산지유통인 등이 수집하는 거래로 마당앞거래, 문앞거래라고 할 수 있다.

■ 선물거래와 선도거래 비교

구분	선물거래	선도거래
거래조건	표준화	비표준화
거래장소	선물거래소	없음
위험	보증제도 있음	보증제도 없음
가격	경쟁호가방식	협상
증거금	있음	없음(개별적 보증설정)
중도청산	가능	제한적
실물인도	중도청산 혹은만기인도	실제 인수도가 이루어지는 것이 일반적
가격변동	변동폭 제한	변동폭 없음

10. 대형유통업체의 농산물 직거래 확대에 대한 산지유통전문조직의 대응방안으로 옳지 않은 것은?

① 농가를 조직화, 규모화한다.
② 고품질 농산물의 연중공급체계를 구축한다.
③ 대형유통업체 간의 경쟁을 유도하기 위해 도매시장 출하를 확대한다.
④ 농산물산지유통센터(APC)를 활용하여 상품화 기능을 강화한다.

정답 및 해설 ③

대형유통업체에 대항하기 위한 유통조직 또는 유통망 구축이 필요하다.
도매시장에서 형성된 가격은 유통업체의 직거래 상품가격보다 마진이 높으므로 대응방안으로서는 불합리하다.

11. 농산물 수송수단 중 선박의 특성으로 옳지 않은 것은?

① 문전연결성이 취약하다.
② 신속성이 상대적으로 떨어진다.
③ 단거리 수송에 유리하다.
④ 대량 운송에 적합하다.

정답 및 해설 ③

수송수단의 특징

① 철도 : 안전성·신속성·정확성이 있으나 융통성이 적고 제한된 통로에만 가능하다. 장거리 수송에 유리하며 단거리 수송의 경우 오히려 비용효율이 떨어진다.
② 선박 : 장거리에 유리하며 대량수송이 가능하나 시간효율이 떨어지고 융통성(문전연결성)이 적다.
③ 자동차 : 기동성이 우수하며 단거리 수송에 효율적이다. 도로망의 확대로 융통성이 뛰어나며 수송수단에서 차지하는 비중이 가장 높다.
④ 비행기 : 신속, 정확하다는 장점이 있으나 비용이 많이 들고 항로와 공항의 제한성에 구애받을뿐만 아니라 오히려 기다리는 시간이 길다는 단점이 있다. 최근 국제 화훼유통과 신선함이 요구되는 고가 농산물 유통에 그 활용도가 높아지고 있다.

12. 농산물 물적 유통기능으로 옳은 것은?

① 포장(packing)　　② 시장정보
③ 표준화 및 등급화　　④ 위험부담

정답 및 해설 ①

물적유통기능

농산물을 이전하는 수송과 보관, 저장, 가공 기능을 물적유통기능이라고 한다.

13. 농산물 유통금융기능이 아닌 것은?

① 도매시장법인의 출하대금 정산
② 자동선별 시설 자금의 융자
③ 농작물 재해 보험 제공
④ 중도매인의 외상판매

정답 및 해설 ③

유통금융기능

농산물 유통기구에 참여하는 자에게 자금을 조달해 주는 기능

14. 농산물 표준규격화에 관한 설명으로 옳지 않은 것은?

① 견본거래나 전자상거래가 활성화된다.
② 유통정보가 보다 신속하고 정확하게 전달된다.
③ 품질에 따른 공정한 가격이 형성되어 거래가 촉진된다.
④ 농산물 유통의 물류비용이 증가한다.

정답 및 해설 ④

표준화

표준화란 유통과정에 참여하는 각 기구 간에 공적으로 합의된 척도를 말한다. 표준화는 유통시장에서 공정한 거래가 이뤄지는 환경을 조성하여 준다. 표분화를 통해 유통의 물류효율성이 증가하여 물류비용이 감소한다.

표준화의 항목 : 포장, 등급, 보관, 하역, 정보 등

15. 단위화물적재시스템(ULS)에 관한 설명으로 옳은 것을 모두 고른 것은?

ㄱ. 수송 및 하역의 효율성 제고
ㄴ. 농산물의 파손, 분실 등 방지
ㄷ. 팰릿(pallet), 컨테이너 등 이용

① ㄱ, ㄴ
② ㄱ, ㄷ
③ ㄴ, ㄷ
④ ㄱ, ㄴ, ㄷ

정답 및 해설 ④

단위화물적재시스템(Unit Load System)
단위 적재란 수송, 보관, 하역 등의 물류 활동을 합리적으로 하기 위하여 여러 개의 물품 또는 포장 화물을 기계, 기구에 의한 취급에 적합하도록 하나의 단위로 정리한 화물을 말한다. 단위적재를 함으로써 하역을 기계화하고 수송, 보관 등을 일괄해서 합리화하는 체계를 단위적재시스템이라 하며, 단위적재 시스템에는 팰릿(pallet)을 이용하는 방법 및 컨테이너를 이용하는 방법이 있다. 우리나라에서 사용하는 표준 팰릿(pallet) T11의 규격은 1100mm × 1100mm이다.

16. 농산물 가격전략의 일환으로 수요의 가격탄력성이 -0.25인 품목을 할인하여 판매한다면 총수익은 어떻게 변화하는가?

① 가격 하락에 비해 판매량이 더 증가하기 때문에 총수익은 늘어난다.
② 가격 하락에 비해 판매량이 덜 증가하기 때문에 총수익은 줄어든다.
③ 가격 하락과 판매량 증가분이 동일하여 총수익은 변화가 없다.
④ 수요가 비탄력적이기 때문에 총수익은 가격 하락과 무관하다.

정답 및 해설 ②

수요의 가격탄력성과 총수입(= 가계지출액)과의 관계

$\epsilon_d = 0$ (완전비탄력적)	가격인상(인하)율에 비해 수요량 변화율은 거의 "0"	가격인상 ↑	작게 수요량감소(0)	수입 증가↑
		가격인하 ↓	작게 수요량증가(0)	수입 감소↓
0 < < 1 (비탄력적)	가격인상(인하)율에 비해 수요량 변화율이 작다.	가격인상 ↑	작게 수요량감소 ↓	수입 증가↑
		가격인하 ↓	작게 수요량증가 ↑	수입 감소↓
$\epsilon_d = 1$ (단위 탄력적)	가격인상(인하)율과 수요량 변화율이 같다.	가격인상 ↑	동일비율로 증감 ↑↓	수입 불변
		가격인하 ↓		
1 < < ∞ (탄력적)	가격인상(인하)율에 비해 수요량 변화율이 크다.	가격인상 ↑	크게 수요량감소 ↓	수입 감소↓
		가격인하 ↓	크게 수요량증가 ↑	수입 증가↑
$\epsilon_d = \infty$ (완전탄력적)	가격인상(인하)율 거의 "0" 수요량 변화율이 크다.	가격인상(0)	크게 수요량감소 ↓	수입 감소↓
		가격인하(0)	크게 수요량증가 ↑	수입 증가↑

17. 완전경쟁시장에 관한 설명으로 옳은 것은?

① 다수의 생산자와 소비자가 존재하며 가격 결정은 생산자가 한다.
② 다양한 품질의 상품이 서로 경쟁한다.
③ 시장에 대한 진입은 자유롭지만 탈퇴는 어렵다.
④ 시장참여자들이 완전한 정보를 획득할 수 있어야 한다.

정답 및 해설 ④

시장의 형태

구분	경쟁적 시장		독과점 시장	
	완전 경쟁	독점적 경쟁	독점	과점
공급자의 수	다수	다수	하나	소수
상품의 질	동질	이질	동질	동질 또는 이질
진입장벽	없음	없음	있음	있음
사례	증권시장 농수산물시장 개별기업이 가격에 영향을 미칠 수 없는 것 (가격 순응자)	미용실, 주유소 상품차별화 단기적 초과이윤이지만 유사상품 등장으로 장기적 초과이윤상실	전기, 철도, 수도 자원의 효율적 배분을 저해함	휴대폰, 자동차, 가전제품.. 소수의 공급자가 시장을 지배하기 위해 담합, 카르텔 형성

완전경쟁시장의 특징

완전경쟁시장은 다음과 같은 네 가지 특징을 가진다.

첫째, 수요자와 공급자의 수가 아주 많기 때문에 개별 수요자나 공급자가 수요량이나 공급량을 변경해도 전혀 시장가격에 영향을 끼칠 수가 없다.

둘째, 완전경쟁시장에서 거래되는 같은 상품은 질적인 면에서 모두 같아야 한다. 여기서 상품의 동질성은 품질뿐만 아니라 여러 가지 판매 조건도 같다는 것을 의미한다. 이런 조건에서 어느 기업도 시장가격에 결정적인 영향을 끼칠 수 없다.

셋째, 완전경쟁시장에서는 새로운 기업이 시장으로 들어오는 것과 비능률적인 기업이 시장에서 견디지 못하여 나가는 것 모두가 자유로워야 한다. 만일 그렇지 않다면 시장 참여자의 수가 한정되어 결과적으로 이러한 기업이 시장에 부당한 영향을 줄 수 있게 된다.

넷째, 완전경쟁시장에서는 상품의 가격·품질 등 시장 정보에 대하여 수요자와 공급자가 모두 잘 알고 있어야 한다. 이와 같이 거래 당사자가 완전한 정보를 가진다면 하나의 상품은 오직 하나의 가격으로만 시장에서 거래된다.

18. 농산물 가격이 폭등하는 경우 정부가 시행하는 정책수단으로 옳은 것을 모두 고른 것은?

ㄱ. 수매 확대   ㄴ. 비축물량 방출   ㄷ. 수입 확대   ㄹ. 직거래 장려

① ㄱ, ㄴ
② ㄱ, ㄹ
③ ㄴ, ㄷ, ㄹ
④ ㄱ, ㄴ, ㄷ, ㄹ

정답 및 해설 ③

농산물 가격의 폭등 원인이 공급량의 부족(감소)에 있다면 시장 공급량을 증가시킴으로서 가격의 하락을 유도할 수 있다. 직거래는 유통비용의 감소를 통해 가격의 하락을 견인할 수 있다.

19. 기업의 강점과 약점을 파악하고, 기회와 위기 요인을 감안하여 마케팅 환경을 분석하는 방법은?

① SWOT 분석
② BC 분석
③ 요인 분석
④ STP 분석

정답 및 해설 ①

SWOT분석

기업의 내부환경과 외부환경을 분석하여 강점(strength), 약점(weakness), 기회(opportunity), 위협(threat) 요인을 규정하고 이를 토대로 경영전략을 수립하는 기법이다.

		기업의 내부전략 요소	
		강점	약점
기업의 외부전략 요소	기회	강점 · 기회전략	약점 · 기회전략
	위협	강점 · 위협전략	약점 · 위협전략

SWOT 분석의 전략적 요소를 구체적으로 살펴보면 다음과 같다. 강점(strength)은 경쟁기업에 비해 상대적으로 우위에 있는 자원이나 기술 등의 요소를 말한다. 예를 들어 기업이미지, 재무자원, 시장 리더십, 구매자와 공급자의 관계 등이다. 약점(weakness)은 자원이나 기술, 역량 등의 제약이나 부족을 의미하며, 시설, 재무자원, 경영역량, 마케팅 기술, 상표 이미지 등에서 나타날 수 있다. 기회(opportunity)는 기업의 당면한 환경의 유리한 측면을 말하며, 새로운 시장의 발견, 경쟁 또는 규제 환경의 변화, 기술의 변화, 구매자와 공급자의 관계 개선 등에서 찾을 수 있다. 위협(threat)은 기업이 당면한 환경의 불리한 측면으로, 새로운 경쟁기업의 진입, 시장 성장의 둔화, 주요 구매자와 공급자의 교섭력 증가, 기술의 변화, 규제의 신설 등을 들 수 있다.

SWOT 분석에 따른 대응 전략은 〈그림 1〉과 같이 네 개 유형으로 나누어진다. 우선, 강점·기회전략(SO strategy)은 자신의 강점을 발휘해 기회를 활용할 수 있도록, 내·외부적으로 유리한 상황을 활용하는 방안으로 성장 위주의 공격적 전략(aggressive strategy)을 추구하게 된다.

둘째, 강점·위협전략(ST strategy)은 기업이 당면한 위협을 피하면서 자신의 강점을 이용할 수 있도록, 현재 종사하는 산업에서 치열한 경쟁을 피해 새로운 시장을 개척하는 다각화 전략(diversification strategy)을 추구한다.

셋째, 약점·기회전략(WO strategy)은 기업의 약점을 극복함으로써 기회를 활용할 수 있도록, 내부 약점을 보완해 좀 더 효과적으로 시장 기회를 추구하는 전략적 제휴(strategic alliance) 또는 우회전략(turnaround strategy)을 추구한다.

넷째, 약점·위협전략(WT strategy)은 약점을 최소화시켜 위협을 극복하는 데 주안점을 둔다. 따라서 내·외부적으로 불리한 상황을 극복하기 위해 기업은 사업을 축소하거나 기존 시장에서 철수하는 등 방어적 전략(defensive strategy)을 취하게 된다(박준용, 2009).

[네이버 지식백과] 미디어 전략 경영 (미디어 경영·경제, 2013. 2. 25., 정회경)

BC분석 : 비용편익분석Cost-Benefit Analysis

사업으로 발생하는 편익과 비용을 비교해서 사업의 시행 여부를 평가하는 분석 방식.

STP 전략

기업이 개별 고객의 선호에 맞춘 제품 혹은 서비스를 제공하여 타사와의 차별성과 경쟁력을 확보하는 마케팅 기법이다. 구체적으로 시장세분화, 목표시장 설정, 포지셔닝의 과정을 말한다.

20. 다음 사례에서 ㉠과 ㉡에 대한 설명으로 옳지 않은 것은?

> A 친환경 생산자 단체는 유기농 주스를 출시하기 위해 ㉠통계기관의 음료시장 규모 자료를 확보하고, 소비자들의 유기가공 식품의 소비성향을 파악하기 위해 ㉡설문조사를 진행하였다.

① ㉠은 1차 자료에 해당한다.
② ㉠은 문헌조사방법을 활용할 수 있다.
③ ㉡에서 리커트 척도를 적용할 수 있다.
④ ㉡의 경우 주관식보다 객관식 문항에 대한 응답률이 높다.

정답 및 해설 ①

1차자료 : 조사자가 직접 수집한 데이터

2차자료 : 1차 데이터를 토대로 조사자나 타인이 다시 정리한 자료

리커트척도

응답자는 각각의 진술에 대해 그들이 어느 정도까지 동의하거나 동의하지 않는가에 따라 3점, 5점, 혹은 7점을 부여하는 질문을 받는다. 5점 척도가 일반적으로 가장 좋은 것으로 간주된다. 각각의 질문에 대한 응답은 부호화되어서, 높은 점수는 주제에 대한 강한 찬성을 나타내고 낮은 점수는 그 극단적인 반대를 나타내고 있다. 리커트 척도는 전체 득점과 가장 가깝게 상관된 점수의 항목을 사용하여 구성된다. 즉 척도가 내적 일관성을 가지며, 각 항목은 예측가능성을 가져야 한다. 척도의 최종적 형태가 연구대상인 모집단에 제공된다.

(사회학사전, 2000. 10. 30., 고영복)

21. 마케팅 믹스(4P)의 요소가 아닌 것은?

① 상품(product) ② 생산(production)
③ 장소(place)   ④ 촉진(promotion)

정답 및 해설 ②

4P믹스

현대 마케팅의 중심 이론에서 경영자가 통제 가능한 요소를 4P라고 하는데, 4P는 제품(product), 유통경로(place), 판매가격(price), 판매촉진(promotion)을 뜻한다.

22. 농산물 브랜드(brand)에 관한 설명으로 옳지 않은 것은?

① 브랜드 마크, 등록상표, 트레이드 마크 등이 해당된다.
② 성공적인 브랜드는 소비자의 브랜드 충성도가 높다.
③ 프라이빗 브랜드(PB)는 제조업자 브랜드이다.
④ 경쟁상품과의 차별화 등을 위해 사용한다.

정답 및 해설 ③

프라이비트 브랜드private brand
소매업자가 독자적으로 기획해서 발주한 오리지널 제품에 붙인 스토어 브랜드를 두고 일컫는 말이다.

23. 배추, 계란 등을 미끼상품으로 제공하여 고객의 점포 방문을 유인하는 가격전략은?

① 단수가격전략 ② 리더가격전략
③ 개수가격전략 ④ 관습가격전략

정답 및 해설 ②

단수가격전략
소비자의 심리를 고려한 가격 결정법 중 하나로, 제품 가격의 끝자리를 홀수(단수)로 표시하여 소비자로 하여금 제품이 저렴하다는 인식을 심어주어 구매욕을 부추기는 가격전략.

개수가격
고급품질 이미지를 통해 구매를 자극하기 위해 한 개당 얼마라는 식의 개수 가격을 설정하는 방식이다.

관습(우세)가격
소비자들이 관습적으로 느끼는 가격으로서 소비자들은 이러한 가격수준을 당연하게 생각하는 경향이 있다. 껌이나 라면 등과 같이 흔하고 대량으로 소비되는 상품의 경우에 많이 적용되며 만약 이 관습가격보다 가격을 인상하는 경우 오히려 매출이 감소하고 가격을 설혹 낮게 설정하더라도 매출은 크게 증가하지 않는 경향을 나타낸다.

24. 다음 문구를 포괄하는 광고의 형태로 옳은 것은?

○ 면역력 강화를 위해 인삼을 많이 먹자!
○ 우리나라 감귤이 최고!

○ 아침 식사는 우리 쌀로!

① 기초광고(generic advertising) ② 대량광고(mass advertising)
③ 상표광고(brand advertising) ④ 간접광고(PPL)

정답 및 해설 ①

기초광고(generic advertising)

특정상품에 대한 광고가 아니라 생산된 상품의 전체 시장을 확대하기 위한 생산자 단체 또는 전체 산업구성원에 의해 수행되는 광고

25. 농산물 유통과정에서 부가가치 창출에 관련되는 일련의 활동, 기능 및 과정의 연계를 의미하는 것은?

① 물류체인(logistics chain) ② 밸류체인(value chain)
③ 공급체인(supply chain) ④ 콜드체인(cold chain)

정답 및 해설 ②

가치사슬(value chain)

가치 사슬(value chain)은 기업에서 경쟁전략을 세우기 위해, 자신의 경쟁적 지위를 파악하고 이를 향상시킬 수 있는 지점을 찾기 위해 사용하는 모형이다. 가치 사슬의 각 단계에서 가치를 높이는 활동을 어떻게 수행할 것인지 비즈니스 과정이 어떻게 개선될 수 있는지를 조사하여야 한다.

가치 사슬 모형을 통해 회사의 상품 및 서비스를 위한 가치의 마진을 분석할 수 있다.

가치 사슬 모델의 확장된 범위로서 공급 사슬 관리와, 고객 관계 관리가 포함될 수 있다.

가치 사슬 모델의 주요활동은 주요 활동과 지원 활동으로 구분된다.

가치 사슬 모형의 이점으로는 최저비용, 운영효율성, 이익마진향상, 공급자와 고객 간의 관계와 같은 경쟁 우위를 준다는 점이다.

마이클 포터의 가치사슬에 따르자면, 모든 조직에서 수행되는 활동은 본원적 활동(primary activity)과 지원활동(support activity)으로 나뉘어 질 수 있다.

부록 제14회 기출문제

1. 우리나라 농산물 유통정책 과제에 관한 설명으로 옳지 않은 것은?

① 소비자 지향적 유통체계 구축이 필요하다.
② 우리나라 유통 상황에 적합한 수확 후 관리기술체계를 구축해야 한다.
③ 기존 유통관련시설 운영의 효율성을 높여야 한다.
④ 유통조성사업 규모는 감축시키고 유통시설투자는 확충해야 한다.

정답 및 해설 ④

우리나라 영농규모가 영세한 실정이므로 유통조성 사업규모의 확충도 필요하다

2. 최근 산지직거래 확대에 따른 유통경로 다양화에 관한 설명으로 옳지 않은 것은?

① 도매시장 외 거래가 위축되고 있다.
② 대형유통업체는 구입가격을 조정할 수 있다.
③ 종합유통센터를 경유하면 유통단계가 축소된다.
④ 수직적 유통경로의 특성을 보인다.

정답 및 해설 ①

도매시장을 통하지 않은 계약재배 또는 산지직거래방식의 거래가 확장되고 있다.
수직적 직거래 : 생산자 단체와 소비자가 직결된 형태

3. 농산물 유통경로에 관한 설명으로 옳지 않은 것은?

① 도매단계, 소매단계는 유통단계에 포함된다.
② 유통경로는 단계와 길이로 구분한다.
③ 중간상이 늘어날수록 유통비용은 증가한다.
④ 유통단계가 많을수록 전체 유통경로의 길이는 짧아진다.

정답 및 해설 ④

유통단계가 많을수록 전체 유통경로는 길어진다.

4. 공동계산제도에 관한 설명으로 옳지 않은 것은?

① 주단위, 월단위 등 일정기간의 평균가격을 적용한다.
② 출하자별로 출하물량과 등급을 구분하지 않는다.
③ 다품목에 대해 서로 독립된 공동계산을 형성할 수 있다.
④ 신선채소와 같이 수확량의 변동이 큰 품목의 경우 가격변동 위험을 축소하는 효과가 더 크다.

정답 및 해설 ②

출하물량은 계산의 기준이 되지만 출하자의 상품 개성은 사라지고, 원칙적으로 개별 출하자의 상품이 출하자별로 등급화 되는 것은 아니지만 공동계산제의 유형에 따라 등급을 구분하기도 한다.

5. 농산물을 구매하기 위하여 설립한 소비자협동조합에 관한 설명으로 옳지 않은 것은?

① 농가수취가격과 소비자 구매가격의 인하를 유도하고 있다.
② 자연을 지키는 사회 참여 활동을 하기도 한다.
③ 가격보다 안전하고 믿을 수 있는 품질을 우선시하는 경향이 있다.
④ 생산자와 농산물의 직거래를 꾀하고 있다.

정답 및 해설 ①

소비자협동조합은 도시 소비자와 농촌 생산자가 공동체를 결합한 형태이다.
농가수취가격은 올리고 소비자구매가격은 낮추는 효과를 기대한다.

6. 농산물 선물거래를 활성화하기 위한 조건을 모두 고른 것은?

ㄱ. 시장의 규모가 클수록 좋다.

ㄴ. 가격변동성이 비교적 커야 한다.
ㄷ. 많이 생산되고 품질, 규격 등이 균일해야 한다.
ㄹ. 상품가치가 클수록 헤저(hedger)의 참여를 촉진할 수 있다.

① ㄱ, ㄴ
② ㄷ, ㄹ
③ ㄱ, ㄴ, ㄷ
④ ㄱ, ㄴ, ㄷ, ㄹ

정답 및 해설 ④

선물시장 상품의 조건

품질이나 조건의 표준화

현물거래량이 많아야 한다.

가격변동성이 커서 장래 시장가격의 변동 위험성이 커야 한다.

시장에서의 정보는 자유롭고 공개적인 상태에서 획득이 가능해야 한다.

7. 농산물의 소매단계 유통조직이 아닌 것은?

① 인터넷 판매
② 체인스토어 물류센터
③ 전통시장
④ 대형마트(할인점)

정답 및 해설 ②

소매단계는 소비자와 직접 거래가 이뤄지는 유통기구이고, 물류센터는 도매단계 유통조직이다.

8. 계약자가 생산농가에게 종자, 비료, 농약 등을 제공하고 생산된 물량을 전량 구매 하는 조건의 계약형태는?

① 유통협약계약
② 판매특정계약
③ 경영소득보장계약
④ 자원공급계약

정답 및 해설 ④

종자, 비료, 농약 등은 생산자원요소이다.

9. 다음과 같은 매매방법은?

○ A농가가 판매예정가격을 정하여 지방도매시장 B농산물공판장에 사과를 출하하였다.
○ B농산물공판장은 구매자와 가격, 수량 등 거래조건을 협의하여 결정된 금액을 정산 후 A농가에 지급하였다.
○ 이 거래는 가격변동성을 완화시키는 장점이 있다.

① 상장경매 ② 비상장거래
③ 정가·수의매매 ④ 시장도매인 거래

정답 및 해설 ③

판매예정가격이 결정되어 있으므로 이는 정가매매이고, 공판장이 구매자와 협의하여 가격을 결정한 것이므로 수의매매이다. 경매시장에 상장하지 않은 것은 비상장거래가 옳지만 이것만으로 질문의 요지를 충족하였다고 볼 수는 없다.

정가·수의매매는 가격과 물량이 미리 정해지거나, 1대1 협상을 통해 조절된다. 그날 그날 출하된 농산물을 중도매인과 매매참가인이 살펴보고 나서 경쟁을 통해 경락값이 매겨지는 경매와 차이가 나는 지점이다.

10. 현재 우리나라 농산물종합유통센터의 발전 방안으로 옳지 않은 것은?

① 유통센터간 통합·조정기능 강화
② 실질적 예약상대거래 체계 구축
③ 첨단 유통정보시스템 구축
④ 수입농산물 취급 추진

정답 및 해설 ④

종합유통센터는 지역 및 국내 생산 농수산물 취급을 원칙으로 한다. 이를 통하여 수입농산물에 대한 견제 기능을 강화해야 한다.

종합유통센터의 발전방향

도매물류사업의 활성화
- 유통센터간 통합·조정기능 강화
- 실질적 예약상대거래 체계 구축

산지형 종합유통센터의 활성화

유통정보화 및 전자상거래 추진

11. 산지에서 이루어지는 밭떼기, 입도선매(立稻先賣) 농산물 거래방식은?

① 정전거래　　② 포전거래
③ 문전거래　　④ 창고거래

정답 및 해설 ②

포전거래

포전매매(포전거래)란 농작물의 파종 직후 또는 파종 후 수확기 전에 작물이 밭에 심겨진 채로 그 밭 전체 농작물을 통째로 거래하는 방법을 말하며, 일명 '밭떼기 계약'이라고도 한다.

입도선매(立稻先賣)란 수확기 이전에 작물을 원상태 그대로 매도하는 것. 주로 영세 농민이 생활비나 기타 필요한 자금을 얻기 위해 도매상이나 중간 상인에게 헐값으로 매도한다.

12. 농산물 등급화에 관한 설명으로 옳지 않은 것은?

① 등급의 수를 증가시킬수록 유통의 효율성 중 가격의 효율성이 낮아진다.
② 등급기준은 생산자보다 최종소비자의 입장을 우선적으로 고려해야 한다.
③ 등급화가 정착되면 농산물 거래가 보다 효율적으로 진행된다.
④ 농산물은 무게, 크기, 모양이 균일하지 않기 때문에 등급화가 어렵다.

정답 및 해설 ①

등급의 수를 증가(예, 특상보통 3등급이 아닌 A++A+A,B++B+B,C++C+C)시키면 상품성에 따른 가격효율성은 높일 수 있지만 유통의 효율성은 낮아진다.

상품 등급화의 장단점

장점	단점
• 신용거래 및 견본거래의 실현(유통비용 절감) • 도매시장에서 상장거래 가 용이 • 공정거래의 실현 • 상품의 가격효율성 제고 • 시장정보의 세분화 및 정확성 • 소비자의 선호도 충족과 수요 창출	• 산지단계의 유통비용 증가 • 추가비용 회수에 대한 위험성 증가 • 출하자간 등급화의 차이로 전국적인 신용거래 및 통명거래의 어려움

13. 유통조성기능에 관한 설명으로 옳지 않은 것은?

① 유통기능이 효율적으로 이루어지도록 하는 기능이다.
② 유통정보, 표준화, 등급화가 포함된다.
③ 상적(商的) 유통기능을 의미한다.
④ 유통금융과 위험부담 기능이 포함된다.

정답 및 해설 ③

농산물유통의 기능

1) 소유권이전기능 : 구매, 판매

2) 물적유통기능 : 수송, 저장, 가공 등

3) 유통조성기능 : 표준화, 등급화, 유통금융, 위험부담, 시장정보

유통조성기능

(1) 표준화

표준화란 유통과정에 참여하는 각 기구 간에 공적으로 합의된 척도를 말한다.

표준화는 유통시장에서 공정한 거래가 이뤄지는 환경을 조성하여 준다.

표준화의 항목 : 포장, 등급, 보관, 하역, 정보 등

(2) 등급화

등급화란 상품의 크기나 품질, 상태 등의 기준에 따라서 상품을 분류하는 것

농산물의 등급규격은 품목 또는 품종별로 그 특성에 따라 형태, 크기, 색택, 신선도, 건조도 또는 선별상태 등에 따라 정한다.

(3) 유통금융

유통기구에 참여하는 자에게 자금을 조달해주는 것

(4) 위험부담

농산물 유통과정 중에 발생할 수 있는 손실을 보전해 주는 것. 유통기구의 한 주체가 떠안아야 할 위험을 제3의 주체에게 전가시키는 것을 위험부담이라 한다.

(5) 시장정보

유통과정 중 각 유통기구에 제공되는 정보의 수집, 분석, 분배활동

---

14. 농산물의 공급량 변동이 가격에 얼마만큼 영향을 미치는지를 계측하는 수치는?

① 가격신축성　　　　　② 가격변동률
③ 가격탄력성　　　　　④ 공급탄력성

정답 및 해설 ①

가격신축성

수요가 공급보다 증가하면 가격은 오르고 그 반대가 되면 가격이 떨어진다. 이와 같이 수급관계의 변동이 가격의 변동을 초래하는 정도를 가격 신축성이라 하며 비신축성을 가격경직성이라고 한다.

- 가격탄력성이란 가격이 수요와 공급에 어느 정도 영향을 미치는가를 측정하는 값이다.

가격변동률이란 시간의 경과에 따라 과거의 가격과 현재의 가격을 비교하여 비율로 표시한 값이다.

공급탄력성이란 가격의 변화율에 대한 공급의 변화율을 말한다.

15. 농산물 가격의 안정을 추구하는 방법이 아닌 것은?

① 계약재배사업 확대
② 자조금제도 시행
③ 출하약정사업 실시
④ 공동판매사업 제한

정답 및 해설 ④

공동판매사업을 촉진함으로써 유통경제에서 약자로 존재하는 영세농민들의 영향력을 제고할 수 있는 규모의 경제가 실현되므로 농산물 가격안정에 기여할 수 있다.

16. 생산자, 유통인, 소비자 등의 대표가 농산물 수급조절과 품질향상을 위해 도모하는 사업은?

① 수매비축
② 자조금
③ 유통협약
④ 농업관측

정답 및 해설 ③

유통협약

주요 농수산물의 생산자, 산지유통인, 저장업자, 도·소매업자 및 소비자 등의 대표는 당해 농수산물의 자율적인 수급조절과 품질향상을 위하여 생산조정 또는 출하조절을 위한 협약을 체결할 수 있다.

17. 최근 솔로 이코노미(solo economy)의 사회현상에서 1인 가구의 증가에 따른 농식품 소비 트렌드로 옳지 않은 것은?

① 쌀 소비량 감소
② HMR(Home Meal Replacement 간편가정식, 가정식 대체식품) 구매량 감소
③ 소분포장 제품 선호 및 외식 증가
④ 편의점 도시락 판매량 증가

정답 및 해설 ②

편의식품의 구매량이 증가하고 있다.

18. 시장 세분화의 목적으로 옳지 않은 것은?

① 고객만족의 극대화
② 핵심역량을 집중할 시장의 결정
③ 광고와 마케팅 비용의 절감
④ 자사 제품 간의 경쟁 방지

정답 및 해설 ③

시장세분화에 따른 목표시장의 증가로 시장별 광고와 마케팅비용을 차별화하여야 하므로 비용이 증가된다.

> 시장세분화전략(market segmentation strategy , 市場細分化戰略)
>
> 가치관의 다양화, 소비의 다양화라는 현대의 마케팅 환경에 적응하기 위하여 수요의 이질성을 존중하고 소비자 ·수요자의 필요와 욕구를 정확하게 충족시킴으로써 경쟁상의 우위를 획득 ·유지하려는 경쟁전략.
>
> 제품차별화전략이 대량생산이나 대량판매라는 생산자측 논리에 지배되고 있는 데 대하여, 시장세분화전략은 고객의 필요나 욕구를 중심으로 생각하는 고객지향적인 전략이다. 먼저 다양한 욕구를 가진 고객층을 어느 정도 유사한 욕구를 가진 고객층으로 분류하는 방법이 취해진다. 특정의 제품에 대한 시장을 구성하는 고객을 어떤 기준에 의해 유형별로 나눈다. 시장의 세분화를 통하여 고객의 욕구를 보다 정확하게 만족시키는 제품을 개발하고, 세분화된 고객의 욕구를 보다 정확하게 충족시키는 광고, 그 밖의 마케팅 전략을 전개함에 있어서 경쟁상의 우위에 서려는 것이 시장세분화전략의 기본적인 어프로치이다.
>
> 시장세분화전략에는 다음과 같이 서로 다른 마케팅전략이 있다.
>
> ① 시장집중전략:시장세분화에 의한 각 세분시장의 수요의 크기, 성장성 ·수익성을 예측하고 그중에서 가장 유리한 세분시장을 선택하여 시장표적(市場標的)으로 하고, 그것에 대해 제품전략에서 촉진적 전략에 이르는 마케팅전략을 집중해 나간다. 이 전략은 자원이 한정되어 있는 중소기업에서 채택되는 경우가 많다.
> ② 종합주의전략:대기업에서 채택되는 일이 많으며, 각 세분시장을 각기 시장표적으로 하여 각 시장표

> 적의 고객이 정확하게 만족할 제품을 설계·개발하고, 다시 각 시장표적을 향한 촉진적 전략을 전개해 나간다.
>
> 시장세분화의 기준으로는,
> ① 사회경제적 변수(연령·성별·소득별·가족수별·가족의 라이프 사이클별·직업별·사회계층별 등)
> ② 지리적 변수(국내 각 지역, 도시와 지방, 해외의 각 시장지역)
> ③ 심리적 욕구변수(자기현시욕·기호)
> ④ 구매동기(경제성·품질·안전성·편리성) 등을 들 수 있는데, 문제는 시장세분화의 기준에 대해 혁신적 아이디어를 적용하여 잠재적으로 큰 세분시장을 탐구·발견하는 데 있다. 각종 세분화기준 중에서 풍요한 사회일수록 포착하기 힘든 심리적 욕구변수가 중요하다.
> 시장세분화전략 [market segmentation strategy, 市場細分化戰略] (두산백과 두피디아, 두산백과)

19. 소비자의 구매의사결정 과정을 순서대로 나열한 것은?

① 정보의 탐색 → 필요의 인식 → 구매의사결정 → 대안의 평가 → 구매 후 평가
② 정보의 탐색 → 필요의 인식 → 대안의 평가 → 구매의사결정 → 구매 후 평가
③ 필요의 인식 → 정보의 탐색 → 대안의 평가 → 구매의사결정 → 구매 후 평가
④ 필요의 인식 → 구매의사결정 → 정보의 탐색 → 대안의 평가 → 구매 후 평가

정답 및 해설 ③

소비자의 구매의사결정 과정

필요의 인식 → 정보의 탐색 → 대안의 평가 → 구매의사결정 → 구매 후 평가

20. 제품수명주기(PLC)상 매출액은 증가하는 반면 매출 증가율이 감소하는 시기는?

① 성숙기 ② 성장기
③ 쇠퇴기 ④ 도입기

정답 및 해설 ①

제품수명주기 : 도입기 - 성장기 - 성숙기 - 쇠퇴기

성장기에는 매출액도 증가하고 매출증가율도 상승하지만, 성숙기에는 매출액은 증가하는 반면 매출증가율은 상대적으로 감소하는 시기이다. 이 시기에는 광고비용을 줄이고 신제품 기획을 계획하거나 사업전환을

모색할 시기이다.

21. 농산물의 브랜드 전략에 관한 설명으로 옳은 것을 모두 고른 것은?

ㄱ. 경쟁 상품과의 차별화를 위하여 도입한다.
ㄴ. 읽고 기억하기 쉽도록 가능한 짧고 단순한 브랜드 명을 사용한다.
ㄷ. 소비자가 회상이나 재인을 통해 브랜드를 쉽게 인지할 수 있도록 한다.
ㄹ. 브랜드 자산(brand equity) 형성을 위해 가격할인 정책을 자주 사용한다.

① ㄴ, ㄷ
② ㄷ, ㄹ
③ ㄱ, ㄴ, ㄷ
④ ㄱ, ㄴ, ㄹ

정답 및 해설 ③

가격할인정책과 브랜드 자산(brand equity) 형성은 모순되는 관계이다. 브랜드 자산을 제고하기 위한다면 고가격정책을 지향하여야 한다.

22. 마케팅믹스 중 가격전략에 관한 설명으로 옳지 않은 것은?

① 시장경쟁이 치열할수록 개별기업은 독자적으로 가격을 결정하기 어렵다.
② 기업들은 혁신소비자층에 대해 초기 저가전략을 사용하는 경향이 있다.
③ 제품가격의 숫자에 대한 소비자들의 심리적인 반응에 따라 가격을 변화시키는 단수(홀수)가격결정 전략이 있다.
④ 일반적으로 농산물의 품질은 가격과 직·간접적으로 연관되어 있다.

정답 및 해설 ②

혁신소비자층을 대상으로는 고가격정책을 지향한 후 어느 정도 소비자인식이 제고되고 소비자층의 저변이 확대되면 가격을 낮추는 방향으로 이동한다.

23. 서비스마케팅에서 서비스의 특성으로 옳지 않은 것은?

① 무형성   ② 획일성
③ 소멸성   ④ 변동성

정답 및 해설 ②

서비스마케팅이란 무형성, 이질성, 비분리성, 소멸성을 특성으로 하는 무형적 서비스(intangible service)와 서비스 영역에 구축된 물리적 환경(physical environment) 혹은 물리적 증거(physical evidence)인 서비스스케이프(servicescape)를 활용하여 고객의 기대가치에 적합한 서비스 상품을 창출하고 제공하며, 이를 관리하는 제반 과정과 관련된 과정을 관리하는 학문이다.

24. 신설 영농조합법인이 PC 및 모바일로 친환경 파프리카를 건강식품 제조회사에 판매하는 인터넷마케팅의 유형으로 옳은 것은?

① B2B   ② C2C
③ B2G   ④ B2C

정답 및 해설 ①

영농조합법인(B), 건강식품제조회사(B)로서 B2B

25. 즉각적이고 단기적인 매출이나 이익 증대를 달성하기 위한 촉진수단은?

① PR   ② 광고
③ 판촉   ④ 인적판매

정답 및 해설 ③

판촉(販促, Promotion) 또는 판매 촉진은 마케팅 커뮤니케이션의 일환으로 기업의 제품이나 서비스를 고객들이 구매하도록 유도할 목적으로 해당 제품이나 서비스의 성능에 대해서 고객을 대상으로 정보를 제공하거나 설득하여 판매가 늘어나도록 유도하는 마케팅 노력의 일체를 말한다. PR이나 광고전략에 비하여 단기적 매출의 증진을 목표로 한다.

부록 제15회 기출문제

1. 다음 내용에 해당하는 농산물 유통의 효용(utility)은?

> ○ 하우스에서 수확한 블루베리를 농산물 산지유통센터(APC)의 저온저장고로 이동하여 보관한다.
>
> ① 형태(form) 효용   ② 장소(place) 효용
> ③ 시간(time) 효용   ④ 소유(possession) 효용

정답 및 해설 ③

저온저장고에 일정 시간 보관 후 지연출하를 하는 시간효용이다.

2. 우리나라 농업협동조합에 관한 설명으로 옳지 않은 것은?

> ① 규모의 경제 확대에 기여하고 있다.
> ② 완전경쟁시장에서 적합한 조직이다.
> ③ 거래비용을 절감하는 기능을 하고 있다
> ④ 유통업체의 지나친 이윤 추구를 견제하고 있다.

정답 및 해설 ②

농업협동조합은 독점적 시장에 해당한다.

독점적 경쟁시장은 본질적으로 완전경쟁시장과 유사하다. 다수의 기업이 존재하고, 시장 진입과 퇴출이 자유롭고, 시장에 대한 정보가 완전하다. 독점적 경쟁시장과 완전경쟁시장의 유일한 차이는 제품의 동질성 여부이다. 완전경쟁시장에서 상품은 동질적인데 반하여 독점적 경쟁시장에서의 상품은 차별화되어 있다. 예를 들어 패스트푸드 산업의 경우 상품은 햄버거, 피자, 중국집, 치킨 등으로 차별화 되어 있다.

3. 선물거래에 관한 설명으로 옳지 않은 것은?

> ① 표준화된 조건에 따라 거래를 진행한다.

② 공식 거래소를 통하여 거래가 성사된다.
③ 당사자끼리의 직접 거래의 의존한다.
④ 헤저(hedger)와 투기자(speculator)가 참여한다.

정답 및 해설 ③

선물거래소를 통하여 선물거래사가 개입하는 간접적 방식이며, 투자자와 생산자가 직접 거래를 하지는 않는다.

선물거래

선물(futures)거래란 장래 일정 시점에 미리 정한 가격으로 매매할 것을 현재 시점에서 약정하는 거래로, 미래의 가치를 사고 파는 것이다

선물(futures)거래란 장래 일정 시점에 미리 정한 가격으로 매매할 것을 현재 시점에서 약정하는 거래로, 미래의 가치를 사고 파는 것이다. 선물의 가치가 현물시장에서 운용되는 기초자산(채권, 외환, 주식 등)의 가격 변동에 의해 파생적으로 결정되는 파생상품(derivatives) 거래의 일종이다. 미리 정한 가격으로 매매를 약속한 것이기 때문에 가격변동 위험의 회피가 가능하다는 특징이 있다.

4. 농산물의 산지 유통에 관한 설명으로 옳지 않은 것은?

① 농산물 중개기능이 가장 중요하게 작용한다.
② 조합공동사업 법인이 설립되어 판매 사업을 수행한다.
③ 농산물 산지유통센터(APC)가 선별 기능을 하고 있다.
④ 포전 거래를 통해 농가의 시장 위험이 상인에게 전가된다.

정답 및 해설 ①

중개기능이 활성화된 것은 도매시장을 통한 거래이며, 산지유통시장은 직접거래 위주이다.

5. 농산물 유통정보의 평가 기준에 관한 설명으로 옳지 않은 것을 모두 고른 것은?

ㄱ. 정보의 신뢰성을 높이기 위해 주관성이 개입된다.
ㄴ. 알권리 차원에서 정보수집 대상에 대한 개인정보를 공개한다.
ㄷ. 시의 적절성을 위해 이용자가 원하는 시기에 유통정보가 제공되어야 한다.

① ㄱ   ② ㄱ, ㄴ
③ ㄴ, ㄷ   ④ ㄱ, ㄴ, ㄷ

정답 및 해설 ②

정보는 객관적이어야 하며, 주관성이 개입되면 정보가 왜곡될 수 있다. 개인정보는 법에 의하여 공개될 수 없다.

유통정보의 요건

정확성

신속성과 적시성

객관성

유용성과 간편성

계속성과 비교가능성

6. 배추 가격이 10% 상승함에 따라 무의 수요량이 15% 증가하였다. 이때 농산물 가격 탄력성에 관한 설명으로 옳은 것은?

① 배추와 무의 수요량 계측 단위가 같아야만 한다.
② 배추와 무는 서로 대체재의 관계를 가진다.
③ 교차가격 탄력성이 비탄력적인 경우이다
④ 가격 탄력성의 값이 음(−)으로 계측된다.

정답 및 해설 ②

배추가격의 상승으로 배추수요자가 무 수요자로 전환된 것이므로 배추와 무는 대체관계에 있다.

교차가격탄력성 = $\dfrac{X재\ 수요량\ 변화율}{Y재\ 가격\ 변화율}$ = 15/10 = +1.5로 탄력적이다.

7. 마케팅 믹스(marketing mix)의 4P 전략에 관한 설명으로 옳지 않은 것은?

① 상품(product)전략 : 판매 상품의 특성을 설정한다.
② 가격(price)전략 : 상품 가격의 수준을 결정한다.
③ 장소(place)전략 : 상품의 유통경로를 결정한다.

④ 정책(policy)전략 : 상품에 대한 규제에 대응한다.

정답 및 해설 ④

4P중 ①②③ 외에 Promotion 즉 촉진전략이다.

4P 믹스

기업이 기대하는 마케팅 목표를 달성하기 위해 마케팅에 관한 각종 전략·전술을 종합적으로 실시하는 것. 현대 마케팅의 중심 이론은 경영자가 통제 가능한 마케팅 요소인 제품(product), 유통경로(place), 판매가격(price), 판매촉진(promotion) 등 이른바 4P를 합리적으로 결합시켜 의사결정하는 것을 말한다.

8. 농산물 표준화에 관한 내용으로 옳지 않은 것은?

① 포장은 농산물 표준화의 대상이다.
② 농산물은 표준화를 통하여 품질이 균일하게 된다.
③ 농산물 표준화를 위한 공동선별은 개별농가에서 이루어진다.
④ 농산물 표준화는 유통의 효율성을 높일 수 있다.

정답 및 해설 ③

공동선별은 농가들의 결합에 의하여 운영된다. 즉, 공동운영 선별장이 존재한다.

9. 농산물 수요곡선이 공급곡선보다 더 탄력적일 때 거미집 모형에 의한 가격 변동에 관한 설명으로 옳은 것은?

① 가격이 발산한다.
② 가격이 균형가격으로 수렴한다.
③ 가격이 균형가격으로 수렴한다 다시 발산한다.
④ 가격이 일정한 폭으로 진동한다.

정답 및 해설 ②

거미집모형에서 탄력도를 기준으로 '수요곡선 > 공급곡선'의 조건에서 균형가격은 수렴한다. 기울기를 기준으로 하면 '수요곡선 < 공급곡선'의 조건에서 수렴한다.

거미집 모형

거미집 모형의 유형은 공급의 가격탄력성이 수요의 가격탄력성보다 작은 '수렴형'과 공급의 가격탄력성이 수요의 가격탄력성보다 큰 '발산형', 공급의 가격탄력성과 수요의 가격탄력성이 동일한 '순환형'으로 나눌 수 있다.

① 수렴형: 시간이 경과하면서 새로운 균형으로 접근하는 경우이다. 공급곡선의 기울기의 절댓값이 수요곡선의 기울기의 절댓값보다 큰 경우에 나타난다.
- |수요곡선의 기울기| 〈 |공급곡선의 기울기|
- 수요의 가격탄력성 〉 공급의 가격탄력성

② 발산형: 시간이 경과하면서 새로운 균형에서 점점 멀어지는 경우이다. 공급곡선의 기울기의 절댓값이 수요곡선의 기울기의 절댓값보다 작은 경우에 나타난다.
- |수요곡선의 기울기| 〉 |공급곡선의 기울기|
- 수요의 가격탄력성 〈 공급의 가격탄력성

③ 순환형: 시간이 경과하면서 새로운 균형점에 접근하지도, 멀어지지도 않는 경우이다. 수요곡선과 공급곡선의 기울기의 절댓값이 같은 경우에 나타난다.
- |수요곡선의 기울기| = |공급곡선의 기울기|
- 수요의 가격탄력성 = 공급의 가격탄력성

10. 완전경쟁시장에 관한 설명으로 옳은 것은?

① 소비자가 가격을 결정한다.
② 다양한 품질의 상품이 거래된다.
③ 시장에 대한 진입과 탈퇴가 자유롭다.
④ 시장 참여자들은 서로 다른 정보를 갖는다.

정답 및 해설 ③

완전경쟁시장은 수많은 공급자와 수많은 수요자가 있어 어느 누구도 가격결정을 할 수 없다고 보며, 가격은 '보이지 않는 손'에 의해 결정된다.

① 소비자도 가격결정자가 될 수 없다.
② 동질의 상품이 거래되어야 한다.
④ 정보 역시 모든 시장참여자에게 동등하게 제공되어야 한다.

완전경쟁시장

모든 기업이 동질적인 재화를 생산하는 시장을 말한다. 재화의 품질뿐만 아니라 판매조건, 기타 서비스 등 모든 것이 동일하다. 따라서 소비자가 특정 생산자를 특별히 선호하지 않는다. 그리고 다수의 소비자와 생산자가 시장 내에 존재하여 소비자와 생산자 모두 가격에 영향력을 행사할 수 없는 가격수용자(price taker)이다.

경제주체들이 가격 등 시장에 관한 완전한 정보를 보유하고 있으며 진입과 퇴출이 자유롭다. 시장 내에 기업들은 가격수용자로 행동하여 장기적으로 이윤을 확보하지 못하는 시장을 의미한다.

11. SWOT분석의 구성요소가 아닌 것은?

① 기회
② 위협
③ 강점
④ 가치

정답 및 해설 ④

SWOT분석이란 기업의 환경분석을 통해 강점(strength)과 약점(weakness), 기회(opportunity)와 위협(threat) 요인을 규정하고 이를 토대로 마케팅 전략을 수립하는 기법을 말한다.

12. 마케팅 분석을 위한 2차 자료의 특징으로 옳지 않은 것은?

① 1차 자료보다 객관성이 높다.
② 조사방식에는 관찰조사, 설문조사, 실험이 있다.
③ 1차 자료수집과 비교하여 시간이나 비용을 줄일 수 있다.
④ 공공기관에서 발표하는 자료도 포함된다.

정답 및 해설 ②

1차 자료 : 자신이 직접 수집한 자료
2차 자료 : 이미 가공되어 있는 자료의 수집
② 관찰조사, 설문조사, 실험은 1차자료 조사방식이다.

13. 농산물 구매행동 결정에 영향을 미치는 인구학적인 요인을 모두 고른 것은?

ㄱ. 성별   ㄴ. 소득   ㄷ. 직업

① ㄱ, ㄴ　　　　　　　　　　② ㄱ, ㄷ
③ ㄴ, ㄷ　　　　　　　　　　④ ㄱ, ㄴ, ㄷ

정답 및 해설 ④

인구학적 요인은 사람의 특성에 관련된 것으로 위 보기는 모두 해당된다.

소비자 구매의사 결정과정에 영향을 미치는 요인

문화적 요인	문화, 사회규범
사회적 요인	사회계층, 준거집단, 가족
인구통계적 요인	연령, 성별, 소득, 직업, 가족생활주기, 교육, 라이프 스타일
심리적 요인	동기, 지각, 학습, 신념과 태도, 개성과 자기개념

14. 제품수명주기(PLC)의 단계가 아닌 것은?

① 도입기　　　　　　　　　　② 성장기
③ 성숙기　　　　　　　　　　④ 안정기

정답 및 해설 ④

마지막 단계는 쇠퇴기이다. "제품수명주기"는 말 그대로 제품이 처음 개발되어~성장, 성숙단계에 이른 후 쇠퇴기까지 이르는 일련의 과정이다.

브랜드나 제품은 생명을 지닌 생명체처럼 그들만의 수명주기를 지니며 시장에 존재하고 있는 브랜드나 제품은 생명을 지닌 생명체처럼 그들만의 수명주기를 지니며 시장에 존재하고 있다. '도입기-성장기-성숙기-쇠퇴기'의 단계별 일생을 살아가는데, 각 단계에 따라 프로모션 프로그램을 통해 커뮤니케이션 전략을 펼치게 된다.

15. 소비자를 대상으로 하는 심리적 가격전략이 아닌 것은?

① 단수가격전략　　　　　　　② 교역가격전략
③ 명성가격전략　　　　　　　④ 관습가격전략

정답 및 해설 ②

교역가격은 국가간 무역이 이루어질 때 성립하는 가격이다.

단수가격전략

제품 가격을 설정할 때 가격의 끝자리를 단수로 표시하여 정상가격보다 약간 낮게 설정하는 마케팅 전략이다. 예를 들어 제품의 정상가격이 2달러일 경우 1.99달러, 원화로는 30,000원을 29,900원으로 표시할 경우 불과 1센트 혹은 100원의 차이임에도 불구하고 가격대가 변함으로써 소비자는 그 차이를 더 크게 인지하고 구매 결정을 내리게 된다.

명성가격전략

가격 결정 시 해당 제품군의 주 소비자층이 지불할 수 있는 가장 높은 가격이나 시장에서 제시된 가격 중 가장 높은 가격을 설정하는 전략으로 주로 제품에 고급 이미지를 부여하기 위해 사용된다.

관습가격전략

시장에서 상품에 대해 장기간 고정되어 있는 가격으로 이를 벗어나면 소비자의 저항이 발생한다. 시장에서 한 제품군에 대해 오랜 기간 고정되어 있는 가격을 말하며 껌, 라면, 담배, 휴지 등 습관적으로 구매하는 제품들에서 주로 형성된다.

16. 농산물 판매 확대를 위한 촉진기능이 아닌 것은?

① 새로운 상품에 대한 정보 제공
② 소비자 구매 행동의 변화 유도
③ 소비자 맞춤형 신제품 개발
④ 브랜드 인지도 제고

정답 및 해설 ③

촉진(Promotion)기능은 적극적으로 자사 제품을 소비자에게 알리는 것이다. 신제품개발은 4P전략에서 product 단계이다.

17. 유닛로드시스템(unit load system)에 관한 설명으로 옳지 않은 것은?

① 농산물의 파손과 분실을 유발한다.
② 유닛로드시스템 팰릿화와 컨테이너화가 있다.
③ 팰릿을 이용하여 일정한 중량과 부피로 단위화 할 수 있다.
④ 초기 투자비용이 많이 소요된다.

정답 및 해설 ①

유닛로드시스템 [unit load system]이란 화물의 유통활동에 있어서 하역·수송·보관의 전체적인 비용절감을 위하여, 출발지에서 도착지까지 중간 하역작업 없이 일정한 방법으로 수송·보관하는 시스템을 말한다. 이를 가능하게 한 유통혁명의 시작은 화물운송의 콘테이너화이고 펠릿화와 지게차의 기여가 절대적이었다.

18. 농산물의 물적 유통 기능이 아닌 것은?

① 가공
② 표준화 및 등급화
③ 상·하역
④ 포장

정답 및 해설 ②

표준화 및 등급화는 유통조성기능이다.

물적유통기능 : 포장, 수송, 보관·저장, 가공, 상·하역

19. 농산물 소매유통에 관한 설명으로 옳지 않은 것은?

① 무점포 거래가 가능하다.
② 대형 소매업체의 비중이 늘고 있다.
③ TV 홈쇼핑은 소매유통에 해당된다.
④ 농산물의 수집기능을 주로 담당한다.

정답 및 해설 ④

수집기능은 도매유통이다.(도매시장 또는 농협에서 하는 활동)

소매유통은 소비자와 상품이 만나는 최종 유통단계이다.

20. 농산물 도매시장에 관한 설명으로 옳지 않은 것은?

① 농산물 도매시장의 시장도매인은 상장수수료를 부담한다.

② 농산물 도매시장은 수집과 분산 기능을 가지고 있다.
③ 농산물 도매시장은 출하 자에 대한 대금정산을 기능을 수행한다.
④ 농산물 도매시장의 가격은 경매와 정가 • 수의매매 등을 통하여 발견한다.

정답 및 해설 ①

도매시장법인 또는 시장도매인은 도매시장의 운영주체로서 수수료를 받는 주체이다. 상장수수료를 부담하는 자는 상품의 경매를 위하여 상장위탁하는 상품소유주(또는 유통인)이다.
참고로 시장도매인의 주 기능은 경매가 아니다.

21. 농산물의 일반적인 특성이 아닌 것은?

① 농산물은 부패성이 강하고 특수저장시설이 요구된다.
② 농산물은 계절성이 없어 일정한 물량이 생산된다.
③ 농산물은 생산자의 기술수준에 따라 생산량에 차이가 발생된다.
④ 농산물은 단위 가치에 비해 부피가 크다.

정답 및 해설 ②

농산물은 계절적 편재성을 가진다.

22. 배추 1포기당 농가수취가격이 3천원 이고 소비자가 구매한 가격이 6천원일 때 유통마진율은?

① 25%
② 50%
③ 75%
④ 100%

정답 및 해설 ②

유통마진율 = $\dfrac{b-a}{b} \times 100 = \dfrac{6000-3000}{6000} \times 100 = 50\%$

23. 농산물의 유통조성 기능에 해당하는 것은?

① 농산물을 구매한다.   ② 농산물을 수송한다.
③ 농산물을 저장한다.   ④ 농산물의 거래대금을 융통한다.

정답 및 해설 ④
① 소유권이전기능 ② 물적유통기능 ③ 물적유통기능 ④ 유통조성기능(금융)

24. 농산물 등급화에 관한 설명으로 옳은 것은?

① 농산물의 등급화는 소비자의 탐색비용을 증가시킨다.
② 농산물은 크기와 모양이 다양하여 등급화하기 쉽다.
③ 농산물 등급의 설정은 최종 소비자의 인지능력을 고려한다.
④ 농산물 등급의 수가 많을수록 가격의 효율성은 낮아진다.

정답 및 해설 ③
① 소비자 비용 감소
② 등급화가 어렵다.
③ 등급의 단계수를 어떻게 조정할 것인지 선택해야 한다.
④ 가격에 따라 소비자의 선택이 좌우된다고 할 때 등급의 수가 많으면 가격도 다양해지고 가격의 다양성이란 측면에서 가격의 효율성이 높아졌다고 할 수 있다.

25. 농산물 수급안정을 위한 정책으로 옳지 않은 것은?

① 생산자 단체의 의무자조금 조성을 지원한다.
② 수매 비축 및 방출을 통해 농산물의 과부족을 대비한다.
③ 농업관측을 강화하여 시장변화에 선제적으로 대응한다.
④ 계약재배를 폐지하여 개별농가의 출하자율권을 확대한다.

정답 및 해설 ④
계약재배에 의한 유통 역시 유통활동의 하나로서 생산자의 자율적 선택권을 확대할 수 있는 요인이 된다.

부록 제16회 기출문제

1. 산지 농산물의 공동판매 원칙은?

① 조건부 위탁 원칙   ② 평균판매 원칙
③ 개별출하 원칙   ④ 최고가 구매 원칙

정답 및 해설 ②

공동판매의 3원칙

1. 무조건 위탁 : 개별 농가의 조건별 위탁을 금지
2. 평균판매 : 생산자의 개별적 품질특성을 무시하고 일괄 등급별 판매 후 수취가격을 평준화하는 방식
3. 공동계산 : 평균판매 가격을 기준으로 일정 시점에서 공동계산

2. 농산물 도매유통의 조성기능이 아닌 것은?

① 상장하여 경매한다.   ② 경락대금을 정산·결재한다.
③ 경락가격을 공표한다.   ④ 도매시장 반입물량을 공지한다.

정답 및 해설 ①

상장경매(매매)는 소유권 이전 기능

3. 우리나라 협동조합 유통 사업에 관한 설명으로 옳은 것은?

① 시장교섭력을 저하시킨다.
② 생산자의 수취가격을 낮춘다.
③ 규모의 경제를 실현할 수 있다.
④ 공동계산으로 농가별 판매결정권을 갖는다.

정답 및 해설 ③

① 시장교섭력의 강화
② 생산자 수취가격은 높이고, 소비자 지불가격은 낮춘다.
④ 판매결정권은 협동조합이 가진다.(시장교섭력 증가)

4. 농산물 산지유통의 거래유형을 모두 고른 것은?

ㄱ. 정전거래   ㄴ. 산지공판   ㄷ. 계약재배

① ㄱ, ㄴ   ② ㄱ, ㄷ
③ ㄴ, ㄷ   ④ ㄱ, ㄴ, ㄷ

정답 및 해설 ④

정전거래 : 산지 농가에서 직접 거래(대문 앞 거래)

계약재배 : 생산자와 계약재배한 작물은 산지에서 직접 상인에게 양도된다.

5. 우리나라 농산물 유통의 일반적 특징으로 옳은 것은?

① 표준화·등급화가 용이하다.
② 운반과 보관비용이 적게 소요된다.
③ 수요의 가격탄력성이 높다.
④ 생산은 계절적이나 소비는 연중 발생한다.

정답 및 해설 ④

① 표준화·등급화가 어렵다
② 가격대비 중량(부피성)이 많아 운반과 보관비용이 많이 든다.
③ 농산물은 필수재로서 수요의 가격탄력성이 낮다.

6. 항상 낮은 가격으로 상품을 판매하는 소매업체의 가격전략은?

① High - Low가격전략　　　② 명성가격전략
③ EDLP전략　　　　　　　④ 초기저가전략

정답 및 해설 ③

EDLP 전략 : EDLP(Every Day Low Price)의 약자로 모든 상품을 언제나 싸게 파는 것
① High - Low가격전략 : 시장 진입 초기에는 고가전략, 시장 안정화 후 저가 전략
② 명성가격전략 : 해당 제품군의 주 소비자층이 지불할 수 있는 가장 높은 가격, 혹은 시장에서 제시된 가격 중 가장 높은 가격을 설정하는 전략으로 할증 가격전략(Premium pricing)이라고도 한다.

7. 5kg들이 참외 1상자의 유통단계별 판매가격이 생산자 30,000원, 산지공판장 32,000원, 도매상 36,000원, 소매상 40,000원일 때 소매상의 유통마진은?

① 10　　　　　　　　　② 20
③ 25　　　　　　　　　④ 30

정답 및 해설 ①

소매상의 유통마진 = $\dfrac{40,000 - 36,000}{40,000} \times 100 = 10$

8. 거미집이론에서 균형가격에 수렴하는 조건에 관한 내용이다. (　　), 에 들어갈 내용을 순서대로 나열한 것은?

수요곡선의 기울기가 공급곡선의 기울기보다 (　　), 수요의 가격탄력성이 공급의 가격탄력성보다 (　　)

① 작고, 작다　　　　　　② 작고, 크다
③ 크고, 작다　　　　　　④ 크고, 크다

정답 및 해설 ②

거미집 이론의 균형가격 수렴 조건
수요의 가격탄력성 > 공급의 가격탄력성 => 가격탄력성과 기울기는 역의 관계에 있다.

> 거미집이론
>
> ① 수렴형: 시간이 경과하면서 새로운 균형으로 접근하는 경우이다. 공급곡선의 기울기의 절댓값이 수요곡선의 기울기의 절댓값보다 큰 경우에 나타난다.
>   - |수요곡선의 기울기| 〈 |공급곡선의 기울기|
>   - 수요의 가격탄력성 〉 공급의 가격탄력성
>
> ② 발산형: 시간이 경과하면서 새로운 균형에서 점점 멀어지는 경우이다. 공급곡선의 기울기의 절댓값이 수요곡선의 기울기의 절댓값보다 작은 경우에 나타난다.
>   - |수요곡선의 기울기| 〉 |공급곡선의 기울기|
>   - 수요의 가격탄력성 〈 공급의 가격탄력성
>
> ③ 순환형: 시간이 경과하면서 새로운 균형점에 접근하지도, 멀어지지도 않는 경우이다. 수요곡선과 공급곡선의 기울기의 절댓값이 같은 경우에 나타난다.
>   - |수요곡선의 기울기| = |공급곡선의 기울기|
>   - 수요의 가격탄력성 = 공급의 가격탄력성
>
> (시사상식사전, pmg 지식엔진연구소)

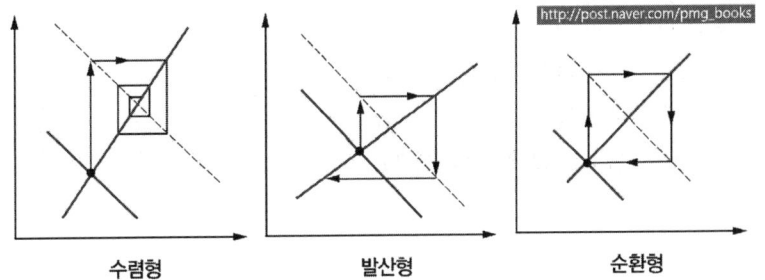

9. 선물거래에 관한 설명으로 옳은 것은?

① 헤저(hedger)는 위험 회피를 목적으로 한다.
② 거래당사자 간에 직접 거래한다.
③ 포전거래는 선물거래에 해당한다.
④ 정부의 시장개입을 전제로 한다.

정답 및 해설 ①

② 선물거래소를 통한 거래
③ 포전거래는 거래자간 직접거래
④ 정부는 시장개입을 안함

선물거래

선물(futures)거래란 장래 일정 시점에 미리 정한 가격으로 매매할 것을 현재 시점에서 약정하는 거래로, 미래의 가치를 사고 파는 것이다. 선물의 가치가 현물시장에서 운용되는 기초자산(채권, 외환, 주식 등)의 가격 변동에 의해 파생적으로 결정되는 파생상품(derivatives) 거래의 일종이다. 미리 정한 가격으로 매매를 약속한 것이기 때문에 가격변동 위험의 회피가 가능하다는 특징이 있다.

헤저(hedger)

선물거래에 참여하는 자로서, 현물포지션과 반대되는 선물포지션을 취하여 가격위험을 헤지(hedge)시킨다. 어느 한 쪽의 손실이 다른 쪽의 이익이 되므로 위험을 피할 수 있다. 선물가격의 변동위험을 감수하고 시장에 적극적으로 참여하여 거래이익을 노리는 투기자(speculator)에 상대되는 개념이다.

10. 시장도매인제에 관한 설명으로 옳지 않은 것은?

① 상장경매를 원칙으로 한다.
② 도매시장법인과 중도매인의 역할을 겸할 수 있다.
③ 농가의 출하선택권을 확대한다.
④ 도매시장 내 유통주체 간 경쟁을 촉진한다.

정답 및 해설 ①

시장도매인 제도

시장도매인제는 상장경매를 할 수도 있지만 특성상 비상장경매(중개계약)가 주로 이루어 진다. 도매시장법인제에서 상장경매가 원칙이고, 시장도매인제에서는 최소출하량 제한이 완화되므로 농가의 출하선택권을 확대한다.

시장도매인(市場都賣人)은 농수산물유통 및 가격안정에 관한 법률 제36조 또는 제48조의 규정에 의하여 농수산물도매시장 또는 민영농수산물도매시장의 개설자로부터 지정을 받고 농수산물을 매수 또는 위탁을 받아 도매하거나 매매를 중개하는 영업을 하는 법인이다.

11. 농가가 엽근채소류의 포전거래에 참여하는 이유가 아닌 것은?

① 생산량 및 수확기의 가격 예측이 곤란하기 때문이다.

② 계약금을 받아서 부족한 현금 수요를 충당할 수 있기 때문이다.
③ 채소가격안정제사업 참여가 불가능하기 때문이다.
④ 수확 및 상품화에 필요한 노동력이 부족하기 때문이다.

정답 및 해설 ③

포전거래 (圃田去來)

밭에서 재배하는 작물을 밭에 있는 채로 몽땅 사고파는 일.

포전거래의 특징

① 농가는 생산량 및 가격을 예측하기 어렵기 때문에 미리 판매가격을 고정시키고자 한다.
② 계약체결 시 받는 계약보증금으로 영농자재 등의 구입에 필요한 현금수요를 충당할 수 있다.
③ 포전거래에서는 수확 노동력 비용을 유통인이 부담한다. 생산자는 농가의 노동력 및 저장시설 부족으로 농작물 수확 및 저장관리의 부담을 덜고자 포전거래를 선호한다.

12. 정가·수의매매에 관한 설명으로 옳지 않은 것은?

① 경매사가 출하자와 중도매인 간의 거래를 주관한다.
② 출하자가 시장도매인에게 거래가격을 제시할 수 없다.
③ 단기 수급상황 변화에 따른 급격한 가격변동을 완화할 수 있다.
④ 출하자의 가격 예측 가능성을 제고한다.

정답 및 해설 ②

출하자는 시장도매인에게 적정가격(최소가격)을 제시하고 그 이하의 거래는 거부할 수 있다.

13. 농산물 표준규격화에 관한 설명으로 옳지 않은 것은?

① 유통비용의 증가를 초래한다.
② 견본거래, 전자상거래 등을 촉진한다.
③ 품질에 따른 공정한 거래를 할 수 있다.
④ 브랜드화가 용이하다.

정답 및 해설 ①

표준규격화를 통해 유통비용(운송, 저장, 보관)을 절감할 수 있다. 표준규격화(표준화, 등급화) 초기 유통비용은 증가하지만, 물류비용의 감소를 통해 이를 상쇄할 수 있어 총량 유통비용은 감소한다.

14. 농산물 산지유통조직의 통합마케팅사업에 관한 설명으로 옳은 것을 모두 고른 것은?

ㄱ. 유통계열화 촉진
ㄴ. 공동브랜드 육성
ㄷ. 농가 조직화·규모화
ㄹ. 참여조직 간 과열경쟁 억제

① ㄱ, ㄴ
② ㄷ, ㄹ
③ ㄱ, ㄷ, ㄹ
④ ㄱ, ㄴ, ㄷ, ㄹ

정답 및 해설 ④

통합마케팅 : 사용 가능한 자원의 조직화, 계열화, 공동브랜드화 등을 통한 전사적 경제활동

15. 농산물 수급불안 시 비상품(非商品)의 유통을 규제하거나 출하량을 조절하는 등의 수급 안정정책은?

① 수매비축
② 직접지불제
③ 유통조절명령
④ 출하약정

정답 및 해설 ③

유통조절명령제

농수산물의 가격 폭등이나 폭락을 막기 위해 정부가 유통에 개입하여 해당 농수산물의 출하량을 조절하거나 최저가(최고가)를 임의 결정하는 제도

농수산물 유통(조절)명령제는 농수산물의 과잉생산으로 가격폭락 등이 예상될 때 농가와 생산자단체가 협의하여 생산량·출하량 조절 등 필요한 부분에 대하여 정부에 강제적인 규제명령 요청을 하면 정부에서는 소비시장 여건 등 유통명령의 불가피성을 검토한 후 농림수산식품부장관이 이에 대한 명령을 발하는 제도이다.

16. 농산물 생산과 소비의 시간적 간격을 극복하기 위한 물적 유통기능은?

① 수송 ② 저장
③ 가공 ④ 포장

정답 및 해설 ②

저장 : 생산물의 일시적 저장 후 출하시기를 결정, 저장기간이 시간적 갭이 된다.

물적유통기능

시간효용 : 저장

형태효용 : 가공

장소효용 : 수송, 운송

정보처리기능

17. 단위화물적재시스템(ULS)에 관한 설명으로 옳은 것을 모두 고른 것은?

ㄱ. 상·하역 작업의 기계화
ㄴ. 수송 서비스의 효율성 증대
ㄷ. 공영도매시장의 규격품 출하 유도
ㄹ. 파렛트나 컨테이너를 이용한 화물 규격화

① ㄱ, ㄴ ② ㄷ, ㄹ
③ ㄱ, ㄷ, ㄹ ④ ㄱ, ㄴ, ㄷ, ㄹ

정답 및 해설 ④

단위화물적재시스템(ULS)

산지에서부터 파렛트 적재, 하역작업을 기계화할 수 있는 일관 수송체계시스템

> 유닛로드시스템(unit load system)
>
> 화물의 유통 활동에 있어 하역·수송·보관의 전체적인 비용절감을 위하여 출발지에서 도착지까지 중간 하역작업 없이 일정한 방법으로 수송·보관하는 시스템이다. 단위규모의 적정화, 단위화 작업의 원활화, 협동수송체제의 확립할 수 있다.
>
> 단위적재운송의 제도의 장단점

장점	단점
화물의 파손, 오손, 분실 등을 방지 운송수단의 운용 효율성이 매우 높음 포장이 간단하고 포장비가 절감되어 물류비 저감 시스템화가 용이함	컨테이너와 파렛트 확보에 경비소요 하역기기 등의 고정시설 설비투자가 요구 자체관리의 시간 및 비용이 추가 파렛트로드의 경우 공간 적재효율 저하

18. 제품수명주기상 대량생산이 본격화되고 원가 하락으로 단위당 이익이 최고점에 달하는 시기는?

① 성숙기 ② 도입기
③ 성장기 ④ 쇠퇴기

정답 및 해설 ①

제품수명주기 : 도입기-성장기-성숙기(가장 안정적)-쇠퇴기

도입기 : 신제품을 출시하는 단계

성장기 : 제품의 판매량이 늘어나고 이윤을 얻기 시작하는 단계. 경쟁업체의 시장진입도 이루어 진다.

성숙기 : 시장의 크기가 더 이상 커지지는 않지만 매출과 이윤이 극대화되는 시기로서 쇠퇴기 직전 단계.

쇠퇴기 : 제품 판매량이 감소하는 단계

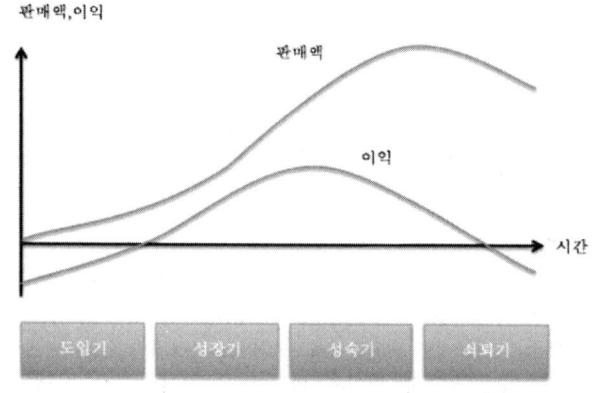

19. 소비자의 구매의사결정 순서를 옳게 나열한 것은?

ㄱ. 필요의 인식   ㄴ. 정보의탐색   ㄷ. 대안의 평가   ㄹ. 구매의사결정

① ㄱ → ㄴ → ㄷ → ㄹ
② ㄴ → ㄱ → ㄷ → ㄹ
③ ㄷ → ㄱ → ㄴ → ㄹ
④ ㄷ → ㄴ → ㄱ → ㄹ

정답 및 해설 ①

소비자 의사결정 문제		관련된 소비자 결정
구매를 할 것인가?	구매 여부	문제인식 단계
무엇을 구매할 것인가?	제품유형, 상표, 모델 선택	정보 탐색, 평가(선택)단계
언제 구매할 것인가?	구매 시기	구매 행동 단계
어디서 구매할 것인가?	구매 장소	
어떻게 구매할 것인가?	지불 방법, 획득방법	
구매 후에 어떻게 할 것인가?	만족, 불만족 행동 인지부조화 해소	구매 후 행동 단계

20. 농산물의 촉진가격 전략이 아닌 것은?

① 고객유인 가격전략
② 특별염가 전략
③ 미끼가격 전략
④ 개수가격 전략

정답 및 해설 ④

개수가격정책 : 고급품질의 가격 이미지를 형성하여 구매를 자극하기 위하여 우수리가 없는 개수의 가격을 구사하는 정책.⇔ 단수가격정책

21. 소비자의 식생활 변화에 따라 1인당 쌀 소비량이 지속적으로 감소하는 경향과 같은 변동 형태는?

① 순환변동
② 추세변동
③ 계절변동
④ 주기변동

정답 및 해설 ②

추세변동 : 경제변동 중에서 장기간에 걸친 성장·정체·후퇴 등 변동경향을 나타내는 움직임

22. 설문지를 이용하여 표본조사를 실시하는 방법은?

① 실험조사
② 심층면접법
③ 서베이조사
④ 관찰법

정답 및 해설 ③

서베이조사
설문지에 질문 항목을 정하고 조사 대상과 직접 접촉하여 조사하는 일

23. 정부가 농산물의 목표가격과 시장가격 간의 차액을 직접 지불하는 정책은?

① 공공비축제도
② 부족불제도
③ 이중곡가제도
④ 생산조정제도

정답 및 해설 ②

부족불제도 [Deficiency Payment]
EU의 CAP와 미국의 농업정책 하에서 정부가 생각하는 적정 농가수취가격과 실제시장 가격과의 차이를 세수를 통한 공공재정 또는 소비자의 높은 가격부담 등의 형태로 보전하는 것

이중곡가제도
정부가 쌀·보리 등 주곡을 농민으로부터 비싼 값에 사들여 이보다 낮은 가격으로 소비자에게 파는 제도. 구입가격과 판매가격의 차액만큼이 정부의 재정지출로 이루어져 차액보전에 따른 적자가 누적되고 있고, 추곡수매물량을 계속 늘려온 결과 관리비 급증 등의 문제를 안고 있다.

24. 농산물의 공급이 변동할 때 공급량의 변동폭보다 가격의 변동폭이 훨씬 더 크게 나타나는 현상과 관련된 것을 모두 고른 것은?

ㄱ. 공급의 가격탄력성이 작다.
ㄴ. 공급의 가격신축성이 크다.

ㄷ. 킹(G. King)의 법칙이 적용된다.   ㄹ. 공급의 교차탄력성이 크다.

① ㄱ, ㄴ
② ㄴ, ㄷ
③ ㄱ, ㄴ, ㄷ
④ ㄱ, ㄷ, ㄹ

정답 및 해설 ③

가격신축성

수요가 공급을 초과하면 가격은 상승하고 공급이 수요를 초과하면 가격이 하락하는데, 이러한 수요와 공급의 변화가 가격의 변동을 초래하는 정도를 가격신축성이라 한다.

King의 법칙

곡물 수확고의 산술급수적 변동과 곡물가격의 기하급수적 변동에 관한 법칙으로 밀의 수확량 감소와 가격의 관계에 대하여 밝힌 법칙이다.

밀 수확이 10, 20, 30, 40, 50% 감소하면 가격은 30, 80, 160, 280, 450% 오른다고 조사하였습니다. 즉 산술등급이 아닌 기하급수로 가격이 상승한다는 원칙이다.

25. 광고와 홍보에 관한 설명으로 옳지 않은 것은?

① 광고는 광고주가 비용을 지불하는 비(非) 인적 판매활동이다.
② 기업광고는 기업에 대하여 호의적인 이미지를 형성시킨다.
③ 카피라이터는 고객이 공감할 수 있는 언어로 메시지를 만든다.
④ 홍보는 비용을 지불하는 상업적 활동이다.

정답 및 해설 ④

광고와 달리 홍보는 기업 내에서 기획되고 대외에 실행되는 형태로서 비용이 발생하지만, 대외에 비용을 지불하지는 않는다.

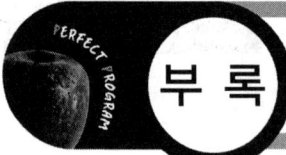

부록 제7회 기출문제

1. 농산물 유통구조의 특성으로 옳지 않은 것은?

① 계절적 편재성 존재
② 표준화·등급화 제약
③ 탄력적인 수요와 공급
④ 가치대비 큰 부피와 중량

정답 및 해설 ③

농산물 수요와 공급은 비탄력적이다.

2. 농산업에 관한 설명으로 옳은 것을 모두 고른 것은?

ㄱ. 농산물 생산은 1차 산업이다.
ㄴ. 농산물 가공은 2차 산업이다.
ㄷ. 농촌체험 및 관광은 3차 산업이다.
ㄹ. 6차 산업은 1·2·3차의 융복합산업이다.

① ㄱ, ㄴ
② ㄷ, ㄹ
③ ㄱ, ㄴ, ㄷ
④ ㄱ, ㄴ, ㄷ, ㄹ

정답 및 해설 ④

6차 산업
1차 산업인 농업을 2차 가공산업 및 3차 서비스업과 융합하여 농촌에 새로운 가치와 일자리를 창출하는 산업이다. 농업의 종합산업화(1차 × 2차 × 3차 = 6차)를 지향한다.

3. A농업인은 배추 산지수집상 B에게 1,000포기를 100만원에 판매하였다. B는 유통과정 중 20%가 부패하여 폐기하고 800포기를 포기당 2,500원씩 200만원에 판매하였다. B의 유통마진율(%)은?

① 40 ② 50
③ 60 ④ 65

정답 및 해설 ②

유통마진 = $\dfrac{B판매액 - A판매액}{B판매액} = \dfrac{200만원 - 100만원}{200만원} = 50\%$

4. 농업협동조합의 역할로 옳지 않은 것은?

① 거래교섭력 강화 ② 규모의 경제 실현
③ 대형유통업체 견제 ④ 농가별 개별출하 유도

정답 및 해설 ④

농가별로 분산된 생산량을 협동조합으로 집산하여 공동판매를 실현한다.

5. 공동계산제의 장점으로 옳지 않은 것은?

① 체계적 품질관리 ② 농가의 위험분산
③ 대량거래의 유리성 ④ 농가의 차별성 확대

정답 및 해설 ④

공동계산제는 농가의 개별성을 희생하고 차별성을 배제한다.

공동계산제는 영세·소농 구조의 생산여건에서 소비지의 요구에 적절히 대응하기 위해 필요한 정책이다. 개별 농가단위의 생산 및 유통 구조에서는 품질 관리에 한계가 있고 다양한 상품을 생산 할 수 없어 가격 교섭력이 취약하고 농가 소득 증대에 한계가 있다.

즉 영세·소농이 생산한 농산물을 산지 조직에서 공동으로 선별·출하·판매하면 품질관리와 다양한 상품 공급이 가능해진다. 이를 통해 '규모의 경제'를 구현해 전체 유통 비용을 절감하고 가격 교섭을 향상 시킬 수 있으며 이는 부가가치 확대로 이어져 농가 소득이 증대될 수 있다. 또한 소비자에게는 양질의 농산물을 저렴하게 공급할 수 있기 때문에 생산자와 소비자 모두에게 유익하다.

6. 유닛로드시스템(Unit Load System)에 관한 설명으로 옳지 않은 것은?

① 규격품 출하를 유도한다.
② 초기 투자비용이 많이 소요된다.
③ 하역과 수송의 다양화를 가져온다.
④ 일정한 중량과 부피로 단위화할 수 있다.

정답 및 해설 ③

유닛로드시스템(Unit Load System)은 하역과 수송이 일원화된 일관유통체제이다.

화물의 유통활동에 있어서 하역(荷役)·수송·보관의 전체적인 비용절감을 위하여, 출발지에서 도착지까지 중간 하역작업 없이 일정한 방법으로 수송·보관하는 시스템.

1960년대부터 급속히 세계적인 규모로 보급되었다. 유닛로드시스템은 수송·보관·통신네트워크 등이 종합적인 시스템으로 작용하여야 한다. 이 시스템을 어떻게 확립하느냐에 따라 유통경비가 크게 달라진다.

수송을 능률적으로 하는 시스템과 보관을 기능적으로 하는 시스템은 같지 않으므로, 유통활동의 모든 영역에서 효율화가 추구되어 왔다. 이 연구의 하나가 컨테이너 수송에 관한 것인데, 각 교통기관마다 각기 상응한 연구를 하고 있다. 이 연구가 이루어지면 이에 대응한 효율적인 하역·수송·보관이 진척되고, 전체적 비용절감이 가능해진다.

뿐만 아니라 하역이나 수송에 의하여 발생하는 화물 손상의 감소로 수송의 안전성이 향상되고, 고객과의 신뢰가 증진되며 유닛로드시스템에 알맞은 제품의 개발이 이루어지게 된다.

7. 농산물 소매상에 관한 내용으로 옳은 것은?

① 중개기능 담당
② 소비자 정보제공
③ 생산물 수급조절
④ 유통경로상 중간단계

정답 및 해설 ②

①④ 소매상은 최종 판매자이다.
② 소매상은 소비자의 소비정보를 수집하여 생산자에게 제공한다.
③ 생산물 수급조절은 중개기능(도매시장)이 담당한다.

8. 유통마진에 관한 설명으로 옳지 않은 것은?

① 수집, 도매, 소매단계로 구분된다.

② 유통경로가 길수록 유통마진은 낮다.
③ 유통마진이 클수록 농가수취가격이 낮다.
④ 소비자 지불가격에서 농가수취가격을 뺀 것이다.

정답 및 해설 ②

유통경로가 길어질수록 유통마진은 늘어난다.

9. 농산물 종합유통센터에 관한 내용으로 옳은 것은?

① 소포장, 가공기능 수행
② 출하물량 사후발주 원칙
③ 전자식 경매를 통한 도매거래
④ 수지식 경매를 통한 소매거래

정답 및 해설 ①

종합유통센터의 기능 : 수집, 가공, 포장, 유통, 정보처리
출하물량은 사전발주를 원칙으로 하고, 경매는 하지 않는다.

10. 경매에 참여하는 가공업체, 대형유통업체 등의 대량수요자에 해당되는 유통주체는?

① 직판상   ② 중도매인
③ 매매참가인   ④ 도매시장법인

정답 및 해설 ③

매매참가인

"매매참가인"이란 농수산물도매시장·농수산물공판장 또는 민영농수산물도매시장의 개설자에게 신고를 하고, 농수산물도매시장·농수산물공판장 또는 민영농수산물도매시장에 상장된 농수산물을 직접 매수하는 자로서 중도매인이 아닌 가공업자·소매업자·수출업자 및 소비자단체 등 농수산물의 수요자를 말한다.

11. 농산물 산지유통의 기능으로 옳은 것을 모두 고른 것은?

| ㄱ. 중개 및 분산 | ㄴ. 생산공급량 조절 |
| ㄷ. 1차 교환 | ㄹ. 상품구색 제공 |

① ㄱ, ㄴ
② ㄴ, ㄷ
③ ㄱ, ㄷ, ㄹ
④ ㄱ, ㄴ, ㄷ, ㄹ

정답 및 해설 ②

중개 및 분산기능은 도매시장, 상품구색을 제공하는 것은 판매상이다.

12. 농산물 포전거래가 발생하는 이유로 옳지 않은 것은?

① 농가의 위험선호적 성향
② 개별농가의 가격예측 어려움
③ 노동력 부족으로 적기수확의 어려움
④ 영농자금 마련과 거래의 편의성 증대

정답 및 해설 ①

농가는 수확기의 가격 폭락(하락)의 위험을 피하고자 작물의 재배 중에 최소이윤을 보장받고 거래하려고 하는 위험회피적 성향으로 포전거래를 선택한다.

포전거래

밭에서 재배하는 작물을 밭에 있는 채로 몽땅 사고파는 일.

13. 농산물 수송비를 결정하는 요인으로 옳은 것을 모두 고른 것은?

| ㄱ. 중량과 부피 | ㄴ. 수송거리 | ㄷ. 수송수단 | ㄹ. 수송량 |

① ㄱ, ㄴ
② ㄱ, ㄷ, ㄹ
③ ㄴ, ㄷ, ㄹ
④ ㄱ, ㄴ, ㄷ, ㄹ

정답 및 해설 ④

14. 농산물의 제도권 유통금융에 해당되는 것은?

① 선대자금
② 밭떼기자금
③ 도·소매상의 사채
④ 저온창고시설자금 융자

정답 및 해설 ④

①②③은 비제도권(개인 또는 비금융권) 자금이다.

15. 농산물 유통에서 위험부담기능에 관한 설명으로 옳지 않은 것은?

① 가격변동은 경제적 위험에 해당된다.
② 소비자 선호의 변화는 경제적 위험에 해당된다.
③ 수송 중 발생하는 파손은 물리적 위험에 해당된다.
④ 간접유통경로상의 모든 피해는 생산자가 부담한다.

정답 및 해설 ④

간접유통경로상의 모든 피해는 유통업자가 부담한다.

16. 농산물 소매유통에 관한 설명으로 옳은 것은?

① 비대면거래가 불가하다.
② 카테고리 킬러는 소매유통업태에 해당된다.
③ 수집기능을 주로 담당한다.
④ 전통시장은 소매유통업태로 볼 수 없다.

정답 및 해설 ②

① 우편판매 등 비대면거래가 증가하고 있다.
③ 소매유통은 분산기능을 담당한다. 수집기능은 산지유통인의 주요 기능이다.
④ 전통시장은 소매유통이다.

17. 정부의 농산물 수급안정정책으로 옳은 것을 모두 고른 것은?

ㄱ. 채소 수급안정사업
ㄴ. 자조금 지원
ㄷ. 정부비축사업
ㄹ. 농산물우수관리제도(GAP)

① ㄱ, ㄴ
② ㄱ, ㄹ
③ ㄱ, ㄴ, ㄷ
④ ㄴ, ㄷ, ㄹ

정답 및 해설 ③

농산물우수관리제도(GAP)는 농산물의 안전성을 확보하고 농업환경을 보전하기 위하여 농산물의 생산, 수확 후 관리(농산물의 저장·세척·건조·선별·박피·절단·조제·포장 등을 포함한다) 및 유통의 각 단계에서 작물이 재배되는 농경지 및 농업용수 등의 농업환경과 농산물에 잔류할 수 있는 농약, 중금속, 잔류성 유기오염물질 또는 유해생물 등의 위해요소를 적절하게 관리하는 것을 말한다.

18. 배추 가격의 상승에 따른 무의 수요량 변화를 나타내는 것은?

① 수요의 교차탄력성
② 수요의 가격변동률
③ 수요의 가격탄력성
④ 수요의 소득탄력성

정답 및 해설 ①

수요의 교차탄력성

어떤 재화의 가격 변화가 다른 재화의 수요에 미치는 영향을 나타내는 지표이며 식으로 나타내면(X, Y 2재의 경우), Y재의 X재 가격에 대한 수요의 교차탄력성=Y재수요량변화율÷X재가격변화율이다.

19. 채소류 가격이 10% 인상되었을 경우 매출액의 변화를 조사하는 방법으로 옳은 것은?

① 사례조사
② 델파이법
③ 심층면접법
④ 인과관계조사

정답 및 해설 ④

인과관계조사

어떤 원인(가격의 인상 등)이 결과(매출액)에 어떤 영향을 미쳤는지 조사하는 것

델파이법

적절한 해답이 알려져 있지 않거나 일정한 합의점에 도달하지 못한 문제에 대하여 다수의 전문가를 대상으로 설문조사나 우편조사로 수차에 걸쳐 피드백하면서 그들의 의견을 수렴하고 집단적 합의를 도출해 내는 조사방법

20. 농산물에 대한 소비자의 구매 후 행동이 아닌 것은?

① 대안평가　　　　　　② 반복구매
③ 부정적 구전　　　　　④ 경쟁농산물 구매

정답 및 해설 ①

대안평가는 선택 가능한 구매 대안 중에서 소비자가 구매를 결정하기 전에 행하는 사전적 행동이다.

21. 시장세분화의 장점으로 옳지 않은 것은?

① 무차별적 마케팅　　　② 틈새시장 포착
③ 효율적 자원배분　　　④ 라이프스타일 반영

정답 및 해설 ①

차별적 마케팅

전체시장을 여러 개의 세분시장으로 나누고 이들 모두를 목표시장으로 삼아 각기 다른 세분시장의 상이한 욕구에 부응할 수 있는 마케팅믹스를 개발하여 적용함으로써 기업의 마케팅 목표를 달성하고자 하는 고객지향적 전략이다.

이러한 마케팅전략을 채택하는 기업은 주로 업계에서 선도적인 위치에 있는 기업이다. 그들은 제품 및 서비스 마케팅 활동상 다양성을 제시함으로써 각 세분시장에 있어서의 지위를 강화하고 자사제품 및 서비스에 대한 고객의 식별 정도를 높이며 반복 구매를 유도해 내려는 것이다.

22. 농산물 브랜드에 관한 설명으로 옳지 않은 것은?

① 차별화를 통한 브랜드 충성도를 형성한다.
② 규모화조직화로 브랜드 효과가 높아진다.
③ 내셔널 브랜드(NB)는 유통업자 브랜드이다.
④ 브랜드명, 등록상표, 트레이드마크 등이 해당된다.

정답 및 해설 ③

내셔널 브랜드(NB)
원칙적으로 전국적인 규모로 판매되고 있는 의류업체 브랜드를 말한다. 또 규모가 큰 소매업자가 개발한 오리지널 제품, 즉 스토어 브랜드라 할지라도 그 판매가 전국적으로 확대되어 있는 브랜드면 이 부류에 속한다.

23. 유통비용 중 직접비용에 해당되는 항목의 총 금액은?

○ 수송비 20,000원   ○ 통신비 2,000원   ○ 제세공과금 1,000원
○ 하역비 5,000원   ○ 포장비 3,000원

① 27,000원   ② 28,000원
③ 30,000원   ④ 31,000원

정답 및 해설 ②

생산에 직접 필요한 원자재비·노임 등을 직접비(용), 동력비·감가상각비 등 직접 생산에 관여하지 않는 종업원의 급여 등을 간접비(용)라고 한다.
통신비와 제세공과금은 간접비용이다.

24. 농산물의 가격을 높게 설정하여 상품의 차별화와 고품질의 이미지를 유도하는 가격전략은?

① 명성가격전략   ② 탄력가격전략
③ 침투가격전략   ④ 단수가격전략

정답 및 해설 ①

명성가격전략 [Prestige pricing]

가격 결정 시 해당 제품군의 주 소비자층이 지불할 수 있는 가장 높은 가격이나 시장에서 제시된 가격 중 가장 높은 가격을 설정하는 전략으로 주로 제품에 고급 이미지를 부여하기 위해 사용된다. 해당 제품군의 주 소비자층이 지불할 수 있는 가장 높은 가격, 혹은 시장에서 제시된 가격 중 가장 높은 가격을 설정하는 전략으로 할증 가격전략(Premium pricing)이라고도 한다

25. 경품 및 할인쿠폰 등을 통한 촉진활동의 효과로 옳지 않은 것은?

① 상품정보 전달
② 장기적 상품홍보
③ 상품에 대한 기억상기
④ 가시적, 단기적

정답 및 해설 ②

경품 및 할인쿠폰 제공을 통한 판매촉진전략은 제품의 초기 판매촉진전략이다.

제8회 기출문제

1. 농산물 유통이 부가가치를 창출하는 일련의 생산적 활동임을 의미하는 것은?

① 가치사슬(value chain)   ② 푸드시스템(food system)
③ 공급망(supply chain)   ④ 마케팅빌(marketing bill)

정답 및 해설 ①

가치사슬(value chain)

기업활동에서 부가가치가 생성되는 과정을 의미한다. 부가가치 창출에 직접 또는 간접적으로 관련된 일련의 활동·기능·프로세스의 연계를 의미한다. 주활동(primary activities)과 지원활동(support activities)으로 나눠볼 수 있다.

여기서 주활동은 제품의 생산·운송·마케팅·판매·물류·서비스 등과 같은 현장업무 활동을 의미하며, 지원활동은 구매·기술개발·인사·재무·기획 등 현장활동을 지원하는 제반업무를 의미한다. 주활동은 부가가치를 직접 창출하는 부문을, 지원활동은 부가가치가 창출되도록 간접적인 역할을 하는 부문을 말한다. 이 두 활동부문의 비용과 가치창출 요인을 분석하는 데에 사용된다.

2. 농식품 소비구조 변화에 관한 내용으로 옳지 않은 것은?

① 신선편이농산물 소비 증가   ② PB상품 소비 감소
③ 가정간편식(HMR) 소비 증가 ④ 쌀 소비 감소

정답 및 해설 ②

유통업체의 규모화로 인해 PB상품 소비가 증가할 것이다.

PB상품(private brand goods)

백화점·슈퍼마켓 등 대형소매상이 독자적으로 개발한 브랜드 상품. 유통업체가 제조업체에 제품생산을 위탁하면 제품이 생산된 뒤에 유통업체 브랜드로 내놓는 것

3. 농산물 공동선별·공동계산제에 관한 설명으로 옳지 않은 것은?

① 여러 농가의 농산물을 혼합하여 등급별로 판매한다.
② 농가가 산지유통조직에 출하권을 위임하는 경우가 많다.
③ 출하시기에 따라 농가의 가격변동 위험이 커진다.
④ 물량의 규모화로 시장교섭력이 향상된다.

정답 및 해설 ③

공동계산제의 전제가 되는 조건 중 하나가 자금의 규모화(조합원의 기금조성)이다. 자금의 규모화는 저온 저장창고 등 시설의 설치를 가능케 하고, 농산물의 홍수출하를 억제할 수 있게 하여 연중 평균적인 가격의 유지를 실현하게 된다.

공동판매의 3원칙

① 무조건 위탁 : 개별 농가의 조건별 위탁을 금지
② 평균판매 : 생산자의 개별적 품질특성을 무시하고 일괄 등급별 판매 후 수취가격을 평준화하는 방식
③ 공동계산 : 평균판매 가격을 기준으로 일정 시점에서 공동계산

4. 농산물 유통마진에 관한 설명으로 옳지 않은 것은?

① 유통경로, 시기별, 연도별로 다르다.
② 유통비용 중 직접비는 고정비 성격을 갖는다.
③ 유통효율성을 평가하는 핵심지표로 사용된다.
④ 최종소비재에 포함된 유통서비스의 크기에 따라 달라진다.

정답 및 해설 ③

유통마진이 높다는 것은 생산지가격과 소비지가격의 차이가 크다는 것을 의미하는데, 유통마진이 크다고 해서 반드시 유통효율성이 낮다고 할 수 없으며, 유통마진이 낮다고 해서 유통효율성이 높다고 할 수도 없다. 예를 들어 생산자의 직접판매는 유통마진을 낮출 수 있지만, 이는 생산자의 활동영역이 포괄적이고, 판매에 대한 책임 또한 생산자가 전적으로 부담함에 따라 손실 위험성도 증가한다.

유통비용의 구성

ⓐ 직접비용

  수송비, 포장비, 하역비, 저장비, 가공비 등과 같이 직접적으로 유통하는데 지불되는 비용

ⓑ 간접비용

  점포임대료, 자본이자, 통신비, 제세공과금, 감가상각비 등과 같이 농산물을 유통하는데 간접적으로 투입되는 비용

5. 농산물의 단위가격을 1,000원보다 990원으로 책정하는 심리적 가격전략은?

① 준거가격전략　　② 개수가격전략
③ 단수가격전략　　④ 단계가격전략

정답 및 해설 ③

단수가격전략

소비자의 심리를 고려한 가격 결정법 중 하나로, 제품 가격의 끝자리를 홀수(단수)로 표시하여 소비자로 하여금 제품이 저렴하다는 인식을 심어주어 구매욕을 부추기는 가격전략

① 준거가격전략 : 소비자가 제품의 구매를 결정할 때 기준이 되는 가격으로 생산자가 소비자의 준거가격을 기준으로 가격을 결정하는 전략
② 개수가격전략 : 상품의 단위당 가격이 상대적으로 높을 때 개당 가격으로 판매하는 전략

6. 대형유통업체의 농산물 산지 직거래에 관한 설명으로 옳지 않은 것은?

① 경쟁업체와 차별화된 상품을 발굴하기 위한 노력의 일환이다.
② 산지 수집을 대행하는 업체(vendor)를 가급적 배제한다.
③ 매출규모가 큰 업체일수록 산지 직구입 비중이 높은 경향을 보인다.
④ 본사에서 일괄 구매한 후 물류센터를 통해 개별 점포로 배송하는 것이 일반적이다.

정답 및 해설 ②

벤더(vender)

전산화된 물류체계를 갖추고 편의점이나 슈퍼마켓 등에 특화된 상품들을 공급하는 다품종 소량 도매업을 일컫는 용어. 벤더는 산지직거래를 통한 저가의 대량구매로 유통비용의 절감(가격 경쟁력 강화)을 추구한다. 취급 품목에 따라 다양한 형태로 세분화되면서 이미 한국의 유통시장에 뿌리를 내렸고, 앞으로도 그 추세가 계속 확산될 것으로 보인다.

7. 우리나라 농산물 종합유통센터의 대표적인 도매거래방식은?

① 경매　　　② 예약상대거래
③ 매취상장　　④ 선도거래

정답 및 해설 ②

상대거래와 예약상대거래란 산지가 사전에 농산물 출하가격을 제시하고 이를 도매시장법인이 중간에서 중도매인과 가격을 조정해 경매가 아닌 방식으로 농산물을 사고 파는 것을 말한다.

선도거래

현재 정해진 가격으로 특정한 미래날짜에 상품을 사거나 파는 거래. 선물거래와 다른 점은 특정거래소가 별도로 존재하지 않는다는 점이다.

8. 농산물도매시장 경매제에 관한 내용으로 옳지 않은 것은?

① 거래의 투명성 및 공정성 확보
② 중도매인간 경쟁을 통한 최고가격 유도
③ 상품 진열을 위한 넓은 공간 필요
④ 수급상황의 급변에도 불구하고 낮은 가격변동성

정답 및 해설 ④

농산물은 수급상황이 급변하게 되면 가격예측이 어렵고, 가격변동성이 커진다.

9. 생산자가 지역의 제철 농산물을 소비자에게 정기적으로 배송하는 직거래 방식은?

① 로컬푸드 직매장   ② 직거래 장터
③ 꾸러미사업   ④ 농민시장(farmers market)

정답 및 해설 ③

꾸러미사업

학교 또는 가정에 정기적으로 농산물 등 식자재를 공급하는 사업

10. 산지의 밭떼기(포전매매)에 관한 설명으로 옳지 않은 것은?

① 선물거래의 한 종류이다.

② 계약가격에 판매가격을 고정시킨다.
③ 농가가 계약금을 수취한다.
④ 계약불이행 위험이 존재한다.

정답 및 해설 ①

포전 매매 (圃田賣買)

수확 전에 밭에 심겨 있는 상태로 작물 전체를 사고파는 일로 선도거래의 한 형태이다.

농수산물유통및가격안정에관한법률 제53조(포전매매의 계약) ① 농림축산식품부장관이 정하는 채소류 등 저장성이 없는 농산물의 포전매매(생산자가 수확하기 이전의 경작상태에서 면적단위 또는 수량단위로 매매하는 것을 말한다. 이하 이 조에서 같다)의 계약은 서면에 의한 방식으로 하여야 한다.

■ 선물거래와 선도거래 비교

구분	선물거래	선도거래
거래조건	표준화	비표준화
거래장소	선물거래소	없음
위험	보증제도 있음	보증제도 없음
가격	경쟁호가방식	협상
증거금	있음	없음(개별적 보증설정)
중도청산	가능	제한적
실물인도	중도청산 혹은 만기인도	실제 인수도가 이루어지는 것이 일반적
가격변동	변동폭 제한	변동폭 없음

11. 농산물 산지유통의 거래유형에 해당하는 것을 모두 고른 것은?

ㄱ. 계약재배   ㄴ. 포전거래   ㄷ. 정전거래   ㄹ. 산지공판

① ㄱ, ㄴ
② ㄱ, ㄷ
③ ㄴ, ㄷ, ㄹ
④ ㄱ, ㄴ, ㄷ, ㄹ

정답 및 해설 ④

산지유통

농산물의 거래가 소비지가 아닌 생산지에서 이뤄지는 유통

계약재배

생산물을 일정한 조건으로 인수하는 계약을 맺고 행하는 농산물 재배.

12. 농산물 유통의 기능과 창출 효용을 옳게 연결한 것은?

① 거래-장소효용
② 가공-형태효용
③ 저장-소유효용
④ 수송-시간효용

정답 및 해설 ②

① 거래-소유효용   ③ 저장-시간효용   ④ 수송-장소효용

13. 농산물 유통의 조성기능에 해당하는 것을 모두 고른 것은?

ㄱ. 포장   ㄴ. 표준화·등급화   ㄷ. 손해보험   ㄹ. 상·하역

① ㄱ
② ㄴ, ㄷ
③ ㄷ, ㄹ
④ ㄱ, ㄷ, ㄹ

정답 및 해설 ①

포장이나 상·하역은 직접적 물류기능에 해당한다.
유통조성기능
유통의 간접적인 지원으로 표준화, 등급화, 유통금융(금융지원), 위험부담(보험) 등

14. A 영농조합법인이 초등학교 간식용 조각과일을 공급하고자 수행한 SWOT분석에서 'T'요인이 아닌 것은?

① 코로나19 재확산
② 사내 생산설비 노후화
③ 과일 작황 부진
④ 학생 수 감소

정답 및 해설 ②

사내 생산설비 노후화는 약점(weakness)이다

SWOT분석

기업의 내부환경과 외부환경을 분석하여 강점(strength), 약점(weakness), 기회(opportunity), 위협(threat) 요인을 규정하고 이를 토대로 경영전략을 수립하는 기법으로, 기업의 내부환경과 외부환경을 분석하여 강점(strength), 약점(weakness), 기회(opportunity), 위협(threat) 요인을 규정한다.

- 강점(strength): 내부환경(자사 경영자원)의 강점
- 약점(weakness): 내부환경(자사 경영자원)의 약점
- 기회(opportunity): 외부환경(경쟁, 고객, 거시적 환경)에서 비롯된 기회
- 위협(threat): 외부환경(경쟁, 고객, 거시적 환경)에서 비롯된 위협

SWOT전략

- SO전략(강점-기회전략): 강점을 살려 기회를 포착
- ST전략(강점-위협전략): 강점을 살려 위협을 회피
- WO전략(약점-기회전략): 약점을 보완하여 기회를 포착
- WT전략(약점-위협전략): 약점을 보완하여 위협을 회피

15. 시장세분화에 관한 설명으로 옳지 않은 것은?

① 유사한 욕구와 선호를 가진 소비자 집단으로 세분화가 가능하다.
② 시장규모, 구매력의 크기 등을 측정할 수 있어야 한다.
③ 국적, 소득, 종교 등 지리적 특성에 따라 세분화가 가능하다.
④ 세분시장의 반응에 따라 차별화된 마케팅이 가능하다.

정답 및 해설 ③

시장세분화(segmentation)

제한된 자원으로 전체 시장에 진출하기 보다는 욕구와 선호가 비슷한 소비자 집단으로 나누어 진출하는 전략이다.

③ 소득계층의 지역적 밀집도에 따라 지리적 세분화가 가능하지만, 국적이나 종교 등을 기준으로 시장세분화를 하는 것은 일반적이지 않다.

16. 고가 가격전략을 실행할 수 있는 경우는?

① 높은 제품기술력을 가지고 있을 경우
② 시장점유율을 극대화하고자 할 경우
③ 원가우위로 시장을 지배하려고 할 경우
④ 경쟁사의 모방 가능성이 높을 경우

정답 및 해설 ①

고가가격전략

비교적 고수준(高水準)으로 가격(價格)을 결정하는 방법이며, 고소득층을 표적으로 한다. 높은 제품기술력을 가지고 신상품을 출시할 때 이용한다. 고객층이 한정되고 시장에서 수용 속도가 늦고 경쟁기업이 급속히 진출할 가능성이 있기 때문에, 회사의 이미지가 높을 때 이용할 수 있고, 또 상품의 차별화가 효과적으로 나타날 때 이용할 수 있다.

17. 6~5명 정도의 소그룹을 대상으로 2시간 내외의 집중면접을 실시하는 마케팅조사 방법은?

① FGI
② 전수조사
③ 관찰조사
④ 서베이조사

정답 및 해설 ①

집단 심층면접(Focus Group Interview)

집단 심층면접(Focus Group Interview)은 통상 FGI로 불리며 집단토의(Group Discussion), 집단면접(Group Interview)으로 표현되기도 한다. 보통 6~10명의 소규모 참석자들이 모여 사회자의 진행에 따라 정해진 주제에 대해 이야기를 나누게 하고, 이를 통해 정보나 아이디어를 수집한다. 집단 심층면접은 구조화된 설문지를 사용하지 않는다는 점에서 양적 조사인 서베이와 구별되고, 면접원과 응답자 간에 일대일로 질의와 응답이 이루어지는 것이 아니고, 여러 명의 조사 대상자가 집단으로 참여해 함께 자유로이 의견을 나눈다는 점에서 개별 심층면접과 구별된다.

관찰조사

관찰 조사는 조사원이 직접 또는 기계장치를 이용해 조사 대상자의 행동이나 현상을 관찰하고 기록하는 조사 방법이다. 응답자가 기억하기 어렵거나 대답하기 어려운 무의식적인 행동을 측정할 수 있고 한편으로 본심을 숨기거나 실제 행동과 다른 의견을 제시할 수 있는 가능성을 배제함으로써 객관적 사실의 파악이 가능하다.

18. 광고에 관한 설명으로 옳지 않은 것은?

① 비용을 지불해야 한다.
② 불특정 다수를 대상으로 한다.
③ 표적시장별로 광고매체를 선택할 수 있다.
④ 상표광고가 기업광고보다 기업이미지 개선에 효과적이다.

정답 및 해설 ④

상표광고는 개별상품 또는 기업의 브랜드 인지도 향상에 초점을 맞춘 광고기법인데 반해 기업광고는 기업의 역사·정책·규모·기술·업적·인재 등을 선전함으로써 기업에 대한 신뢰와 호의를 널리 획득하고, 경영활동을 원활히 수행하기 위한 광고로서 상품광고와 대응되는 말이다.

19. 소비자 구매심리과정(AIDMA)을 순서대로 옳게 나열한 것은?

① 욕구→주의→흥미→기억→행동
② 흥미→주의→기억→욕구→행동
③ 주의→흥미→욕구→기억→행동
④ 기억→흥미→주의→욕구→행동

정답 및 해설 ③

AIDMA

소비자의 구매과정을 나타내는 광고원칙으로, ①주의(Attention), ②흥미(Interest), ③욕구(Desire), ④기억(Memory), ⑤행동(Action)의 각단어의 두문자로 표시한다. M(기억) 대신에 확신(Confidence 또는 Conviction)의 C를 덧붙인 AIDCA(아이드카)도 같은 의미로 이용된다.

20. 농산물 물류비에 포함되지 않는 것은?

① 포장비   ② 수송비
③ 재선별비   ④ 점포임대료

정답 및 해설 ④

유통비용의 구성

ⓐ 직접비용

수송비, 포장비, 하역비, 저장비, 가공비 등과 같이 직접적으로 유통하는데 지불되는 비용

ⓑ 간접비용

점포임대료, 자본이자, 통신비, 제세공과금, 감가상각비 등과 같이 농산물을 유통하는데 간접적으로 투입되는 비용

21. 국내산 감귤 가격 상승에 따라 수입산 오렌지 수요가 늘어났을 경우 감귤과 오렌지 간의 관계는?

① 대체재
② 보완재
③ 정상재
④ 기펜재

정답 및 해설 ①

① 대체재 : A와 B 두 재화 간에 어떤 한 재화(A)의 가격이 상승함에 따라 다른 재화(B)에 대한 수요가 증가하는 경우로서 국내산 감귤 가격의 상승으로 인해 동일한 효용을 제공하지만 가격이 상대적으로 낮은 수입산 감귤로 소비자가 이동(대체)한 결과이다.
② 보완재 : 어떤 한 재화의 가격이 상승함에 따라 다른 재화에 대한 수요가 감소하는 경우
③ 정상재 : 소득이 증가(감소)함에 따라 수요가 증가(감소)하는 재화로, 수요의 소득탄력성이 0보다 크다. 그 반대의 재화를 열등재라고 한다.
④ 기펜재 : 소득효과가 대체효과를 압도하여 가격이 낮아질 때(올라갈 때) 수요도 함께 감소(증가)하는 재화.

22. 생산자단체가 자율적으로 농산물 소비촉진, 수급조절 등을 시행하는 사업은?

① 유통조절명령
② 유통협약
③ 농업관측사업
④ 자조금사업

정답 및 해설 ④

①②③은 정부가 주도 사업인 반면 농산자조금은 1차적으로 농업인이 스스로 기금을 조성하여 농산물의 소비촉진, 자율적 수급조절, 품질향상 등을 목적으로 조성한다. 농산자조금을 운영하는 단체에게는 정부에서 일정금액이 2차적으로 지원된다.

23. 농산물 유통정보의 직접적인 기능이 아닌 것은?

① 시장참여자간 공정경쟁 촉진
② 정보 독과점 완화
③ 출하시기, 판매량 등의 의사결정에 기여
④ 생산기술 개선 및 생산량 증대

정답 및 해설 ④

농산물 유통정보의 역할
① 농산물의 적정가격을 제시해 준다.
② 유통비용을 감소시켜 준다.
③ 시장내에서 효율적인 유통기구를 발견해 준다.
④ 생산계획과 관련된 의사결정을 지원해 준다.
⑤ 유통업자의 의사결정을 지원해 준다.
⑥ 소비자의 합리적 소비를 지원해 준다.
⑦ 농산물 유통정책을 입안하는 데 도움을 준다.

24. 농산물 포장의 본원적 기능이 아닌 것은?

① 제품의 보호   ② 취급의 편의
③ 판매의 촉진   ④ 재질의 차별

정답 및 해설 ④

포장은 물류기능과 광고기능을 포함한다.

25. 소비자의 농산물 구매의사 결정과정 중 구매 후 행동을 모두 고른 것은?

ㄱ. 상표 대체   ㄴ. 재구매   ㄷ. 정보 탐색   ㄹ. 대안 평가

① ㄱ, ㄴ   ② ㄴ, ㄷ
③ ㄱ, ㄷ, ㄹ   ④ ㄱ, ㄴ, ㄷ, ㄹ

정답 및 해설 ①

소비자 상품구매 결정 과정과 구매 후 과정

문제인식 - 정보탐색 - 선택대안의 평가 - 구매 - 평가 - 재구매 또는 상표 대체

부록 제19회 기출문제

1. 농산물의 특성으로 옳지 않은 것은?

① 계절성·부패성
② 탄력적 수요와 공급
③ 공산품 대비 표준화·등급화 어려움
④ 가격 대비 큰 부피와 중량으로 보관운반 시 고비용

정답 및 해설 ②

농산물은 비탄력적 상품으로 수요, 공급의 조절이 어렵다.

2. 농산물의 생산과 소비 간의 간격해소를 위한 유통의 기능으로 옳지 않은 것은?

① 시간 간격해소 - 수집
② 수량 간격해소 - 소분
③ 장소 간격해소 - 수송·분산
④ 품질 간격해소 - 선별·등급화

정답 및 해설 ①

시간효용 : 저장

3. 최근 식품 소비트렌드로 옳지 않은 것은?

① 소비품목 다변화
② 친환경식품 증가
③ 간편가정식(HMR) 증가
④ 편의점 도시락 판매량 감소

정답 및 해설 ④

편의점 간편식의 소비가 증가하고 있다.

4. 농산물 유통정보의 종류에 관한 설명으로 옳은 것은?

① 관측정보 – 농업의 경제적 측면 예측자료
② 정보종류 – 거래정보, 관측정보, 전망정보
③ 거래정보 – 산지 단계를 제외한 조사실행
④ 전망정보 – 개별재배면적, 생산량, 수출입통계

정답 및 해설 ①

거래정보는 산지단계를 포함하며, 개별재배면적이 아닌 전국적 재배면적정보이다.

5. 농산물 유통기구의 종류와 역할에 관한 설명으로 옳지 않은 것은?

① 크게 수집기구, 중개기구, 조성기구로 구성된다.
② 중개기구는 주로 도매시장이 역할을 담당한다.
③ 수집기구는 산지의 생산물 구매역할을 담당한다.
④ 생산물이 생산자부터 소비자까지 도달하는 과정에 있는 모든 조직을 의미한다.

정답 및 해설 ①

조성기구가 아니라 분산기구이다.

6. 농산물 도매시장에 관한 설명으로 옳지 않은 것은?

① 경매를 통해 가격을 결정한다.
② 농산물 가격에 관한 정보는 제공하지 않는다.
③ 최근 직거래 등으로 거래비중이 감소되고 있다.
④ 도매시장법인, 중도매인, 매매참가인 등이 활동한다.

정답 및 해설 ②

농산물 가격정보를 포함한다. 경매를 통하여 형성된 가격은 공개된다.

7. 생산자는 산지 수집상에게 배추 1천포기를 100만원에 판매하고 수집상은 포기당 유통비용 200원, 유통이윤 800원을 더해 도매상에게 판매했다. 수집상의 유통마진율(%)은?

① 30
② 40
③ 50
④ 60

정답 및 해설 ③

생산자 수취가격 포기당 1,000원, 수집상 수취가격 포기당 2,000원

(2,000 - 1,000)/2,000 = 50%

8. 협동조합 유통에 관한 설명으로 옳은 것을 모두 고른 것은?

ㄱ. 시장교섭력 제고
ㄴ. 불균형적인 시장력 견제
ㄷ. 무임승차 문제발생 우려
ㄹ. 시장 내 경쟁척도 역할수행

① ㄱ, ㄷ
② ㄴ, ㄹ
③ ㄱ, ㄴ, ㄹ
④ ㄱ, ㄴ, ㄷ, ㄹ

정답 및 해설 ④

협동조합의 유통은 규모의 경제 실현과 거대 기업유통 중심의 유통시장을 견제하고, 시장 내에서 경쟁척도를 제공하는 역할을 수행한다. 그러나 조합원이 아닌 농업인에게도 시장형성된 가격의 이익을 제공하므로 무임승차 문제가 발생할 수 있다.

9. 공동판매의 장점이 아닌 것은?

① 신속한 개별정산
② 유통비용의 절감
③ 효율적인 수급조절
④ 생산자의 소득안정

정답 및 해설 ①

공동판매에서는 공동판매, 공동정산이 이루어지므로 일정기간동안 자본의 유동성이 약화된다.

10. 소매상의 기능으로 옳은 것을 모두 고른 것은?

　ㄱ. 시장정보 제공　　　ㄴ. 농산물 수집
　ㄷ. 산지가격 조정　　　ㄹ. 상품구색 제공

① ㄱ, ㄷ　　　　② ㄱ, ㄹ
③ ㄱ, ㄴ, ㄹ　　　④ ㄴ, ㄷ, ㄹ

정답 및 해설 ②

산지수집상 또는 산지유통인이 농산물 수집의 역할과 산지가격 조정의 기능을 담당한다.

소매상은 소비지에서 직접 소비자를 만나는 자로서 시장정보(소비와 공급 및 가격)를 제공하고 판매점에 상품을 진열함으로써 상품구색을 제공한다.

11. 농산물 산지유통의 기능으로 옳은 것을 모두 고른 것은?

　ㄱ. 농산물의 1차 교환
　ㄴ. 소비자의 수요정보 전달
　ㄷ. 산지유통센터(APC)가 선별
　ㄹ. 저장 후 분산출하로 시간효용 창출

① ㄱ, ㄷ　　　　② ㄴ, ㄹ
③ ㄱ, ㄷ, ㄹ　　　④ ㄴ, ㄷ, ㄹ

정답 및 해설 ③

소비자의 수요정보가 전달되는 것은 소비지 유통이다.

12. 농산물의 물적유통기능으로 옳지 않은 것은?

① 자동차 운송은 접근성에 유리
② 상품의 물리적 변화 및 이동 관련 기능
③ 수송기능은 생산과 소비의 시간격차 해결
④ 가공, 포장, 저장, 수송, 상하역 등이 해당

정답 및 해설 ③

물적 유통기능

수송기능(장소효용)은 시간격차를 조정(저장)하는 것이 아니라 거리의 격차를 해소한다.

13. 농산물 무점포 전자상거래의 장점이 아닌 것은?

① 고객정보 획득용이
② 오프라인 대비 저비용
③ 낮은 시간·공간의 제약
④ 해킹 등 보안사고에 안전

정답 및 해설 ④

보안사고에 노출되어 소비자 정보의 안전성에 문제를 나타낸다.

14. 농산물의 등급화에 관한 설명으로 옳은 것은?

① 상·중·하로 등급 구분
② 품위 및 운반·저장성 향상
③ 등급에 따른 가격차이 결정
④ 규모의 경제에 따른 가격 저렴화

정답 및 해설 ③

① 상, 중, 하 등급은 존재하지 않으며, 특, 상, 보통 또는 1급, 2급, 3급 등으로 등급화 된다.
② 운반, 저장성 향상은 포장화, 규격화
③ 등급화에는 추가적 비용이 발생하므로 가격상승의 원인이 된다.
④ 규모의 경제 : 공동계산제, 시설의 현대화, 시장교섭능력의 증대

15. 농산물 수요의 가격탄력성에 관한 설명으로 옳은 것은?

① 고급품은 일반품 수요의 가격탄력성 보다 작다.
② 수요가 탄력적인 경우 가격인하 시 총수익은 증가한다.

③ 수요의 가격탄력적 또는 비탄력적 여부는 출하량 조정과는 무관하다.
④ 수요의 가격탄력성은 품목마다 다르며, 가격하락 시 수요량은 감소한다.

정답 및 해설 ②

① 일반농산품은 비탄력적이지만 고급농산품은 가격에 탄력적이다.
② 가격의 인하는 그 이상의 수익증가를 가져다 준다.
③ 출하량은 공급량으로 출하량 조절이 가능하면 탄력적, 조절이 어려운 경우 비탄력적이라고 한다.
④ 수요의 가격탄력성은 품목마다 다르며, 가격하락시 수용의 법칙에 따라 수요량은 증가한다.

16. 소비자의 특성으로 옳지 않은 것은?

① 단일 차원적 ② 목적의식 보유
③ 선택대안의 비교구매 ④ 주권보유 및 행복추구

정답 및 해설 ①

소비자 마다 개별성이 강하여 다차원적이라고 할 수 있다.

17. 시장세분화 전략에서의 행위적 특성은?

① 소득 ② 인구밀도
③ 개성(personality) ④ 브랜드충성도(loyalty)

정답 및 해설 ④

소비자의 행동에 영향을 미치는 요인으로 브랜드충성도를 들 수 있다.
브랜드충성도 : 특정 브랜드에 소비자가 맹목적인 소비 선택을 하는 경향성

18. 농산물 브랜드의 기능이 아닌 것은?

① 광고 ② 수급조절

③ 재산보호 ④ 품질보증

정답 및 해설 ②

브랜드의 기능 : 브랜드는 상표권으로 보호되며, 재산적 가치를 가진다. 브랜드 자체가 상품의 광고효과를 제공한다.

19. 계란, 배추 등 필수 먹거리들을 미끼상품으로 제공하여 구매를 유도하는 가격전략은?

① 리더가격 ② 단수가격
③ 관습가격 ④ 개수가격

정답 및 해설 ①

리더가격
특정상품에 대한 소비자의 구매를 일으킬 수 있는 가격을 제시하고, 매장에 입장하도록 리드하는 기능

20. 경품, 사은품, 쿠폰 등을 제공하는 판매촉진의 효과가 아닌 것은?

① 상품홍보 ② 잠재고객 확보
③ 단기적 매출증가 ④ 타 업체의 모방 곤란

정답 및 해설 ④

경품, 사은품, 쿠폰 제공과 같은 판매촉진 활동은 기업체의 특화된 판촉활동은 아니며 얼마든지 타업체들이 모방해서 따를 수 있는 수단이다.

21. 농산물의 유통조성기능이 아닌 것은?

① 정보제공 ② 소유권 이전
③ 표준화·등급화 ④ 유통금융·위험부담

정답 및 해설 ②

소유권이전 : 거래교환기능

22. 생산부터 판매까지 유통경로의 모든 프로세스를 통합하여 소비자의 가치를 창출하고 기업의 경쟁력을 판단하는 시스템은?

① POS(Point Of Sales)
② CS(Customer Satisfaction)
③ SCM(Supply Chain Management)
④ ERP(Enterprise Resource Planning)

정답 및 해설 ③

SCM(Supply Chain Management)

생산부터 판매까지의 유통경로에는 공급자가 위치한다. 이를 주도하는 통합 프로세스 과정이 공급망관리라고 한다.

23. 농산물 가격변동의 위험회피 대책이 아닌 것은?

① 계약생산   ② 분산판매
③ 재해대비   ④ 선도거래

정답 및 해설 ③

계약생산 : 가격하락 방어

분산판매 : 판매처 내지 소비처를 다변화함으로써 특정 구매자 또는 지역의 소비자 구매패턴에 방어

선도거래 : 계약생산과 같이 생산자 공급물량을 미리 확보함으로써 생산자는 가격하락 위험을 회피할 수 있고, 공급자는 수확기 생산자 공급가격의 폭등을 회피할 수 있다.

24. 단위화물적재시스템의 설명으로 옳지 않은 것은?

① 운송수단 이용 효율성 제고
② 시스템화로 하역·수송의 일관화
③ 파렛트, 컨테이너 등을 이용한 단위화
④ 국내표준 파렛트 T11형 규격은 1000mm×1000mm

정답 및 해설 ④

T11형 규격 : 1,100mm × 1,100mm

25. 농산물 유통시장의 거시환경으로 옳은 것을 모두 고른 것은?

ㄱ. 기업환경 ㄴ. 기술적 환경
ㄷ. 정치·경제적 환경 ㄹ. 사회·문화적 환경

① ㄱ, ㄴ
② ㄷ, ㄹ
③ ㄱ, ㄷ, ㄹ
④ ㄴ, ㄷ, ㄹ

정답 및 해설 ④

유통경로 상의 기관을 미시적 환경이라고 하며, 이 기관을 감싸고 있는 환경을 거시적 환경이라고 한다. 기업은 유통기관(기구)이다

농산물유통론

초판 인쇄 / 2023년 1월 20일
초판 발행 / 2023년 1월 25일
편저 / 사마자격증수험서연구원
발행인 / 이지오
발행처 / 사마출판
주소 / 서울시 중구 퇴계로45길 19, 402호
등록 / 제301-2011-049호
전화 / 02)3789-0909
팩스 / 02)3789-0989

저자와의 협의에 의해 인지 첩부를 생략합니다.

ISBN / 979-11-92118-22-2   13520
정가 25,000원

· 이 책의 모든 출판권은 사마출판에 있습니다.
· 본서의 독특한 내용과 해설의 모방을 금합니다.
· 잘못된 책은 판매처에서 바꿔 드립니다.